普通高等学校“十四五”规划建筑学专业精品教材

建筑设计原理

Principles of Architectural Design

（第二版）

本书主编　白　旭

本书主审　王　冬

本书编写委员会

白　旭　赵文艳　白　辉　叶　苹

杨　尽　成　斌　刘叶舟

华中科技大学出版社

中国·武汉

图书在版编目(CIP)数据

建筑设计原理/白旭主编. —2 版. —武汉:华中科技大学出版社,2015.8(2021.12 重印)
ISBN 978-7-5680-1189-1

Ⅰ.①建… Ⅱ.①白… Ⅲ.①建筑设计-高等学校-教材 Ⅳ.①TU2

中国版本图书馆 CIP 数据核字(2015)第 191251 号

建筑设计原理(第二版) 白 旭 主编

策划编辑:简晓思
责任编辑:简晓思
封面设计:张 璐
责任校对:马燕红
责任监印:张贵君
出版发行:华中科技大学出版社(中国·武汉) 电话:(027)81321913
武汉市东湖新技术开发区华工科技园 邮编:430223
录 排:华中科技大学惠友文印中心
印 刷:武汉开心印印刷有限公司
开 本:850mm×1065mm 1/16
印 张:20
字 数:438 千字
版 次:2021 年 12 月第 2 版第 4 次印刷
定 价:59.80 元

内容提要

本书包括公共建筑设计原理、居住建筑设计原理和设计技术规范概要三个部分，共计10章。内容涉及建筑概论、空间形态、形式建构、形象表现、聚居形态、集合模式、环境构成、外部环境、室内环境、建筑设备、建筑设计方法学概论等。全书具有综合性、实践性和新颖性等特点。

本书可作为普通高等院校建筑类专业的教材，也可供建筑设计等相关行业人员参考使用。

普通高等学校“十四五”规划建筑学专业精品教材

总　　序

《管子》一书《权修》篇中有这样一段话：“一年之计，莫如树谷；十年之计，莫如树木；百年之计，莫如树人。一树一获者，谷也；一树十获者，木也；一树百获者，人也。”这是管仲为富国强兵而重视培养人才的名言。

“十年树木，百年树人”即源于此。它的意思是说，培养人才是国家的百年大计，既十分重要，又不是短期内可以奏效的事。“百年树人”并不是非得一百年才能培养出人才，而是比喻培养人才的远大意义，要重视这方面的工作，并且要预先规划，长期、不间断地进行。

当前，我国建筑业发展形势迅猛，急缺大量的建筑建工类应用型人才。全国各地建筑类学校以及设有建筑规划专业的学校众多，但能够既符合当前改革形势又适用于目前教学形式的优秀教材却很少。针对这种现状，急需推出一系列切合当前教育改革需要的高质量优秀专业教材，以推动应用型本科教育办学体制和运作机制的改革，提高教育的整体水平，并且有助于加快改进应用型本科办学模式、课程体系和教学方法，形成具有多元化特色的教育体系。

这套系列教材整体导向正确，科学精练，编排合理，指导性、学术性、实用性和可读性强。符合学校、学科的课程设置要求。以建筑学科专业指导委员会的专业培养目标为依据，注重教材的科学性、实用性、普适性，尽量满足同类专业院校的需求。教材内容上大力补充新知识、新技能、新工艺、新成果；注意理论教学与实践教学的搭配比例，结合目前教学课时减少的趋势适当调整了篇幅。根据教学大纲、学时、教学内容的要求，突出重点、难点，体现了建设“立体化”精品教材的宗旨。

这套系列教材以发展社会主义教育事业，振兴建筑类高等院校教育教学改革，促进建筑类高校教育教学质量的提高为己任，为发展我国高等建筑教育的理论、思想，对办学方针、体制，教育教学内容改革等进行了广泛深入的探讨，以提出新的理论、观点和主张。希望这套教材能够真实地体现我们的初衷，真正能够成为精品教材，受到大家的认可。

中国工程院院士　何镜堂

2007年5月于北京

第二版前言

建筑学科由建筑理论与建筑实践两个部分组成。建筑理论产生于建筑实践并服务于建筑实践，是评价建筑实践的依据；建筑实践是检验建筑理论的标准之一，是解决建筑实际问题的途径和手段。

建筑设计原理是联系建筑理论与建筑实践的纽带和桥梁，与城市规划原理、室内设计原理等其他原理共同作用，培养学生的专业素质与能力，揭示人居环境建设的工作思路及方法。

目前，我国高等建筑院校中，建筑学、城市规划、环境艺术等专业所采用的建筑设计原理教材主要是《公共建筑设计原理》(天津大学张文忠主编，中国建筑工业出版社2001年6月出版)和《住宅建筑设计原理》(重庆建筑大学朱昌廉主编，中国建筑工业出版社1999年12月出版)两本。现有教材所提供的设计内容、原则和方法，需要配合课程教学改革不断补充。

2003年，全国高等学校建筑学学科专业指导委员会推荐的国外教材参考书有《建筑学教程1:设计原理》((荷兰)赫曼·赫茨伯格著，天津大学出版社2003年2月出版)、《建筑学教程2:空间与建筑师》((荷兰)赫曼·赫茨伯格著，天津大学出版社2003年2月出版)及《设计与分析》((荷兰)伯纳德·卢本著，天津大学出版社2003年2月出版)三本。参考书所指出的思想观念及工作方法，具有参考价值。

本教材在汲取前人经验的基础上，结合城镇建设需要、建筑学科动态、地方高校特点、学生学习认知规律等因素编写，内容具有以下特点：①关注建筑学科综合性特点，整合公共建筑与居住建筑设计原理的核心内容，加强学生对纵向知识的融会贯通；②关注建筑学科实践性特点，增加我国现行建筑设计技术规范及政策法规知识，加强学生对横向知识的把握和联系；③关注建筑学科变化性特点，适当补充国内外优秀建筑设计案例，建立相对系统、理性的建筑价值观和建筑设计方法学。

各章节及编写者的分工情况如下述：

第0章　建筑概论(昆明理工大学建筑工程学院白旭编写)；

第1章　空间形态(昆明理工大学建筑工程学院白旭编写)；

第2章　形式建构(大庆石油学院土木建筑工程学院赵文艳、云南农业大学水利水电与建筑学院白辉编写)；

第3章　形象表现(河南科技大学建筑工程学院叶苹、昆明理工大学建筑工程学院白旭编写)；

第4章　聚居形态(成都理工大学环境与土木工程建筑学院杨尽、昆明理工大学建筑工程学院白旭编写)；

第 5 章　集合模式(昆明理工大学建筑工程学院白旭、成都理工大学环境与土木工程建筑学院杨尽编写);

第 6 章　环境构成(昆明理工大学建筑工程学院白旭、河南科技大学建筑工程学院叶苹编写);

第 7 章　外部环境(西南科技大学土木工程与建筑学院成斌、昆明理工大学建筑工程学院白旭编写);

第 8 章　室内环境(西南科技大学土木工程与建筑学院成斌、昆明理工大学建筑工程学院白旭编写);

第 9 章　建筑设备(云南大学城市建设与管理学院刘叶舟编写);

第 10 章　结语——建筑设计方法学概论(昆明理工大学建筑工程学院白旭编写)。

全书由白旭统稿,由昆明理工大学王冬教授主审。

教材编写工作是作者学习、反思与总结的过程。由于作者理论素养与实践经验的局限、编写时间紧迫等因素,教材难免有不足之处,恳望学长、同仁批评斧正。读者若能通过教材阅读,获取专业知识,增强专业学习兴趣和信念,并从中获得一些启迪,这将是作者最大的欣慰。

另外,借此机会对蒋洁菲、孟丽芳、张雷、史登峰、崔欣欣、郭建伟等深表感谢,感谢他们为教材编写付出的辛勤劳动!

白　旭

2015 年 6 月

目　录

第1篇　公共建筑设计原理

第2篇　居住建筑设计原理

第3篇 设计技术规范概要

0 建筑概论

建筑(architecture)的词义包括“建筑对象”“建造活动”“建筑学科”三个方面，分别与建筑使用过程中的“空间”、建筑建造过程中的“技术”、建筑学科教育过程中的“学问法则”等内容相联系。

0.1 建筑对象

0.1.1 建筑含义

建筑是一种容纳人群活动的“容器”。墙壁、屋盖就是“容器”的外壳，人们日常的起居、餐饮、学习、工作和娱乐等活动都是在“容器”中进行的。

人类建造建筑的目的在于寻求生存与发展的“庇护”。人类凭借智慧建造建筑，在人与自然之间构筑起一道人工屏障，使得建筑具有不同于外界环境的适居条件。在此意义上讲，建筑是一种调节环境气候的“空调器”，也是一种改变环境建设的“影响物”。

建筑活动是一项重要的“社会造物活动”。建筑的设计与建造需要消耗大量的人力、物力和财力。建筑在融入各种社会劳动的同时，产生其新的产品价值。因此可以说，建筑是一种转换建设投资的“价值增值器”。

建筑是一种“人造设施”。它的寿命一般比人的寿命长久，有些古建筑历经千年保存至今，成为重要的历史见证。不同时代的科技和文化艺术水平，凝聚于建筑之中，形成某些固有特征和特殊符号，向人们传达某些特定信息。因此，建筑是一种承载社会文化的信息符号。

0.1.2 建筑类型

建筑与人类文明同步向前发展，经历原始社会、农业及手工业社会、工业社会各个时期的发展，形成各种建筑类型。建筑可以分为生产性建筑和非生产性建筑两大类型。生产性建筑指工业建筑、农业建筑等；非生产性建筑即民用建筑(见表0-1)，包括公共建筑和居住建筑。

从建筑发展现状看，大跨度建筑、高层建筑、复合建筑是当代建筑的主流形态。大跨度建筑有刚架、桁架、拱梁等平面结构建筑，以及壳体、悬索、网架、充气等立体结构建筑。高层建筑由低层建筑、多层建筑、中高层建筑发展而来。同时具有公共建筑与居住建筑的特性的建筑被称为复合建筑。

表 0-1 民用建筑类型划分

分类方式	公共建筑	居住建筑
使用性质	文教类、办公类、科研类、商业类、服务类、体育类、医疗类、交通类、博览类、园林类、纪念类、旅游类	住宅、宿舍、公寓、别墅等
建造方式	24 m以下 一般建筑 24～32 m 二类高层建筑 32～50 m 一类高层建筑 100 m以上 超高层建筑	1～3层 低层建筑 4～6层 多层建筑 7～9层 中高层建筑 10～29层 高层建筑 30层以上 超高层建筑
其他划分	建设投资规模、建造技术复杂程度、使用耐久年限等级及消防耐火等级等	

由此可见,建筑是人类文明的产物,是社会文化、技术及经济发展的结晶。

0.1.3 建筑组成

人是建筑的使用者和建造者。人使用建筑所提供的卧室、起居室、厨房、卫生间等空间,借助地面、墙壁、屋盖等实体构件建造空间,并感知建筑空间的存在。人、空间、实体构件构成建筑设计的基本内容。

此外,建筑还与人类的社会行为有关。人由个体结合为家庭,进而形成社会;建筑也由建筑单体集合成建筑群体,进而形成村落、集镇和城市。建筑空间的不同组合,使人类社会复杂的行为活动能够顺利进行。因此,有人说,“建筑是微缩的城市,城市是扩大的建筑”。

人们将建筑视为一种空间艺术。建筑是功能、技术、艺术的综合体,它具有物质功能与精神功能的双重性、空间与实体构件的矛盾性、时间与空间的变化性等特点。

0.2 建造活动

0.2.1 基本建设

建筑的建造是一项涉及人居环境建设的大工程。公元前1世纪,古罗马建筑师维特鲁威曾经在《建筑十书》一书中指出:“实用、坚固、美观是建筑三要素。”维特鲁威在阐明建筑的功能、技术与艺术特性的同时,指出建筑工作者的基本职责是为社会经济建设及文化发展服务。

面对当前经济建设和文化发展的需求变化,建筑工作者应当正确理解和把握建设方针,采取因地制宜、因时制宜、因对象及条件制宜的技术策略。

人居环境建设是一种以利用和改造自然为代价的社会活动。古往今来，对自然有遵从和征服两种态度，以征服、奴役、掠夺自然的观点建设人居环境，最终必然遭到自然的惩罚。建筑工作者的责任和义务就是遵循自然及自然科学发展规律，按照国家法律、法规要求，力争以较低的代价实现社会效益、经济效益、环境效益的综合平衡，使人居环境建设具有“可持续发展”的前景。人居环境的基本建设程序如表 0-2 所示。

表 0-2 基本建设程序

阶段步骤	工作任务
① 立项策划	确定建设项目性质、项目开发建设内容及规模、项目建设用地位置等
② 规划设计	根据项目建设要求及条件，制定项目开发建设计划
③ 建设施工	以规划设计的工作成果作为指导，实施项目开发建设
④ 评估总结	基本建设工作的必要环节，对于以后的项目开发建设具有指导作用和意义

0.2.2 城市规划

城市被划分为不同的地域，城市规划是对城市各地域的建设发展进行预先设计——以法律法规的形式提出规定，包括土地使用性质及范围、开发强度、建筑定位、环境及市政设施配置等。

城市规划有社会规划、经济规划、形体环境规划三个工作方向。社会规划是指通过对人口分布、社会生活、人口就业、社会活动等方面的组织和安排，提出社会发展总体目标；经济规划是指对城市资源的有效分配，包括土地资源利用、产业结构调整、地域开发定位等；形体环境规划是在社会规划、经济规划的基础上，对土地、交通、建筑及市政设施等物质环境的具体布置。

城市规划分城市规划纲要、城市总体规划、分区规划、详细规划等阶段进行。城市规划纲要的任务是结合国民经济发展计划、国土及区域规划，根据地区自然、历史、现状情况，研究和确定城市地域发展战略；城市总体规划的任务是根据城市规划纲要，研究和确定城市性质、规模容量和发展形态，统筹安排城乡各项建设用地，合理配置基础设施，引导城市合理发展；分区规划是在总体规划的基础上，对城市土地利用、人口分布、公共设施和基础设施配置等作出安排；详细规划是以总体规划或分区规划为依据，规定建设用地的各项控制指标及规划管理要求，或直接对项目建设作出具体安排。

0.2.3 建筑设计

建筑设计是城市规划的延伸。城市规划解决人居环境建设的宏观问题，建筑设计与环境景观设计等解决人居环境建设的微观问题（见表 0-3）。

表 0-3　城市规划与建筑设计、环境景观设计比较

城市规划	建筑设计、环境景观设计
① 以控制城市发展为目的	① 以修建建筑及改善环境质量为目的
② 以二维时空环境为主,结合社会、经济和形体环境规划展开工作,工作具有计划性	② 以三维形体环境为对象,进行建筑空间及外部空间环境设计,工作具有设计性
③ 提供政策、法规、规划方案,以文字说明为主,实行动态控制	③ 提供修建设计文件,以图纸说明为主,并指导具体施工
④ 实施时间跨度大,体现为建设及发展过程	④ 实施时间跨度小,在确定的时间内完成
⑤ 由政府机构委托,由规划师、政府官员、社会工作者、经济学家和市民代表共同参与	⑤ 由政府机构、开发企业、建造者等委托,由建筑师、景观建筑师、使用者共同参与

建筑设计一般分初步设计和施工图设计两阶段进行,特殊的大型建筑、复杂建筑在两阶段之间,还要增加技术设计阶段,以便协调和解决各种技术问题。初步设计被称为方案设计,其主要任务是初步解决建筑空间组合、流线组织、结构选型、形体造型等问题;技术设计被称为扩大初步设计,其任务是在方案设计的基础上,协调和解决建筑、结构、水、暖、电等问题;施工图设计是扩大初步设计的工作深化,需要综合解决结构选型、材料构造、水、暖、电、设备及管线配置等问题,提出建筑设计文件,为建筑施工做好技术准备。

建筑设计的工作条件及依据包括:① 项目建设内容、规模、设备和设施配置等技术经济资料;② 项目所在地区的降雨降雪、风向风速、气温日照等气象资料;③ 项目建设用地的地基承载能力、地下水位与冻土层标高、地震烈度等地质水文资料;④ 与项目建设相关的城市规划法、建筑设计规范、建筑技术设计规范等法律法规资料。

建筑设计一般遵循空间合理、流线紧凑、结构安全、构造适用、造型简明、构图完整等基本原则。

0.3 建筑学科

0.3.1 学科组成

对于建筑学科的认知有两种观点:一种观点认为,建筑属于“艺术”,是艺术创作原理在建筑领域中的具体运用;另一种观点认为,建筑属于“实用艺术”,与其他艺术创作相比既有共同性,也有差异性,建筑学科自成体系。这两种观点都未脱离建筑所包含的目的、内容与方法。

建筑学科由理论与实践两部分组成。我国传统建筑文化注重“营造技艺”、实践多理论少,人们普遍认为“只会写文章的建筑师不是好建筑师”。西方传统建筑文化注重“建构理念”,古典主义讲求“时空美学”,现代主义讲求“空间功能”,后现代主义

讲求“历史文脉”。

0.3.2 建筑教育

在建筑教育方面，建筑学为一级学科，其下设置“建筑设计及理论”“城市规划及理论”“建筑历史及理论”“建筑技术及理论”四个二级学科，分别从不同方向及不同层次，培养建筑人才。

建筑人才应当具备的基本素质包括建筑观、社会科学与自然科学知识、专业实践技能等。建筑观指建筑人才对建筑本质的认识和理解，如建筑文化观、技术观、经济观等；社会科学与自然科学知识是指与建筑设计相关的知识，如建筑历史学、文化学、美学等人文知识，以及人体工程学、结构力学、材料构造学和环境物理学等科技知识；专业实践技能包括逻辑与形象思维、文字与图示语言、计算机技术运用及建筑模型制作等技能。

随着社会的发展变化，当前建筑学科所面对的问题主要是经济全球化与文化地方化、城乡差异、生态环境保护与可持续发展、建筑技术发展与美学思想传承等。解决这些问题，一方面需要从“广义建筑学”“人居环境科学”的视野及高度理解建筑，综合协调自然、社会活动、人居环境建设之间的关系；另一方面需要整合建筑人才的知识结构，加强能力培养，加强社会责任感、全局观念、团结协作与进取精神等方面的素质教育。

0.3.3 人才素质

农业社会以土地为生存要素，科学处于朴素发展阶段，教育以人文为重，社会对人才的要求以经验型为主。工业社会以资本为发展要素，科学被划分为不同学科，教育以学科为重，社会对人才的要求以专业需求型、分析型为主。当今社会知识成为第一生产力，科学表现为学科的高度综合化，大量交叉学科、横断学科、边缘学科的不断出现，教育表现为人文与科学的融合，社会对人才的要求以综合型、创新型为主。

人才的主要差距表现在创新精神、知识结构和拓展机遇等方面。在知识结构方面，达·芬奇和爱因斯坦是人文与科技相结合的典范人物。达·芬奇不仅是著名画家，还在地质学、物理学、生物学和生理学等方面提出许多创见，在军事、水利、土木和机械工程等方面也有重要贡献。爱因斯坦不仅是物理学家，还是出色的小提琴手，他曾说，“物理给我知识，艺术给我想象力；知识是有限的，想象力是无限的”。正是艺术和科学的有机结合，使爱因斯坦创立了“相对论”。

面对人才培养教育的现状，清华大学吴良镛院士对我国建筑教育改革提出基本对策：① 加强基础教育和学生自学能力培养，适应社会发展与创新需要；② 重视跨学科教育，加强人居环境综合观念培养、加强人文与科技综合素质培养；③ 结合国情，加强广大农村、村镇等基层建设人才的培养等。

第 1 篇

公共建筑设计原理

1 空间形态

【本章要点】

本章包括空间认知、空间构成、空间组织三部分内容。空间认知部分涉及建筑空间领域、空间类型、空间形态等问题。空间构成部分涉及建筑形态分解、形态组合、形态转换等问题。空间组织部分涉及建设基地选址、外部环境布局、建筑空间设计等问题。

空间认知部分通过分析现象，说明建筑空间概念及内容；空间构成部分通过评述先例，提出建筑空间构成理念及策略；空间组织部分总结经验，指示建筑空间组织观念及基本方法。

本章以建筑空间为主线，介绍建筑空间设计所涉及的内容与方法，力求说明：①建筑为人类的生存与发展提供“庇护”；②建筑是容纳人群活动的“容器”、调节环境小气候的“空调器”、转换建设投资的“价值增值器”，也是承载社会信息的“符号”；③建筑建构改变和影响人居环境的“可持续发展”。

1.1 空间认知

建筑学中，空间是一种容纳人或物，并可用长、宽、高度量和表现的“容器”，包括山川、平原、河谷等自然空间，道路、广场、建筑与构筑设施等人造空间。与之相比，环境则指作用于有机生命体的外界影响力的总和，包括土地、气候、植被等自然环境，文化、历史、经济等社会环境，道路、广场、建筑与构筑设施等人工环境。环境所包含的内容及含义比空间更加广泛、更加抽象。

日常生活中，运动的汽车与静止的房子是不同领域的空间；通行的道路与驻留的广场是不同类型的空间；不断更新的建筑与不断拓展的城市是不同形态的空间……对空间的认知，可以从空间领域、空间类型和空间形态等方面入手。

1.1.1 空间领域

领域一般指国家行使主权的区域、学术思想或社会活动的范围，具有不同范围和层次。建筑学中，领域指某种领地或某种活动处所，是一个与人、时间、地点等因素相联系的概念。

1. 领域特性

当把领域当成某种领地时，它具有范域、归属和占有等属性及特点。

领域范域性是指对领域范围的规定，领域可以由绿篱、界河、围墙等实体条件围合,也可以由乡规民约、社会公德、公共法律等虚拟条件界定。领域归属性即对领域所有权的规定,领域可以属于某一个人所有,也可以属于某一群体所有。领域占有性即对领域使用权与管辖权的规定,领域可以由个人或群体,暂时或永久地使用和管辖。

当把领域当成某种活动处所即场所时,它就要具备场所的特点及特征。

一般场所自身并没有明显的吸引力,但具有便利、舒适、美观、有个性及文化认同感等条件的场所,可以吸引人们停留下来,观看或参与活动,使场所具有一定的生机气息。一定的活动内容、活动方式以及相关的活动时间和地点等因素,构成场所存在的基本条件。所谓“场所精神”是指人与环境之间的关系及其意义(见图 1-1)。

图 1-1 领域的特性

2. 领域划分

领域与人们的日常活动具有密切关系。

1) 领域范围

从领域与人们的日常活动范围及密切程度看,领域有微观领域、中观领域和宏观领域三种范围。

个人空间与住宅属于微观领域。个人空间是指个人心理上所需要的最小空间,一般认为,个人空间大约为 0.93 m^2,个人空间的大小与种族文化、年龄性别、个人生理与心理状况、社会地位等因素有关。住宅是个人或家庭生活的出发点和归宿地,具有自我情感色彩和一定的精神意象,空间大小与家庭人口结构、生活方式、家具陈设布置等因素有关。

邻里与社区属于中观领域。邻里是群体家庭的生活基地,人们进入这个区域后经常会产生回家的感觉。社区是一定地理空间范围内人与人结成的社会关系,人口与区域、公共生活与服务设施、社会生活观念与生活方式等,构成社区的特征和存在条件。

城市与国家属于宏观领域。城市是社会人群的聚居地，被人为地划分为居住、商业娱乐、生产、办公等区域，各区域之间由道路、河流、绿化区等连接，具有人口规模、经济产业、行政职能等含义和特征。国家是一个统治阶级或集团行使主权的行政区域，包含各种具体的物质形态和抽象的意识形态（见表1-1）。

表1-1 三种空间领域比较

住宅（微观）	社区（中观）	城市（宏观）
① 由卧室、起居室、厨房、厕所及卫生间等组成； ② 具有庇护所的含义； ③ 特征体现于建筑层数、高度、形体等方面	① 由道路、广场、绿化、建筑及构筑设施等组成； ② 具有社会关系的含义； ③ 特征体现于人口、土地、基础设施等方面	① 由居住区、商业娱乐区、生产区、办公区等组成； ② 具有聚居地的含义； ③ 特征体现于自然环境、社会环境、人工环境三方面

2）领域层次

从环境心理学的角度讲，领域是一种"心理场"，与人们的心理及行为具有密切关系。空间领域的视觉距离与心理距离见表1-2。

表1-2 空间领域的视觉距离与心理距离

视觉距离	心理距离
① 全景距离1 200 m——看城市及建筑群体； ② 中景距离不大于600 m——看建筑轮廓及主题； ③ 中景距离不大于100 m——看建筑立面及细部； ④ 近景距离20～30 m——识别建筑单体	① 公共距离3.60～7.60 m——小群体交往； ② 社交距离1.20～3.60 m——同事、邻居交往； ③ 个人距离0.45～1.20 m——家人、亲友交往； ④ 亲密距离0.15～0.45 m——夫妻、恋人交往

住宅是个人或家庭日常生活的中心。这种中心的特点是由个人或群体所有、限制外人进入、相对持久稳定、具有私密性等。私密性意味着外人无法进入特定的领域，也无法获取领域中的资源或信息，领域拥有者对接近自己的言语、听觉、视觉等行为可以有所选择并加以控制。

广场、公园等是一种社会公共场所。这种场所的占有权、使用权和控制管辖权永久属于社会公众，具有公共性特点。公共性意味着领域对外开放，可以承载社会公众的各种交往活动。

餐馆、商场、俱乐部等是人们经常出入的地方。这种领域由个人或群体暂时所有、使用和管辖，具有半私密性和半公共性特点。

由此,领域除有微观领域、中观领域和宏观领域三种范围以外,还有私密性领域、公共性领域、半私密半公共领域三个层次(见图 1-2)。

(a)

(b)

(c)

图 1-2 领域的范围与层次图

(a) 私密性领域;(b) 公共性领域;(c) 半私密半公共领域

3. 领域行为

在各种领域中,人们的日常活动大致可以分为私密性和交往性两种活动类型,如睡觉、沐浴、更衣等是人们的私密性活动,演出、购物、观景等是人们的交往性活动。私密性活动意味着个人脱离群体,交往性活动意味着个人离不开群体。人际关系通过相互交往建立,人际交往离不开认知、情感、交流三个基本要素。正是人们私密性活动和交往性活动的存在,使得我们的社会生活更加丰富多彩。

社会生活需要各种空间领域。防卫性与个性化是控制和管理空间领域的两种机制。防卫性意味着空间领域受到外界影响或侵犯时,空间领域拥有者为寻求安全所采取的自我保护、防御行为。个性化则是空间领域拥有者对空间领域作用与特色的自我认同,通常以文字、图示等实物形式向外界标示空间领域的客观存在。防卫性与个性化对控制和管理空间领域具有重要作用及实际意义。

4. 领域图示——空间图示要素与环境形象要素

人们对领域的认知取决于人们对领域特性、领域活动的认知。如人们对家园的识别总是由家园的出入口、道路、边界、中心等依次展开,对家园的记忆总是与家庭生活、邻里关系、社区环境等因素有关。因此,挪威建筑理论家诺伯格·舒尔兹(Christian Norberg-Schulz)在《存在、空间和建筑》论著中,通过分析人们头脑中空间形成的机制,提出空间图示要素等概念。空间图示要素包括中心与地点、方向与路径、地区与领域等相关内容。

在此基础上,美国城市设计理论家凯文·林奇(Kelvin Lynch)在《城市意象》论著中,提出环境形象构成要素及建构条件等理论(见表 1-3)。环境形象构成要素包括路径、区域、边界、节点、地标等五要素(见图 1-3)。环境形象建构条件即识别性、结构、意义三个基本条件。

舒尔兹的"空间图示要素"、林奇的"环境形象要素"概念并不仅仅局限于城市环境,可扩大到世界范围,也可缩小到建筑空间,对于表现空间环境的形象及建构空间环境的秩序等，具有重要的指示作用。

表 1-3 凯文·林奇的“环境形象构成要素和建构条件”

环境形象构成要素	环境形象建构条件
① 路径(path)——包括道路与视廊，是环境的“骨架”； ② 区域(zone)——在城市规模、使用功能、历史文化等方面具有明显特征； ③ 边界(boundary)——区域界线，由河流、山脉、道路、绿化、建筑等标识区域范围和形状，发挥区域联系的作用； ④ 节点(node)——人群集聚地，包括道路交叉点、方向转折点、空间结构变化点等，是环境的“核心”； ⑤ 地标(landmark)——认知环境的“参照点”，具有一定的影响范围，可发挥方位导向和暗示的作用	① 识别性(identity)——空间环境的特征或特色；结构即空间环境的关系和视觉条件； ② 结构(structure)——空间环境的关系和视觉条件； ③ 意义(meaning)——空间环境所表达的重要性、指示性和象征性

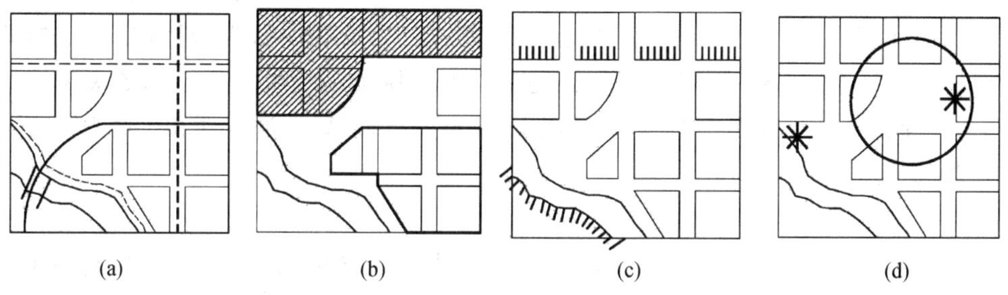

(a) (b) (c) (d)

图 1-3 领域的空间图示要素及形象要素

(a) 路径；(b) 区域；(c) 边界；(d) 节点、地标

20 世纪 70 年代，诺伯格·舒尔兹运用现象学方法，研究人与环境的关系及其意义，并撰写专著《场所精神》(*Genius Loci*)。与此同时，其他学者也从不同角度对此问题进行了研究。

哲学家研究人的存在及其意义，探讨人与世界、空间的基本关系；地理学家关注地点的地理特征，从经历和意义的角度探讨自然环境与人造环境之间的关系及其属性；文化人类学家关注人在具体环境中的行为方式，从社会和文化的角度揭示人的心理和行为的环境因素及意义；社会学家致力于研究人的个性与社会属性的形成及发展、人与特定空间环境形式的关系；心理学家和环境心理学家研究人们认识空间环境的基本模式、影响人们分析评价环境质量的基本因素，并探讨人们的意识、行为与空间环境的相互作用及意义；建筑学家借助并结合相关领域的知识和研究成果，探讨建筑环境形式与创造特定活动气氛之间的关系，研究人们在不同建筑环境中所获得的经历感受以及生活意义与建筑环境之间的复杂关系。

这些研究更整体、更全面地揭示了人与世界、人与建筑之间的多重联系，进而揭示了人的存在与建筑空间创造的本质联系。

1.1.2 空间类型

类型(type)指具有共同特征的事物所形成的种类、种群，具有分类学的特征。从类型学(typology)的角度定义,类型是具有共同原型的一组事物。

1. 类型的含义

在建筑学中,类型具有功能与形式两方面的含义和特征。功能指空间环境的建造目的及使用要求,形式指空间环境的结构组织及外在表现。空间环境的功能与形式特征分别由空间环境的使用性质和建构方式所决定。

意大利新理性主义建筑师阿尔多·罗西(Aldo Rossi)认为,建筑类型本质上是一种生活方式与一种空间形式的结合物;历史变迁中留存下来的某些建筑类型,强化地域文化的独特性、统一性和稳定性。因此,建筑类型中功能的选择比形式的选择更加重要。同时,罗西将建筑设计视为建筑类型的选择过程。

类型有类别与类群之分,类别强调类型的差异性,类群强调类型的共同性,二者是进行类比、类推的前提条件。罗西在《城市建筑学》论著中认为,建筑是微缩的城市,城市是扩大的建筑。他所强调的是建筑类型对城市结构发展所起到的决定性作用,通过建筑与城市的形式类比、类推,赋予建筑、城市以新的适应性和生命力。

2. 空间分类

1) 功能分类

就功能性质而言,建筑空间具有公共空间、半公共空间、私密空间,专用空间与通用空间,集中活动空间与分散活动空间等类型。

公共空间泛指对公众开放的空间,包括公共道路、广场、河流、绿地等建筑外部空间,以及公共建筑等。半公共空间是介于公共空间与私密空间之间的过渡空间,如住宅之间的庭院、商店前后的绿地等。私密空间是由个人、家庭或社会暂时或永久占有的空间。

专用空间是专供某一集团或某一特定行为活动服务的空间,有时也是一种私密空间。共用空间是没有明确归属权与占有权的空间,经常是一种公共空间。通用空间则是可以适应多种行为活动需求的空间,但不一定是公共空间(见图 1-4)。

集中活动空间指满足集体交往活动需要的空间,如教室、会议室与展览室等,经常是一种公共活动空间。分散活动空间指满足个人活动或集体分散活动需要的空间,如教研室、办公室、诊疗室等,有时也是一种专用活动空间。

2) 形式分类

就形式构成而言,建筑空间按照构成条件、构成方式、构成效果等标准可以分为开敞与封闭空间、静态与动态空间、单一与复合空间等。

开敞与封闭空间由于空间限定围合方式及程度的不同,分别给人以视觉和心理上的开敞感、封闭感。开敞空间在使用上不一定就是公共空间,开敞空间与公共空间的主要区别在于空间的控制和管辖机制不同(见图 1-5)。

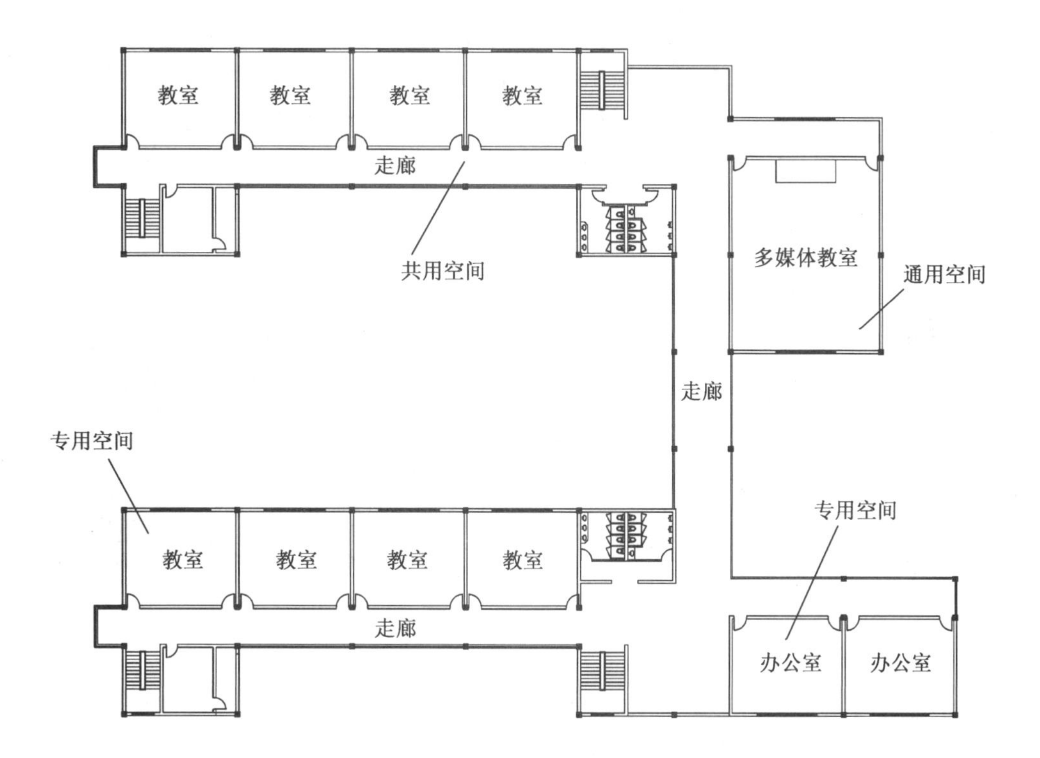

图 1-4 专用空间与共用空间、通用空间

(a) (b)

图 1-5 开敞空间与公共空间

(a) 伯明翰购物中心;(b) 巴黎“老佛爷”购物中心

静态与动态空间分别给人以视线与心理上的滞留感、流动感。静态空间有视线与心理上的驻留地、落脚点。动态空间没有明显的中心感,但有较强的位移趋向。空

间的静态或动态取决于空间使用性质和空间分隔组织。如休息空间一般是静态空间、交通空间一般是动态空间,通过家具、灯具布置等变化,可使相对静态的空间转变为动态空间。如图 1-6 所示为密斯设计的巴塞罗那德国馆,建筑中的墙体与柱子相对分离设置,空间与空间、空间与环境相互穿插,给人以流动感,被人们称为“流动空间”。

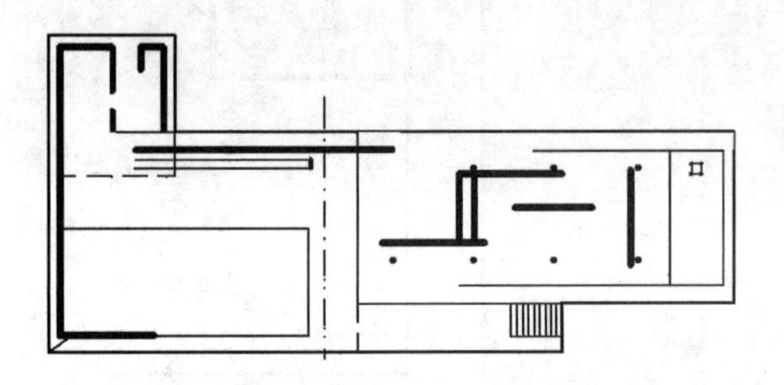

图 1-6 流动空间

单一空间是一个由地面、墙体、屋顶等实体构件围合限定而形成的简单空间,空间结构及组织简单。复合空间是一个由若干单一空间相互包容、交叉或穿插而形成的复杂空间,空间结构及组织复杂,但形态相对完整和稳定。空间结构与空间的构成方式有关,空间组织与空间的组合方式有关(见图 1-7、表 1-4)。

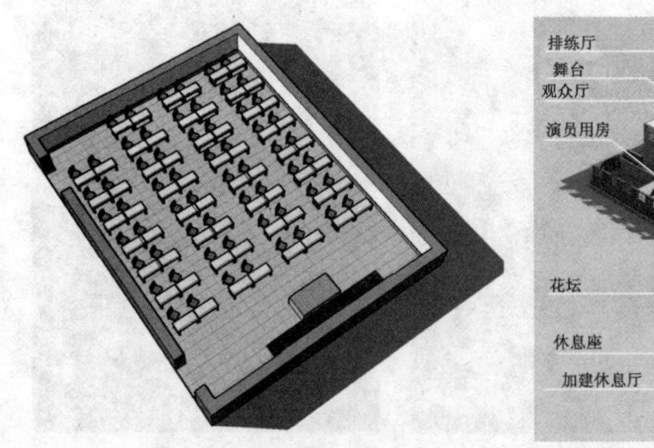
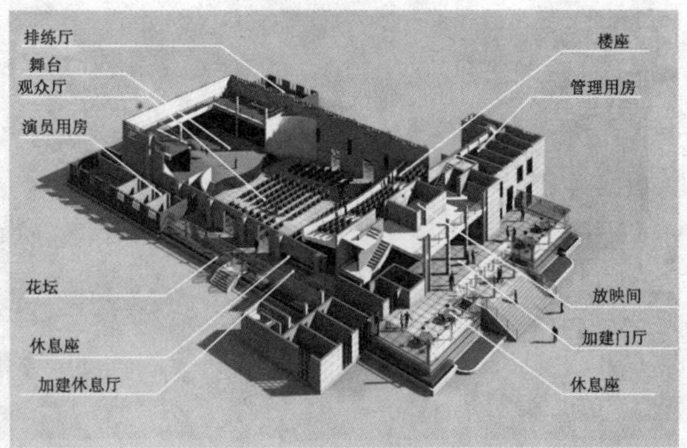

图 1-7 单一空间与复合空间

表 1-4 建筑空间类型及特点

功能分类	形式分类	其他分类
① 个人、社会空间——空间领域属性不同、空间活动主体不同； ② 私密、交往空间——空间领域行为不同、控制管辖机制不同； ③ 专用、通用空间——空间中的人群活动内容与活动方式不同； ④ 集中、分散空间——空间中的人群活动方式与活动状态不同	① 开敞与封闭空间——边界呈开敞或闭合状态的空间； ② 静态与动态空间——视觉与心理构图中心呈移动或滞留状态的空间； ③ 单一与复合空间——组织呈单质结构或多质结构的空间； ④ 加法与减法空间——“无中生有”(积聚)或“有中生无”(分散)的空间	① 肯定、模糊空间——可由视觉或心理感知的空间； ② 实围、虚拟空间——可通过实体围合或虚拟界定的空间； ③ 外向、内向空间——界面“面向外背向内”或“背向外内向心”的空间； ④ 积极、消极空间——由内向外扩散或由外向内收敛的空间

3. 类型特征

在使用上，建筑空间一般均具有“量”“形”“质”三方面的共性特征。“量”即空间面积和容量，与空间使用人数、人群活动方式、家具设施配置等因素有关。“形”即空间形式，与空间使用要求、组合方式、建造技术等因素有关。“质”即空间性能与品质，包含空间所提供的声、光、热物理环境质量，以及空间给人的视觉与心理感受(见图 1-8)。

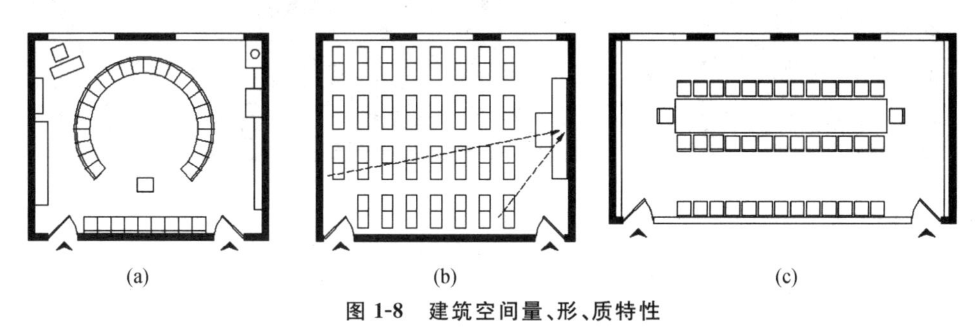

图 1-8 建筑空间量、形、质特性

(a) 幼儿园活动室平面示意；(b) 教室平面示意；(c) 会议室平面示意

建筑可按照使用性质划分为工业与民用建筑、住宅与公共建筑等，还可按照建造技术划分为低层、多层、中高层、高层、超高层建筑等。建筑特征体现于建筑功能、技术、艺术三个方面。“建筑性格”即由功能和形式所决定的建筑类型特质；“建筑个性”即由建筑环境、建筑师个人特点等因素所决定的建筑内在差异；“建筑风格”是建筑在整体上呈现出来的且具有代表性的独特面貌，它不同于一般的艺术特色或创作个性，是由建筑本身表现出来的相对稳定、深刻的特征，从而更为本质地反映时代、民族或建筑师的思想观念、审美理想、精神气质等内在特性的外部印记(见图 1-9)。

图 1-9 建筑性格、个性、风格

(a) 建筑性格;(b) 建筑个性;(c) 建筑风格

城市可按照性质职能划分为工业城市、交通港口城市、中心城市、特殊职能城市等,还可按照人口规模划分为特大型城市、大型城市、中型城市、小型城市等。城市特征体现于自然环境、社会环境、人工环境等三个方面,即城市的土地与人口规模,文化与经济产业,道路、广场、建筑与构筑设施等方面。

4. 类型发展

人们对建筑的需求体现在基本需求、必须需求、特殊需求等三个方面。遮风挡雨是人们对建筑的基本需求;采光通风、保温隔热、防火抗震等是人们对建筑的必须需求;形式美与个性化等是人们对建筑的特殊需求。

美国心理学家马斯洛(A. H. Maslow)在《人类动机理论》论著中,提出人类“需求层级论”的观点(见表 1-5)。按照此观点分析:生理与安全是人们对生活环境的物质需求,关爱、尊重、自我实现是人们对生活环境的精神需求。建筑是一种物质生活环境,人们对建筑的需求由物质满足向精神满足发展,建筑自身的发展由功能组织向形式建构转移。由此理解,建筑功能是人们对某种生活方式及生活场所的选择和向往,建筑形式是人们对某种生活场所形象美及个性化的展示和回应(见图 1-10)。

表 1-5 马斯洛的“需求层级论”——人对建筑的需求

生理需求	安全需求	关爱需求	尊重需求	自我实现需求
生理及特殊的心理需求——空气、阳光、水的利用和空间庇护所的建立	生理与心理上的安全感——空间与构件设施安全性、识别性等方面的建立	被集体接受、能感受到爱——社会人际交往的满足、公共交往空间的建立	自尊与受到别人尊重——空间环境私密性、归属感与中心感等方面的建立	自我完善发展、个人潜力发挥——空间环境特色与美感的建立

(a)

(b)

图 1-10 实用型建筑与个性化建筑

(a) 云南普利藏文学校;(b) 洛杉矶迪士尼营业厅

1.1.3 空间形态

形态一般指事物的外在形式及状态表现。对人而言,形态可以指人的体态、语态、情态及神态等;对事物而言,形态可以指事物的时态;对建筑而言,形态经常指建筑的时空状态,是建筑表面“形状”、内部空间结构组织“形式”、外在“形体”等因素的综合表现。

1. 形态特征

建筑形状具有平面长与宽或立面高与宽二维向度的特征。建筑形式包括内部空间组织及外形两个方面的特征;建筑形体具有长、宽、高三维向度的特征;建筑形态指建筑空间及形体的动态变化,是建筑空间构成的结果及表现,具有时空变化及表现的意味。

诺伯格·舒尔兹认为,建筑形态包括“立足”(stand)、“耸立”(rise)、“开口”(open)三个方面的特征。立足指建筑与地球表面的关系,可以通过建筑基础与墙体处理得以表现;耸立指建筑与天空的关系,表现出建筑垂直于地表的特点;开口涉及建筑与外部环境的内外关系。

从景观形态学的角度看,建筑是物质形态中的一种“人造景观”。景观应当具备景物、景感、景观观赏条件三个基本要素。景物即山峦、滨水、动植物等自然景观,以及建筑与构筑设施等人造景观;景感即景物给人的视觉与心理感受;景观观赏条件即观赏景物的人、时间、地点等因素(见图 1-11)。

图 1-11 人造景观与自然景观

2. 形态表现

1) 空间历时形态

从发展历程看,建筑经历了原始社会、农业与手工业社会、工业社会等各阶段的发展,产生了“行为空间”“神化空间”“几何空间”“符号空间”“功能空间”“人性空间”等各种形态。

“行为空间”是人类被动适应自然环境、依靠自然条件建造并满足防御和物质贮存需求的空间。“神化空间”是人类寻求生活条件改善,将精神寄托于天地神灵保佑而建造的空间。“几何空间”是人类在天文学、数学发展基础上,以三维空间概念及秩序意识,定位和建造的空间。“符号空间”是人类进入文明社会后,凭借时空体验、语言文字能力,寄予情感与符号意象而建造的空间。“功能空间”是工业文明时期,为适应社会大批量需求,以工业材料、结构和技术建造的空间。“人性空间”是信息时代,接受“以人为本”价值观念及“乐生”生活方式,趋向高标准、多元化、多层次发展而建造的空间(见图 1-12)。

从如此众多的空间历时形态中不难看出,空间环境建设与人类文明同步向前发展,从一定意义上讲,建筑和城市的历史可以说是人类空间建构技艺的发展历史,是

图 1-12 功能空间与人性空间

社会文化、技术与经济发展的结晶。

2）空间共时形态

从建筑的发展现状看，当代建筑主要有大跨度建筑、高层建筑、复合建筑等建筑类型。各种建筑类型的空间建构技术可以大致分为“砌筑类空间”“编织类空间”“解构类空间”等。

“砌筑类空间”关注建筑重力与荷载传递，通过塑性材料自下而上砌筑建筑，以实体展示空间和形体体量，如高迪的米拉公寓、巴特公寓，门德尔松的爱因斯坦天文台，汉斯·夏隆的柏林爱乐音乐厅，柯布西耶的朗香教堂，里布斯金的柏林犹太人博物馆，盖瑞的毕尔巴鄂古根汉姆博物馆，安藤忠雄的六甲集合住宅等。土坯、砖石等实砌建筑是“砌筑类空间”的技术原型(见图 1-13(a))。

“编织类空间”借鉴竹器编织与木材镂空技艺，通过新材料、新结构及新构造技术，展示空间与实体构件的“包裹关系”，如伦佐·皮阿诺的芝贝欧文化中心、赫尔左格与德梅隆的美国加州多米诺葡萄酿酒厂、安德鲁的中国国家大剧院、库哈斯的中国中央电视台大楼等。钢、玻璃等现代化工业材料为“编织类空间”的建构提供了技术可能(见图 1-13(b))。

“解构类空间”解除建筑功能与形式的关系，从观念和技术上重新建构空间、实体构件和形体体量三者之间的关系。如柯布西耶的萨伏伊别墅和马赛公寓、罗杰斯与皮阿诺的蓬皮杜艺术中心、贝聿铭的卢浮宫金字塔、彼得·埃森曼的西柏林社会住宅、汤桦的“空中花园”住宅等。“解构类空间”可以从底层架空、空中花园、顶层架空等建筑原型中找到技术范例(见图 1-13(c))。

3. 形态要素

人们对建筑形态的认知是由建筑外在形式逐步深入到内部结构组织的过程。建筑空间形体、空间界面、空间关系，这三者构成建筑形态的基本要素。

(a)

(b)

(c)

图 1-13　砌筑类建筑、编织类建筑与解构类建筑

(a) 砌筑类建筑；(b) 编织类建筑；(c) 解构类建筑

1) 形体要素

一般的建筑空间呈正方体、长方体、球体、锥体、柱体、环形体、拱形体等立体几何形态，可以抽象概括为点、线、面、体四种形体要素。如建筑中的门与窗即点要素，走道与坡道即线要素，平面与立面即面要素，虚的空间与实的形体即体要素；又如，外部环境中的亭或碑塔即点要素，道路即线要素，广场即面要素，建筑群即体要素。

在视觉与心理上，正方体、球体、锥体视觉中心居中、形态稳定，属于静态形体。长方体、柱体视觉中心不稳定，或水平或竖直移动，属于动态形体。环形体和拱形体分别由长方体和柱体拉伸、弯曲、缠绕形成，二者属于变异形体。

建筑空间形体给人以体型、体量和体态的感觉(见图 1-14)。空间形体长、宽、高的度量给人的体型感,空间形体及材质的重量给人的体量感,以及空间形体在光影作用下所产生的动态效果给人的体态感,最终体现出具有几何空间形态的所谓“三维空间”,在时间及光影变化中的“四维空间”,以及将审美情趣涵盖在内的“五维空间”等。

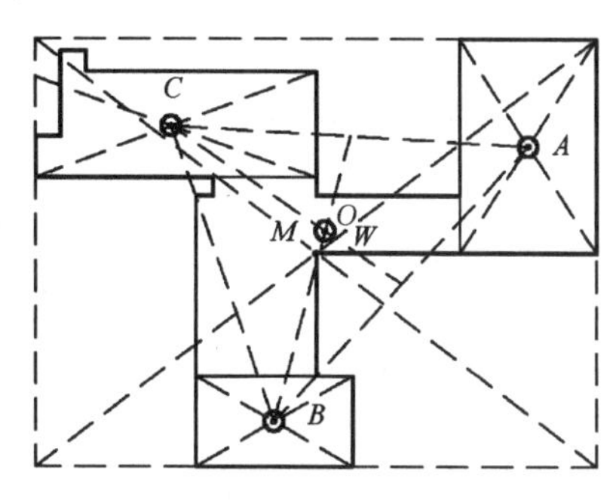

图 1-14 建筑空间形体

2) 关系要素

建筑空间的关系要素包括方位要素、重力要素等,对于空间与环境、空间与实体、空间与人的关系建立,具有控制作用。

在外部环境中,建筑以太阳日照线、地形等高线、道路交通线等确定自身方位。其中,道路交通线是联系建筑群体关系的纽带,被称为外部环境组织的“骨架”。

建筑空间由地面、墙体、楼板、屋顶等实体构件限定及围合而成。实体构件承载和传递重力的作用,被称作建筑空间组织的“结构轴线”(见图 1-15)。

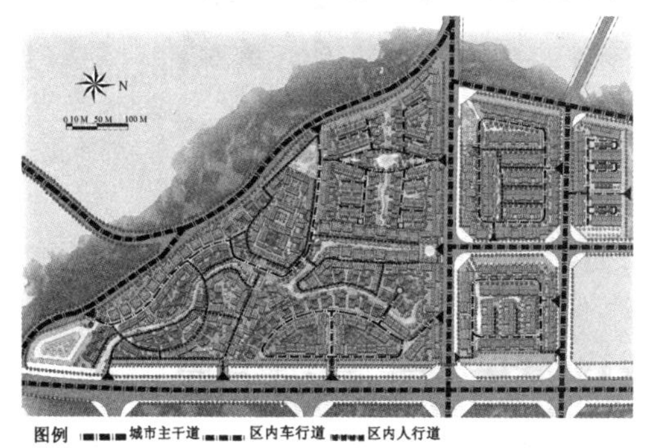

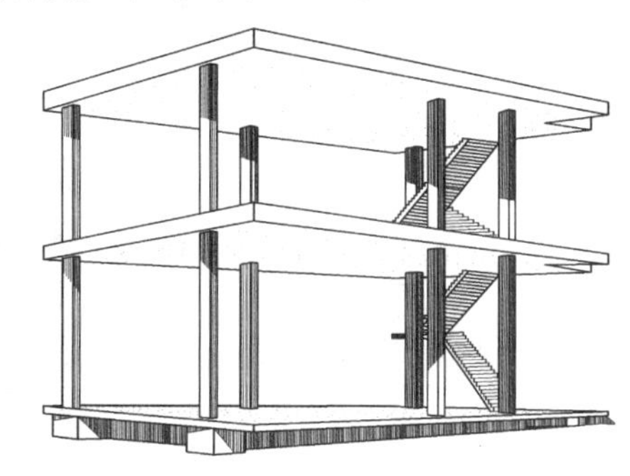

图 1-15 建筑结构轴线与道路骨架

人群在外部环境、建筑空间之间流动、穿行,人流通行活动经常与景观观赏活动相互伴随。人流动线与景观观赏视线可以分离,也可以合二为一,也是组织和建立空间环境关系的一种“控制线”。

3) 视觉要素

建筑空间材料表现出来的色彩、材质、肌理等视觉特性,即建筑空间的视觉要素(见图 1-16)。

不同的建筑及装饰材料具有不同的物理性能，同时给人以不同的视觉和心理感受。如花岗岩给人以庄重与坚毅的感受；木材给人以质朴与柔和的感受；玻璃给人以纯洁与爽朗的感受；金属给人以坚实与光亮的感受；砖、毛石等粗糙材料，以及玻璃、花岗岩等精细材料给人以不同的软硬感、胀缩感、温度感。值得注意的是，在运用这些材料的同时，应考虑建筑空间与社会文化、经济、技术等各种因素的关系。

材料的色彩有固有色和装饰色之分。红色给人温暖与热情的感受，黄色给人轻快与活跃的感受，蓝色给人沉静与安宁的感受，绿色给人青春与和平的感受；红色、黄色等“暖色”，以及蓝色、绿色等“冷色”给人以不同的温度感；红色、白色为“前进色”，蓝色、黑色为“后退色”，给人以不同的距离感。在运用这些色彩时，还应注意色彩搭配与社会文化、民族心理、时代审美等因素的关系(见图 1-16、表 1-6)。

图 1-16　建筑材料的色彩、材质、肌理

(a) 色彩；(b) 材质；(c) 肌理

表 1-6 空间形态构成要素

形体要素(空间构图)	视觉要素(形态感知)	关系要素(建立秩序)
① 点——中心、交接点等,具有大小、疏密、动态等特性; ② 线——视线、交通线等,具有方位、长度、宽度等特性; ③ 面——界面、边界线等,具有形状、面积、厚度等特性; ④ 体——实体、空间体等,产生体型、体量、体态等视觉及心理感受	① 色彩——固有色、装饰色,具有色相、明度、彩度等特性; ② 材质——建筑材料、装饰材料,具有性能、重量、质量等特性; ③ 肌理——自然肌理、人工肌理,具有纹理、图案、质感等特性	① 方位——太阳日照线、地形等高线、道路交通线等,建立建筑与外部环境的关系; ② 承载与传递重力的途径——建筑墙面、地面楼面、屋面屋顶等,建立空间与实体构件的关系; ③ 其他——建筑走道、环境道路、景观视线等,建立人与空间环境的关系

4. 形态语言

在建筑学中,建筑形态语言实际上就是时空状态下的一种空间形体语言。

在建筑形式美中,建筑形式是人们对建筑形态的一种客观感知,建筑形象是人们对建筑形态的一种主观判断。人们对建筑形式的好恶和取舍,取决于人们对建筑的生理需求和心理反应,同时受到建筑语言的制约和影响。一般来说,人们会根据自己的生活感受和审美经验,对建筑形式展开情景联想,即所说的“形象再创作”。这种联想(即建筑形态审视)是一个由表及里、由客观到主观、由物到人的认知过程,审视角度越多,对建筑形态的理解越充分,审视效果也就越客观。

建筑师的主要工作就是以文化、技术和经济手段,将抽象的建筑建构理念“翻译”并“物化”为具体的建筑形态。建筑师对建筑形态的设计与表达,取决于建筑师对建筑功能与形式的把握和对建筑语言的运用。建筑师的建筑语言大致有“空间形体”“构件装饰”“形态象征”三种(见表 1-7),语言途径大致有“表形”与“表意”两种方式。“表形”即表达建筑空间结构组织及外形,“表意”即表现建筑空间建构意义及形态含义(见图 1-17)。

表 1-7 建筑师的三种建筑语言特点比较

空间形体(表形)	构件装饰(表形、表意)	形态象征(表意)
① 关注建筑空间及形体,以空间组合论、几何透视学等为基础,进行空间组合及形体造型; ② 借鉴素描、雕塑艺术,以光影表达建筑形体; ③ 现代建筑师,如柯布西耶、迈耶等,多采用此方法	① 关注建筑空间界面及构件,以建筑文化观、色彩学、建筑构造学等为基础,进行空间界面及构件装饰; ② 借鉴绘画艺术,以图案、色彩等表现建筑形式; ③ 传统建筑与后现代建筑师,如盖里等,均采用这种方法	① 关注建筑空间形式、形体和形态,以建筑文化观、语言学、符号学等为基础,进行空间形式及构件象征; ② 借鉴文学、诗歌艺术,以语言、符号表达建筑形式含义及形象意义; ③ 传统建筑与后现代建筑师,如伍重、格雷夫斯等,均采用这种方法

(a)

(b)

(c)

图 1-17　建筑师的三种建筑语言

(a) 空间形体;(b) 构件装饰;(c) 形态象征

1.2　空间构成

构成原理起源于 20 世纪 20、30 年代的包豪斯学院(前身是德国魏玛工艺美术学校),运用于家具、灯具等工业产品设计。作为一种设计方法,构成的核心是将物质形态分解为基本要素,以一定的关系组合并赋予基本要素以新的物质形态。构成强调分解、组合基本要素的逻辑语言和语法,以此保证形态构成的组织完整性、结构逻辑性、变化规律性。

建筑由空间和实体构件构成,人们使用空间,借助于实体构件建构空间,并感知空间的存在。建筑构成包括建筑内容、建筑形式、建筑意义等三方面,即建构建筑包括功能与形式、空间与实体、空间与空间、形式与形象等之间的关系。

俄国艺术家康定斯基(Wassily Kandinsky)认为,形态构成可以是形式上的,也可以是功能上的,甚至于是文化意义上的。受构成观念与方法的影响,现代主义建筑师注重建筑的功能与形式,后现代主义建筑师则注重建筑的文化意义。

1.2.1 形态分解

形态分解即将建筑的内容、形式及意义进行分解,其目的在于重构建筑意义。

1. 建筑内容分解

建筑包括空间、实体构件等内容。从某种意义上讲,分解建筑内容意味着解除建筑功能与形式之间的关系。

格罗皮乌斯认为,功能决定形式。在包豪斯校舍设计中,格罗皮乌斯注重空间功能关系,采用自由灵活的布局,取得了时空动态效果(见图 1-18(a))。

柯布西耶认为,住房是居住的机器。他主张建筑功能要像机器一样精密和准确,并具备建立在人体尺度基础上、有利于工业化生产、符合美学要求等三个基本要素。

路易斯·康认为,“只满足功能和坚固要求的建筑是一件没有生命力的工具”,“形式是功能要求和建设条件的结果,也是一种可以视觉感知但不一定明确的事物”。路易斯·康重视形式起源、提倡形式设计,“大圆窗”和“双层墙”是他改善建筑采光通风、表现建筑光影变化的手段之一(见图 1-18(b)、(c))。

2. 建筑形式分解

分解建筑形式意味着解除空间与实体、空间与空间的关系。

密斯主张技术与艺术相统一,以材料和技术表现空间的视觉效果。密斯在 1929 年巴塞罗那世界博览会德国馆设计中,以“少即是多”(less is more)这一原则,分解空间与实体关系,运用钢与玻璃建构“流动空间”。

柯布西耶推崇几何立体主义价值观和审美观,主张建筑走工业化发展道路、表现时代精神。柯布西耶在马赛公寓设计中,分解空间与实体的目的是“要尽量使柱子得到自由”,反映城市“居住单位”的概念;在萨伏伊别墅设计中,以底层架空、屋顶花园、自由平面、自由立面、横向长窗来体现“新建筑”的五大特点。

图 1-18 建筑内容分解

(a) 包豪斯校舍;(b)“大圆窗”;(c)“双层墙”

赖特提出“有机建筑论”(toward the organic)思想。在 1936 年的“流水别墅”设计中,赖特延续“草原式住宅”的设计理念,分解“十字形”空间,通过空间形体穿插,以及石材、木材赋形,使建筑与外部环境相互交融、渗透,体现“建筑从属于环境”的有机建筑观念。

3. 建筑意义重构

建筑是一种通过构成要素、构成关系和构成方式等视觉表象,表述建筑形象意义的方式。美国建筑师彼得·艾森曼(Peter D. Eisenman)将建筑分解为“表层”和“深层”结构,以此研究建筑构成的语言及语法。“表层”结构即实体构件、设备设施等感知层面上的具体要素;“深层”结构即思想、观念、意识等,以及技术艺术、语言程序、制度法规等认知层面上的抽象要素。“深层”结构制约和影响“表层”结构的构成。

美国后现代主义建筑师罗伯特·文丘里(Robert Venturi) 反对“少即是多”,主张“少就是厌烦(less is boredom)”;认为社会大众往往不懂现代建筑语言,喜欢平凡、活泼、装饰性强又有隐喻性的建筑形式;建筑师应“向拉斯维加斯学习”,即吸取市井文化、进行商标广告式建筑造型;在“母亲住宅设计”中,采用历史主义符号及开豁口方式,改变现代建筑的单调形式(见图 1-19)。

当建筑与人发生关系时,可视为与某种意义相关联的某种“符号”;人们看到“符号”设想其功能并对其形式产生联想和升华,在“符号”与意义之间建立起某种特定的联系。

图 1-19 建筑形式分解与意义重构

1.2.2 形态组合

建筑形态组合本质上是一个由实体构件到空间、由单元空间到多元空间、由建筑空间到外部环境的建构过程。

1. 空间围合

建筑由空间与实体构件构成。梁与柱等"线要素"是限定空间方位、形状的"边界";墙、地、顶等"面要素"是围合空间面积、容积以及决定空间形体厚度、重量、视觉特性的"界面"。空间封闭性、私密性取决于空间限定度,即空间被限定及围合的程度(见表 1-8)。

经过限定围合的空间,在平面长、宽尺寸相同的情况下,矩形空间面积较大,圆形空间面积较小,三角形和多边形空间面积缺损较多。规整的边界、界面有利于家具设施布置,多变的边界、界面有利于空间形体造型。

空间尺度与空间比例往往是衡量空间围合度的指标。空间尺度一般指空间、实体构件与人体的度量关系;空间比例一般指空间与实体构件的度量关系。一般认为,空间尺度和比例也是表达空间形式美感、建立空间整体秩序的前提条件。柯布西耶曾致力于空间比例的研究,他在强调比例的重要性、灵活性和选择性的同时,指出比例认知缘于个人感性,比例方法的运用使空间设计具有一定的客观性和说服力。

表 1-8 建筑空间限定及围合方式

线要素限定	面要素围合
① 一根垂直线设立——自身无方向感,以形体高度和体量控制空间边界并形成空间构图的中心,发挥空间定位作用; ② 两根垂直线并列——构成虚面并暗示对称轴线的存在,使虚面具有方向性和导向感,引导后续空间的逐步拓展; ③ 三根垂直线阵列——限定空间边界及转角,突显空间轮廓与形状、面积与容量等,增强人对空间形体的视觉感受; ④ 系列垂直线排列——产生空间序列过渡、秩序向导作用; ⑤ 垂直线与水平线组合——形成空间框架、限定和划分空间高度	① 地面限定——限定空间范围、承受荷载;通过色彩、材质、肌理变化,与外部环境形成对比关系;以地坪标高变化表达特殊情态; ② 墙面围合——限定空间高度、区分内外;可独立设置,也可以与地面、顶面组合;描述空间形体,最具视觉吸引力; ③ 顶面覆盖——通过支撑或悬挂等方式遮蔽空间,使空间具有实用价值和象征意义;形状、高度决定空间形态

2. 空间组合

建筑是一个由若干单元空间组合构成的多元空间。如教室、办公室、实验室即为教学楼、办公楼、实验楼的单元空间;影剧院即由门厅、侧廊与观众厅等单元空间构成。多元空间与单元空间相比,具有复合性、多质性、多义性等特点。空间组合与空间的使用要求、构成方式等因素有关。

多元空间组合除“点状聚合”以外,还有三种方式:单元空间沿 X 轴或 Y 轴单向排列即“线性排序”;单元空间沿 X 轴和 Y 轴双向阵列即“网格编组”;单元空间通过 X 轴、Y 轴与 Z 轴立体叠合即“层面叠加”。实体构件“结构轴线”、人流“动线”是建立空间关系的“控制线”(见表 1-9、图 1-20)。

1) 空间单纯性与完美性

几何空间被认为是实用且具有表现力的空间。建筑师常用重复、分割、连接、包含、聚合、切削、扩张等空间构成手法建构建筑,突显建筑与外部环境的对比关系。

然而文丘里在《建筑的复杂性与矛盾性》一书中,批判现代主义注重建筑空间的简单性、原始性、一元性,忽视了建筑的模糊性、多样性及对立性。解构主义批评现代建筑师选用几何空间,排除建筑空间的不稳定感和无秩序感,指出解构主义的目的在于表露建筑空间应有的模棱两可或缺陷。

表 1-9 建筑空间组合方式

线性排序	网格编组	层面叠加
① 轴线控制——以结构轴线、人流行进程序或视觉活动规律等排列组合空间，并支配与统率全局，如北京故宫； ② 母题重复——以基本空间或以轴线、序列排列组合的空间群，使空间群具有简明感、节奏感、系列感，如悉尼歌剧院等； ③ 隐喻象征——选择典故，以文学、诗歌修辞手法，再现空间氛围，感染思想和情绪，如朗香教堂、南京中山陵纪念堂等	① 模数控制——以人体尺度为度量单位，控制空间和实体构件尺寸，使空间具有内在数比和谐关系，如萨伏伊别墅等； ② 网格交织——由开间、进深、层高控制空间，网格可作旋转、穿插、交替、叠加、断续等变换，如流水别墅等； ③ 变换特异——保持空间整体结构，变换局部形状、方位、组织方式等，使局部空间成为特异突出部分，如卢浮宫、金字塔等	① 复合叠加——通过墙体、楼面地面、屋面分隔联系空间，使空间产生流动、渗透、贯通等感受，如巴塞罗那博览会德国馆等； ② 切分构成——分解空间形态构成要素，以时空理念、功能与形式关系、视觉与心理关系等组合空间，如美国国家美术东馆等

(a)

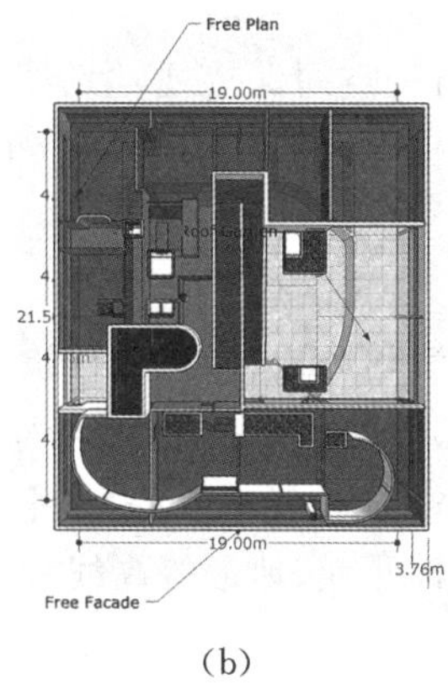

(b)

(c)

图 1-20 建筑空间组合方式

(a) 线性排序；(b) 网格编组；(c) 层面叠加

2) 空间透明性与流动性

柯布西耶在 1927 年国际联盟总部设计竞赛中所采用的“层构成”方法，被后人称为空间的透明性。一般空间透明有实透明和虚透明两种方法：实透明即通过玻璃透明空间，虚透明即由空间层次营造空间的透明感。这两种空间透明的方法仍被今天的建筑师采用并在他们手中得到进一步发展。

莱姆·库哈斯(Rem Koolhaas)在 CCTV 总部大楼设计中所采取的“条形构成”和伯纳德·屈米(Bernard Tschumi)在东京国立第二国家剧场设计竞赛中所采用的

“程序条形构成”，通过改变空间边界长度、渗透关系和节奏程序，实现空间透明性与流动性(见图 1-21)。

(a)

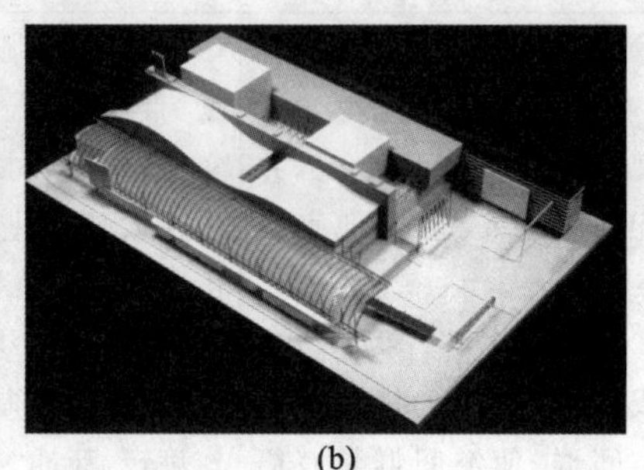
(b)

图 1-21 建筑的空间透明性与流动性

(a) CCTV 总部大楼；(b) 东京国立第二国家剧场设计竞赛

3) 空间对称性与秩序性

对称空间被关注的主要原因是其表现出来的规律、等级、秩序等关系。空间对称有整体对称与局部对称两种方式，左右对称空间的“控制线”除对称轴以外，还有人流“动线”和实体构件“结构轴线”，有意识地分离三种“控制线”，可以打破空间对称带来的呆滞感受。传统空间的对称性正逐步被现代空间建造技术中的标准化、模数制、规整性等所取代。

空间秩序具有一定的表现力。一般的空间秩序规律有：简单空间容易读解和记忆，重复空间增强视觉集注，渐变空间保持视觉延续，近似空间容易形成独立的视觉单元，对比空间动中有静、显中有隐，特异空间突显个性、诱发视觉情趣，无序空间使人匪夷所思和无所适从。

3. 空间集合

外部环境由道路、绿化及活动场地、建筑与构筑设施等组成。如果一幢建筑是一个“多元空间”的话，那么，外部环境就是一种“集合空间”。

建立建筑与外部环境关系的“控制线”包括太阳日照线、地形等高线、道路交通线、景观观赏视线等。以太阳日照线、地形等高线和道路交通线为例讲解如下。

坡度为 0%～3%的平坡地，建筑根据太阳日照线布局、不受地形等高线的制约；坡度为 3%～8%的缓坡地，道路交通线平行于地形等高线设置、建筑平行或垂直于交通线布置；坡度为 8%～25%的中坡地，道路交通线顺应地形等高线降坡、建筑平行于交通线布置(见表 1-10)。

建筑群体组合有独立式、周边式、行列式、街坊式、院落式等形式(见图 1-22)。独立式布局利用零星地段布置建筑，可节约建设用地。周边式布局外部环境内松外紧，有利于提高土地的使用效率。行列式布局外部环境秩序显著，建筑物的采光通风较好。街坊式布局外部环境呈半封闭、半开敞形态。院落式布局类似于传统“四合院”的空间形态。其中，街坊式与院落式经常被称为组团式布局。

表 1-10 建筑空间与外部环境集合方式

地形等高线等	道路交通线等	建筑日照线、景观视线等
① 平地——建筑由中心向边缘或由边缘向中心布置； ② 坡地——建筑平行或垂直于地形等高线布置； ③山地——建筑独立或分散布局	① 线形路——建筑平行或垂直于道路布置； ② 交叉路——建筑独立或向心布置； ③ 网格路——建筑平行或垂直于道路布置	① 独立式——呈点状，建筑成为视觉焦点、空间构图中心； ② 行列式、周边式——呈线状，建筑保持日照、通风和防火间距； ③ 街坊式、院落式——呈面状，建筑保持日照、通风和防火间距

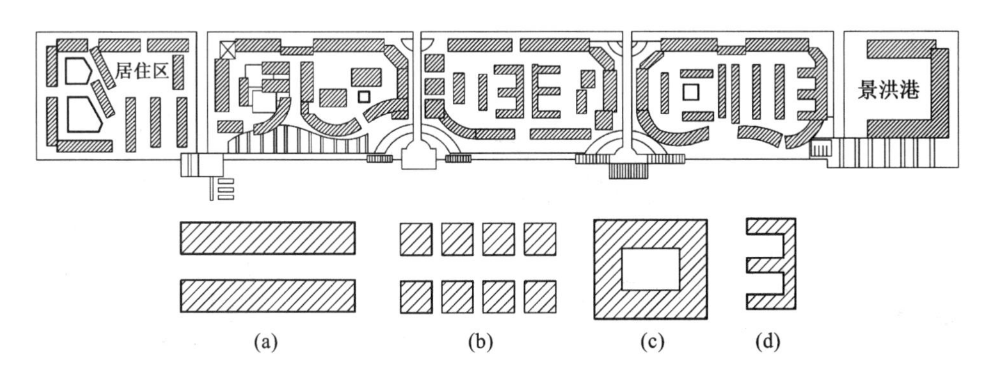

图 1-22 建筑总平面图

(a) 行列式；(b) 独立式；(c) 周边式；(d) 街坊式

1.2.3 形态转换

建筑由实体构件构成空间的同时，产生空间与实体、空间与形体、建筑空间与外部环境、建筑单体与建筑群体等形态变化；吸引视觉注意力的实体要素被称为“图形”、空间要素被称为“背景”，二者被同时感知，形成虚实共生、正负反转等视觉关系。

1. 空间与实体转换

建筑空间是容纳人群活动的“容器”，实体是建构空间的“构件”，二者之间存在着虚实共存的关系。以中心和边界为例做如下讲解。

中心是人群活动的出发点或目的地，意味着某种或某几种活动的集中地或密集地，从而给人们留下深刻印象。独立设置的灯柱、碑亭、塔楼等垂直线要素，自身无方向感，在一定空间范围内经常是人们的视觉焦点，使周围空间具有一定的向心力，成为空间的构图中心、场所的行为标识等。

边界是人群活动的依托和庇护,承载并传递空间内外两侧的双向信息,具有一定的视觉及心理吸引力。在一定空间范围内,人群活动经常由边界逐步向中心展开和扩散,这一现象被称为边界效应。同时,由列柱、围墙、建筑等垂直面要素所界定的空间,边界趋向连续、闭合和完整,在视觉与心理作用下产生虚拟中心。正是中心与边界的互动作用,使空间具有功能作用、场所秩序与象征意义(见图 1-23)。

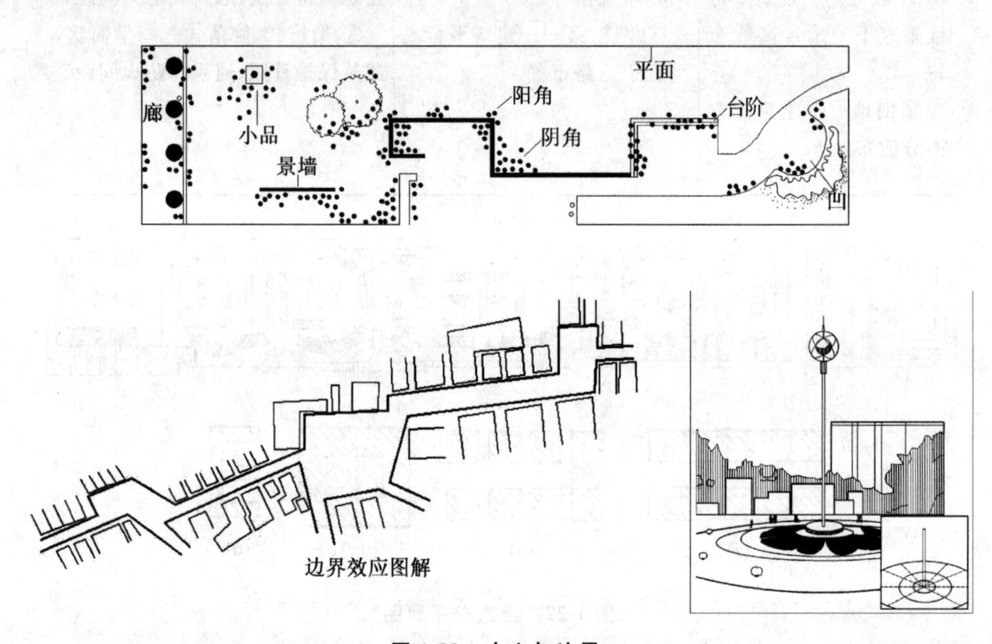

图 1-23　中心与边界

2. 空间与形体转换

建筑形体是空间构成的结果和外在表现。形体构成有形体大小、形状、方位变化,形体组合方式变化,形体相对关系变化三种方式。

就建筑形体而言,通常我们将一个简单、完整的建筑形体称为单元体;将两个独立、完整、相互关联的建筑形体称为二元体;将多个完整、复杂、相互关联的建筑形体称为多元体。建筑单元体主要以"加""减"形体构成建筑体量,二元体构成主要以"断""续"形体构成建筑形态,多元体主要以"聚""散"形体构成建筑关系(见表 1-11)。

建筑形体构成是建筑造型工作的一部分,建筑造型除建筑形体加减、位移、旋转等变化外,还可以通过空间限定度的改变,以及空间界面材质、肌理、色彩等变化,产生新的视觉形态(见图 1-24)。

表 1-11 建筑空间形体构成方式

单 元 体	二 元 体	多 元 体
① 增加与削减——保持形体完整、视觉特性，局部增加附加体或削减形体边角； ② 膨胀与收缩——对形体进行凸凹变化，改变形体体量； ③ 旋转与扭曲——对形体进行方位变化，改变形体体态； ④ 拼贴与镶嵌——以不同材料对形体表层进行并置、衔接或凹凸变化； ⑤ 倾斜与倾覆——保持形体稳定感，倾斜界面或边棱方向造成动势； ⑥ 切割与分离——分裂形体，改变形体体型或造成形体数量的聚散变化	① 分离——保持形体距离、视觉共性，作平行、倒置、反转等方位变化； ② 接触——保持形体视觉特性，以点、线、面接触方式形成视觉连续性； ③ 相交——相同、近似或对比形体插入、咬合、贯穿、回转、叠加等； ④ 连接——由过渡性形体将有一定距离的形体连接成整体	① 集中式——次要形体围绕主要形体构成向心群体； ② 串联式——多个形体沿直线、折线、曲线等方向重复与延伸； ③ 放射式——由一个核心形体沿不同方向辐射与扩展； ④ 框格式——将不同形体填充于无方向、无等级差别的空间框格中； ⑤ 垒积式——密集形体聚集在一起，形成水平、垂直方向上重叠整体； ⑥ 组团式——根据空间功能关系、形态特征等建立空间群体； ⑦ 轴线式——以单一、平行、垂直、倾斜等轴线，控制全局、引导视线； ⑧ 自由式——根据建筑、道路、地形等组织形体，形成有机变化空间群体

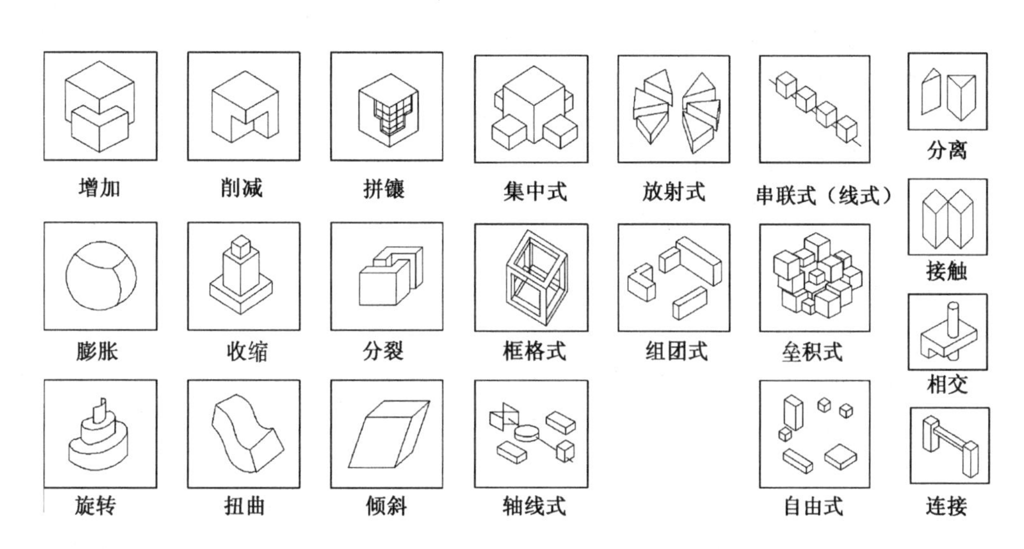

图 1-24 建筑造型中的形态变化

3. 建筑空间与外部环境转换

建筑以实体构成空间及外形的同时，形成外部环境，并与外部环境中的道路、广场、建筑与构筑设施等连成一片，一起构成外部环境景观的一部分。

在一定环境中，建筑以实体或形体体量限定周围环境，决定周围环境的形式或被周围环境的形式所决定。如四合院、城市广场即为建筑围合外部环境所形成的空间形态,纪念碑、城市公园即为外部环境围合建筑所形成的空间形态。建筑与外部环境之间存在着“虚实共存”“图底转换”的关系(见图 1-25)。

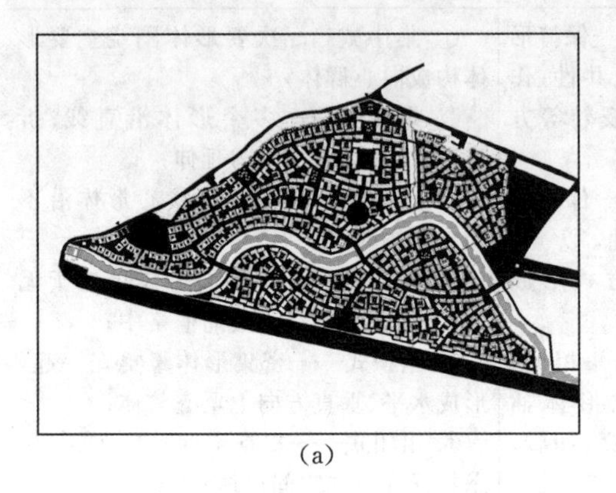
(a)

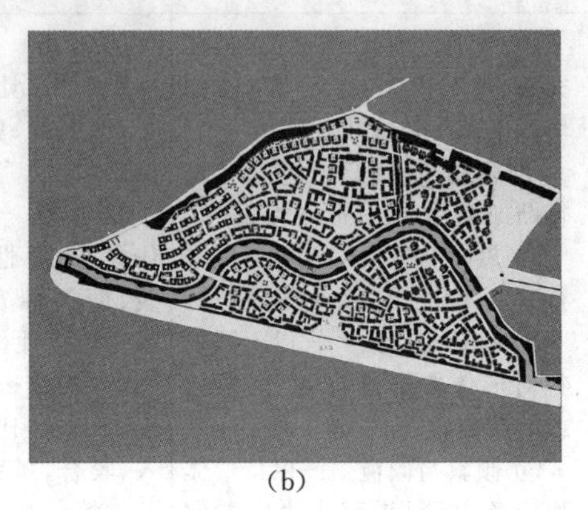
(b)

图 1-25　建筑图底关系

(a) 虚实共存;(b) 图底转换

4. 建筑单体与建筑群体转换

建筑群体由建筑单体集合而成。建筑单体在“群化”过程中,随着建筑数量、体量的增长变化,产生不同于周围环境的形态特色效应。

“优势效应”即一幢建筑或构筑设施所产生的环境形态效应。如独立设置于广场中的一座纪念碑,以其形体高度、形体体量控制周围的空间环境,形体高度越高或体量越大,其控制的空间环境范围就越广。可见,形体高度、形体体量与其控制的空间环境范围成正比关系(见图 1-26(a))。

“极化效应”即两幢建筑或构筑设施所产生的环境形态效应。如街道、河道、广场两侧的建筑,在视觉与心理的作用下,相互之间产生一定的“引力”和“引力场”,建筑形体高度越高或形体间距越小,人对引力、引力场的感知就越强。可见,引力强弱、引力场大小与建筑形体高度和形体间距有关(见图 1-26(b))。

“群化效应”即多幢建筑或构筑设施所产生的环境形态效应。如居住区中的住宅群,按照周边式、行列式、组团式等方式有规律地排序时,给人们以秩序感。当住宅群数量剧增时,给人们以规模感,并加深人们对居住区的记忆(见图 1-26(c))。

(a)

(b)

(c)

图 1-26　建筑空间形态效应

(a) 优势效应;(b) 极化效应;(c) 群化效应

1.3 空间组织

空间组织是社会活动的一种形式及表现，意味着对人、空间环境、构件设施进行系统化的安排。

空间组织包括外部环境布局与建筑空间设计两方面。外部环境布局主要进行场地分区、交通组织、建筑及构筑设施布置、环境设施布置、建筑环境形态控制等工作。建筑空间设计是建筑设计工作的一部分，主要进行空间组合、流线组织、结构选型、设备设施选型及配置等工作。外部环境布局与建筑空间设计的工作基础是对建设项目性质、内容、规模，以及建设用地位置、范围等条件的确定。

1.3.1 基地选址

基地是为发展某种事业提供服务的用地，场地是未经开发建设的空地，项目建设用地是项目建设条件适宜，符合国家相关法律法规要求，经过相关部门批准待建设的土地。三者在使用上经常合而为一，但概念上有所区别。

基地选址与建筑策划是项目开发建设的前期工作，由项目开发建设单位、政府有关部门、社会与经济工作者、规划师及建筑师共同参与完成。

1. 理想聚居地构想

从16世纪托马斯·摩尔（Thomas More）构想“乌托邦”（Utopia），到19世纪末霍华德（E. Howard）提出“田园城市”理论，第一次世界大战前勒·柯布西耶提出“光辉城市”计划，第二次世界大战后伊利尔·沙里宁（Eliel Sarrinen）等人实践“卫星城市”建设，以及之后的各种现代化城市建设，人们追寻理想聚居地的社会实践一直在延续。

希腊学者道萨迪亚斯（C. A. Doxiadis）将人对聚居地的基本需求概括为安全、选择可能、最佳综合平衡三个方面。安全即拥有受到安全保护的空间环境；选择可能让人们自主、多样选择聚居地的可能；最佳综合平衡包括最大限度地接近外界环境，以最低成本及方式满足生活需要，与外界环境及生活设施保持最佳联系，与社会生活取得最佳平衡等。

德国社会学家滕尼斯（Tonnize）提出构建良好社区的条件，即一定的社会人际关系、相对独立的空间环境、比较完善的公共服务设施、近似的文化价值观及生活方式等。其中，完善的生活服务设施、良好的邻里人际关系、安定的社会秩序，是良好社区的基本特征和建设目标。

2. 基地条件分析

基地作为某种项目的建设用地，应具备与项目建设相匹配的条件，包括外在与内在两方面的内容。

1）基地外在条件

基地的外在条件指基地的区位、外部交通、基础设施等条件。

基地区位有位置与用地范围两层含义，不同位置以不同地价、不同用地范围决定项目建设规模及环境质量。如建筑容积率＝总建筑面积/总用地面积，建筑容积率越高，表明土地利用率越高，但导致环境质量降低的可能性也就越大。

交通建设促进城市扩展，改变各区位的地价。所谓的“交通可达性”即人流、车流、货流等物流活动地点之间的联系程度与便利程度。一般情况下，交通便利、生活服务设施完善、环境绿化及景观条件良好的城市局部地段，地价较高，项目开发建设效益也较为显著。

图 1-27　云南曲靖五尺驿栈设计方案

基础设施包括建筑、构筑设施及市政设施等。公园与居住区、车站与商场等互补的配套设施聚集，可增加物流活动，产生环境“规模效应”；工厂与居住区、铁路与居住区等干扰、排斥的功能设施聚集，会减少物流活动，产生环境“消极反应”(见图 1-27)。

2) 基地内在条件

基地的内在条件主要指基地或场地的地形地貌等条件。

场地具有平地、坡地和山地三种地形，呈平原、河谷峡谷、高山等地貌特征。平地一般是良好的建设用地。坡地经过人工挖填及平整呈平坡式、台阶式或混合式三种。如地形坡度不大于3%的平坡式场地，道路、建筑及构筑设施可以灵活布局；地形坡度为3%～50%的台阶式场地，需要改造后方可利用；混合式场地采取整体平坡、局部台阶的综合处理措施，适宜地形复杂的建筑环境建设。山地建设容易形成良好的建筑环境景观。一般山脊与山沟地段，由于地基土层不稳定，不宜作为建设用地；山腰、接近山脊和山沟的局部地段，地质基础坚实稳定或分布均匀，适宜工程项目建设(见表 1-12)。

表 1-12　建筑与地形、道路的关系

0%～3%平坡地	3%～8%缓坡地	8%～25%中坡地	25%～50%陡坡地	50%～80%急坡地
建筑与道路可自由布置，但须注意场地排水	建筑布置不受约束，车行道可自由布置、不设置梯级道	建筑错台布置，车行道平行于地形等高线，设置梯级道	建筑错层布置，车行道斜交于地形等高线，设置梯级道	建筑须作特殊处理，车行道曲折盘旋、梯级道与地形等高线斜交

就场地地质条件而言，一般有地质矿藏，有冲沟、崩塌、滑坡、断层、岩溶等地质缺陷的场地地段，不能作为建设用地。防治场地滑坡须设置截水沟、排水沟等设施，防治场地崩塌须设置挡土墙、护坡等设施。不恰当的场地改造将给项目建设带来高昂的代价，并影响项目建设的顺利实施。

3. 环境气候条件利用

基地选址除考虑基地自身条件以外，还要考虑基地环境气象信息。基地环境气象信息是项目规划设计的主要依据之一。基地环境气象信息分析包括项目所在地区的降雨降雪、风向风速、气温日照等条件。

地区年度与月份平均降雨量、50 年与 100 年洪水区域等因素，将影响场地的蓄水排水组织及建筑屋面的排水设施组织。场地的降雪与积雪遮挡建筑及环境景观的视线。

地区风玫瑰图指示地区全年各季节主导风向的频率与平均风速。由此，基地污染源应当布置于地区全年主导风向的下方位。建筑迎风面与季节风向的夹角(即风向入射角)为 0°～15°时可以产生不同的对流风与涡流风，还应利用地区全年主导风向及气流规律综合组织场地与建筑的风口和风道。

地区的最低、最高气温是确定建筑供暖及制冷时间，维持室温舒适度所需要能源的主要依据。空气相对湿度也是影响室内舒适度的重要因素，令人舒适的空气相对湿度为 20%～55%。利用机械除湿制冷的建筑不同于自然除湿制冷的建筑，机械除湿制冷成本昂贵，过程复杂。

阳光具有一定的灭菌、提高室温、干燥房间的作用，对人的生理与心理健康影响较大。建筑日照是阳光直射场地、建筑、房间的现象，影响环境布局、建筑采暖、门窗设计等工作。决定建筑日照标准的因素包括地区地理纬度、气候特征、城市规模、地区城市规划及管理部门制定的标准等。

1.3.2 外部环境布局

外部环境布局是建筑空间设计的先行工作，主要进行功能分区、交通联系、建筑及环境设施等工作，实际上就是对场地资源的一种分布及配置。

功能区划的思想及方法来源于美国 1916 年开始实行的区划法(zoning)和国际建筑协会(C. I. A. M.)1933 年在“雅典宪章”中提出的功能主义规划思想，其核心是以法律法规的形式，对建筑及环境建设做出预见性规划设计。20 世纪 90 年代国内外开始修正功能区划的方法，主张提高生活环境密度、利用现代通信及电子网络技术降低通行时间及交通成本，提出建设“综合楼模式”即城市中央商务区 CBD(the center of business district)、中央生活区 CLD(the center of living district)、商住公寓 SOHO(small office and home office)等。

20 世纪以来，人口集中带来了交通拥挤、建设用地不断扩张、环境恶化等问题。芬兰建筑师伊利尔·沙里宁(Eliel Sarrinen)早在 1934 年《城市——它的发展、衰落与未来》一书中提出“有机疏散”理论，以实践卫星城市建设。20 世纪 30 年代美国建筑师西萨·佩利(Cesar Pelli)等人提出“邻里单位”(neighborhood unit)的概念，以此控制城市居住区的人口规模。

环境建设的目的在于建立人、建筑、外部环境之间的和谐关系。美国康奈尔大学罗杰·特兰西克(Roger Trancik)教授在《寻找失落的空间》(《*Finding Lost Space*》)一书中提出图底关系理论(figure-ground)、联系理论(linkage)、场所理论(place)三种城市设计方法。这三种方法对于确定道路结构形态和重要建筑方位,建立建筑与外部环境秩序,赋予一般场地(site)以场所(place)精神等方面,具有指导意义。

1. 功能分区

场地分区应当结合具体建设项目要求和建设用地条件进行,一般遵循集中与分散相结合的原则(即功能互补配套的建筑及环境设施相对集中、功能干扰排斥的建筑及环境设施相对分散),以道路加强区域之间的联系,以环境设施等屏蔽和减少不利因素的干扰,综合解决通行疏散、防灾救灾、环境绿化等问题。

场地分区有水平式与立体式两种方式。水平式分区中,一般场地可分为生活服务区、生产办公区、后勤辅助区等功能区域。如学校可分为教学区、生活区、运动区;超市可分为前场、中场和后场;会议展览中心可分为后勤接待区、陈列展示区、生活服务区。在建设用地紧张的情况下,可以采用水平式与立体式相结合的分区方式,如城市中心区内的医院,经常将门诊部、医技部、住院部等分别布置于不同的建筑楼层中,地下层设置停车场,地面层设置门诊部,二层或三层以上为住院部,医技部单独设置或设置于地下层(见图 1-28)。

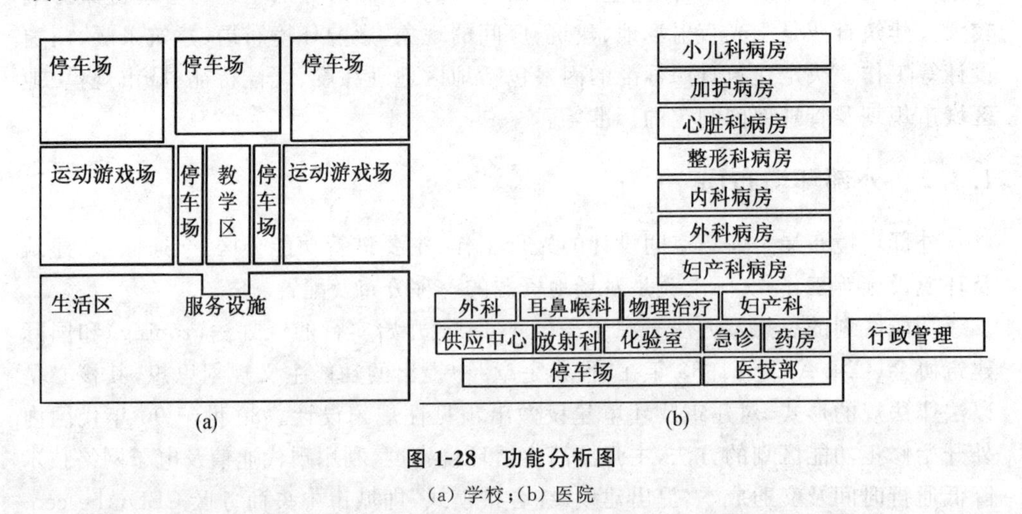

图 1-28　功能分析图

(a) 学校;(b) 医院

对不同的建设项目、建设用地、建设投资,应当采取不同的分区布局方式——因地制宜、因时制宜、因条件制宜。

2. 交通联系

场地物流有人流、车流、货流三种类型。交通的组织包括出入口设置、道路设置、停车场布置三个方面。交通组织的核心则是保障和解决物流活动的安全、便捷、畅通、互不干扰等问题。

1) 出入口设置

场地出入口是物流活动的起止点。一般应分别设置主要与次要出入口,并与场地外围道路直接相连。当主出入口人车混合并行时,应设置人流集散缓冲空间和车流限速设施。车辆行驶专用通道及出入口不应直接开向城市干道,应与场地外围城市交通节点、公共场所、物流聚集地等特殊地段保持一定的缓冲空间，以便减少场地内物流活动给周围环境带来的交通压力。

2）道路设置

道路是物流活动起止点与驻留点之间的连接线。场地道路有人行道、车行道、人车混行道三种类型，呈网状、环状、枝状等结构形态。道路的选线、坡度、长度和宽度以及断面设计，应根据场地出入口位置、地形坡度、物流类型及活动方式、建筑及环境设施位置等因素考虑。道路人车并流或人车分流的组织，一般根据物流活动方式及特点、场地面积范围、建筑及环境设施规模等因素考虑（见图 1-29、表 1-13）。

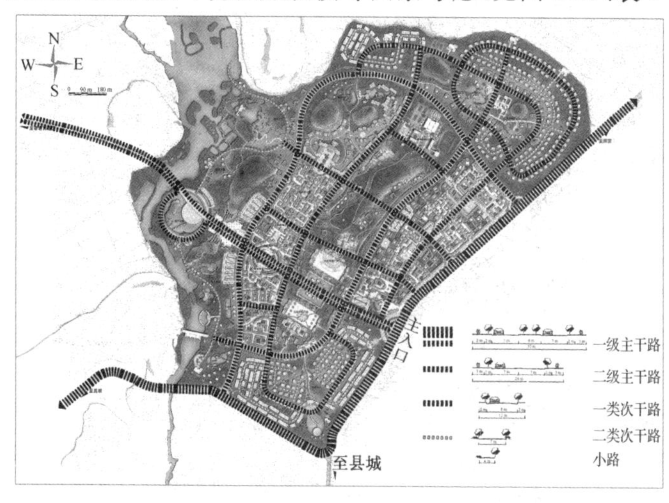

图 1-29 流线分析图

表 1-13 外部环境中的道路设计

坡度	纵坡0.3%～10%，横坡0.3%～0.5%
坡度与坡长	场地道路 5%～10%，80～800 m；城市道路 3%～8%，600～300 m
间距控制	与建筑物1.5～6 m，与围墙1.5～6 m，与管线支架 1～1.5 m，与铁路中心线3.75 m，与绿化植被 0.5～1.0 m
宽度	人行道宽度$W_1=N_1[0.55+(0\sim0.15)]\geqslant1.5$ m（N_1——人流股数）；车行道宽度 $W_2=N_2[(2\sim2.5)+2\times(0.3\sim0.5)]\geqslant4.0$ m（N_2——车流股数）
转弯半径	主干道 20～25 m，次干道 10～15 m，分支路 6～9 m
行车视距	场地道路 15 m，城市道路 25～100 m
会车视距	场地道路30 m，城市道路 50～200 m，道路交叉口 15～25 m

3）停车场布置

广场、运动场、停车场等是场地物流活动的集聚点和驻留点（见图 1-30）。

停车场有地面、地下、楼层等三种布置方式。其中，地面停车场顺应地形等高线布置，可以保证停车安全；停车泊位沿场地边界布置，可以争取停车数量。一般情况下，地面停车场的机动车停放多于 50 辆时，应当设置两个方位的对外出入口。停车场面积一般按照机动车 25～40 m^2/辆、自行车 1.2～1.8 m^2/辆的指标控制。

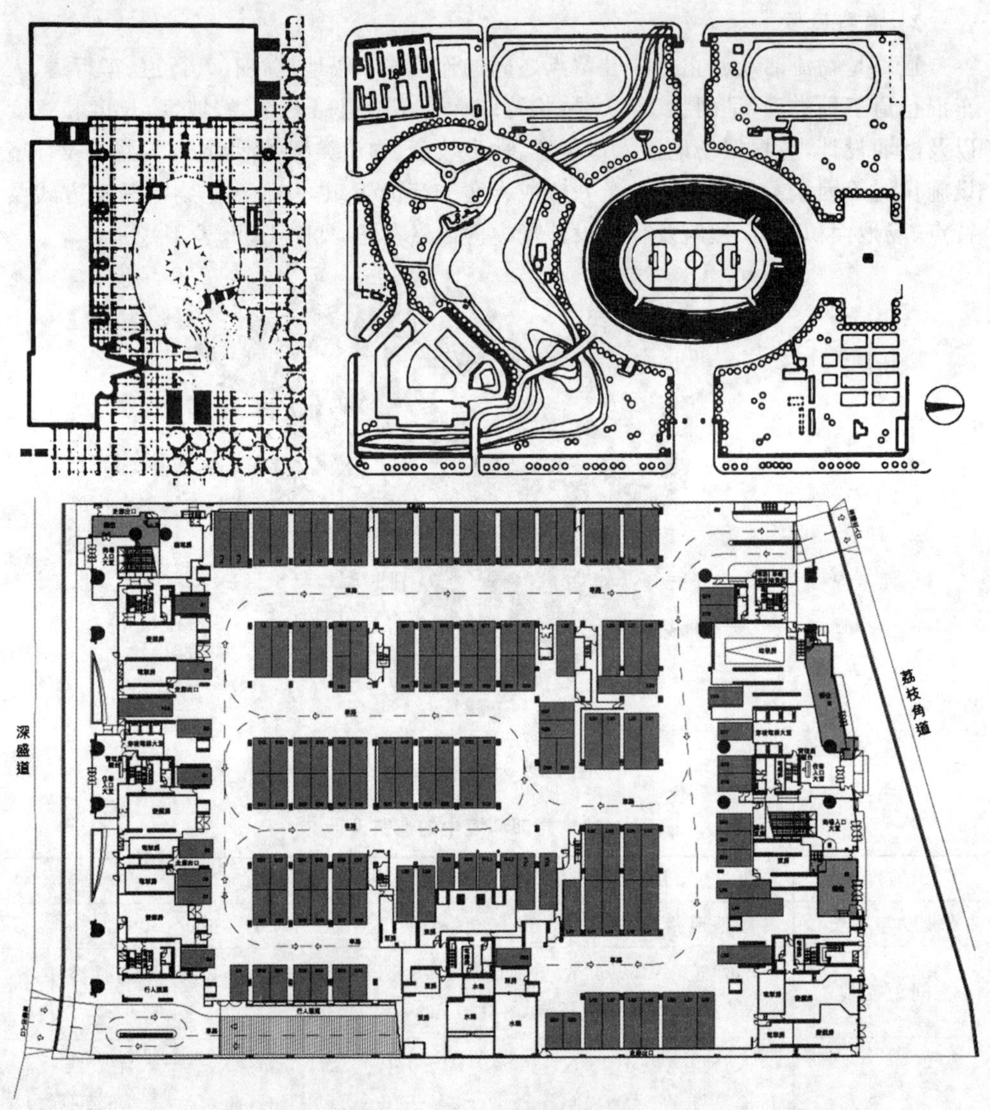

图 1-30　广场、运动场、停车场

3. 建筑及环境设施布置

影响建筑及环境设施布局的因素主要是场地地形、道路结构、地区气象条件、建筑及环境设施等因素。

1) 建筑布置

场地中的建筑有公共建筑、居住建筑两种类型，其布局遵循集中与分散相结合、局部与整体相统一的基本原则。一般对外关系紧密的建筑设施靠外侧布置，对内关系紧密的建筑设施靠内侧布置；关系相对紧密的建筑设施集中设置，关系相对疏远的建筑设施分散设置；特殊的建筑设施单独设置。

文化馆、体育场、医院等大型服务设施，宜集中布置，以便发挥规模效应；邮政局、菜市场、百货商场、中小学校等中小型服务设施，宜分散布置，以便扩大服务范围；变电配电站、公共厕所、垃圾处理站等配套附属设施，一般靠近场地外围城市道路及地区常年主导风向下方位设置。

总体来讲，建筑布局有独立式、周边式、行列式、街坊式、院落式等。

2）活动场地布置

场地中的人群活动有必要性活动、选择性活动和社交性活动等三种类型。如上学下班、等人等车、送信送货等必要性活动，经常利用道路进行，活动本身与场地环境条件及质量无关；散步、观赏、纳凉等选择性活动，要求环境安静，需设置小径、庭院、露台等驻留点；交谈、游戏、运动等社交性活动，经常发生于公园、广场、运动场等不同场所，应当控制适宜的交往空间距离，提供必要的交往活动设施。

一般广场布置于建筑前沿或场地中心，面积可以参照 0.8 m^2/人作适当控制。

运动场集中或分散于场地零星地段。运动场布置考虑人流步行距离 300～600 m 的同时，应当与周围建筑保持一定的距离，并通过环境设施屏蔽噪声、减少视线干扰。其长轴应平行于南北地理方向，避免东西方向的阳光直射。独立设置时，周边还应配置与运动场规模相匹配的机动车、自行车停放点。

3）环境设施布置

场地除设置广场、运动场、停车场等活动场所以外，还应当设置活动设施。如亭、台、楼、榭等，既是建筑小品又是环境景观，在美化环境的同时为人际交往提供机会，以改善社区邻里关系；山峦、水体与自然植被等绿化设施，可以调节和改善环境小气候，美化环境。

场地环境绿化有覆盖型和围合型两种。如水池和绿地等即覆盖型绿化，绿篱、花架和树林等即围合型绿化。绿化有乔木、灌木、草本、藤本等植被类型，一般植被布置要求与建筑及构筑设施保持 0.5 m 以上的间距（见图 1-31）。

4. 外部环境质量控制

建筑密度、建筑容积率、绿地率是控制建设用地及环境质量的三项重要指标。

建筑密度＝建筑基底面积/总建设用地面积×100％

建筑容积率＝总建筑面积/总建设用地面积×100％

绿地率＝总绿地面积/总建设用地面积×100％

一般建筑密度控制在 50％以上；道路用地面积占建设用地面积 20％左右；环境用地面积占建设用地面积 30％左右。

建筑容积率即建筑净密度。其中，总建筑面积计算不包括地下层部分的建筑面积。一般高密度环境的建筑容积率为 3％～4％、中密度环境的建筑容积率为 1％～2％、低密度环境的建筑容积率小于 1％。建筑容积率越高，表明土地利用率越高，但导致环境恶化的可能性也越大。

(a)

(b)

图 1-31　环境景观图

绿地包含公共绿地、宅间和路旁绿地、防护林等，但不包含屋顶及晒台人工绿化。建筑散水区 1.5 m 内、道路边缘 1.0 m 内的绿化带不计入绿地面积(见表 1-14)。

表 1-14　外部环境中的人群及活动特点

老年人 (60 岁以上)	① 以养生为主，追求精神寄托； ② 社会角色退化、业余时间增多，身体衰退、体能降低，活动流动性降低，人际交往减少； ③ 喜欢与熟人、小孩、志趣相投的朋友等交往； ④ 活动选择熟悉、热闹、安全、可达、宽敞、特定场所及邻里社区
中成年人 (18～60 岁)	① 以工作为主，力求身体健康、家庭和睦、事业发展； ② 日常活动规律性强、活动范围广，业余时间较少； ③ 业余活动以缓解工作压力、照顾家庭、发展个人事务为目的，很少参加自主性、社会性活动； ④ 除工作交往空间外，更需要个人独处、私密空间
青少年 (7～18 岁)	① 以学习为主，要求身心发展、追求个性认同； ② 学习任务重、规律性强，业余活动时间少； ③ 身心发展逐步成熟、自我意识增强、渴望人际交往，有性别意识，同性同龄的青少年喜欢聚集交往； ④ 创造力强、表现欲望强、适应能力强，对环境要求不高、善于利用环境条件
儿童 (1～7 岁)	① 以游戏为主，从游戏中获取知识及身心发展； ② 求知欲望强、独立活动能力逐步增强、好动，但活动范围局限于家庭、学校、父母活动领域；业余活动受到时间、地点、设施等因素的制约； ③ 没有性别意识，同龄人喜欢聚集、结伴游戏； ④ 活动首选私密性强、自由度大、活动范围大的空间环境

1.3.3 建筑空间设计

建筑设计意味着对人群活动、空间环境、构件设施等做出系统化安排。意大利建筑理论家布鲁诺·赛维(Bruno Zevi)认为,建筑是一个有机生命体,在其生命周期内,应当保持自身组织结构的完整与稳定,并通过外表感知和适应外部环境的变化。赛维在《建筑空间论》一书中说“空间是建筑的主角”,在《现代建筑语言》一书中提出建筑为内容与功能服务、生活空间设计满足使用目的、建筑与环境协调组合等建筑设计原则。

美国建筑师菲利浦·约翰逊(Philip Johnson)重视建筑空间、流线、形体三者的关系,提出“洞穴”(cave)、“行经路线”(footprint)、“雕塑感”(sense of sculpture)是其遵循的建筑设计准则。

人是空间的使用者,也是空间的创造者,对人的研究具有重要意义。阿尔瓦·阿尔托、马歇尔·布鲁耶、密斯·凡·德·罗、伊利尔·沙里宁等人对椅子设计表现出浓厚的兴趣。椅子设计是建筑师对人研究的起始。

1. 空间组织

建筑一般由使用空间、辅助空间、交通联系空间三类空间组成。使用空间为起居、工作、学习等服务;辅助空间为加工、储存、清洁卫生等服务;交通联系空间为通行、疏散服务。建筑面积、层数、高度,与建筑空间化使用人数、使用方式、设备设施配置等因素有关。

建筑空间之间存在并列、主从、序列三种关系。如宿舍楼、教学楼、办公楼中的宿舍、教室、办公室,功能相同或相似,相互之间没有直接依存关系,属于并列空间关系;影剧院中的观众厅与门厅、休息廊等,商场中的营业厅与库房、办公管理用房等,图书馆中的目录厅与阅览室、书库等,功能上有明显的关联及从属关系,属于主从空间关系;交通建筑、纪念建筑、博览建筑等,空间有明显的“起始”“过渡”“高潮”“终结”等时序递进关系,属于序列空间关系。

建筑空间组织一般遵循功能合理、形式简明和紧凑等基本原则。空间组织有“点状聚合”“线性排序”“网格编组”“层面叠加”四种方式。如观演建筑、体育建筑等即“点状聚合”;文教建筑、办公建筑、医疗建筑等多为“线性排序”和“层面叠加”;交通建筑、博览建筑、商业建筑等多为“网格编组”及“层面叠加”(见图 1-32、表 1-15)。

2. 流线组织

一般建筑空间中的物流主要有人流和货流两种类型。其中,人流活动呈通行、驻留、疏散三种方式及状态。一般情况下,人流通行由建筑室外流向室内,交通联系空间及设备设施组织应当结合人流量、人流通行方向、人流活动规律及特点等因素考虑。紧急情况下,人流疏散由建筑室内流向室外,疏散线路分为房间到房门、房门到走道及楼梯电梯出入口、走道及楼梯电梯出入口到建筑出入口三段设置,人流疏散时间取决于门厅位置、走道长度与宽度、坡道坡度与长度、楼梯电梯位置及数量等因素。

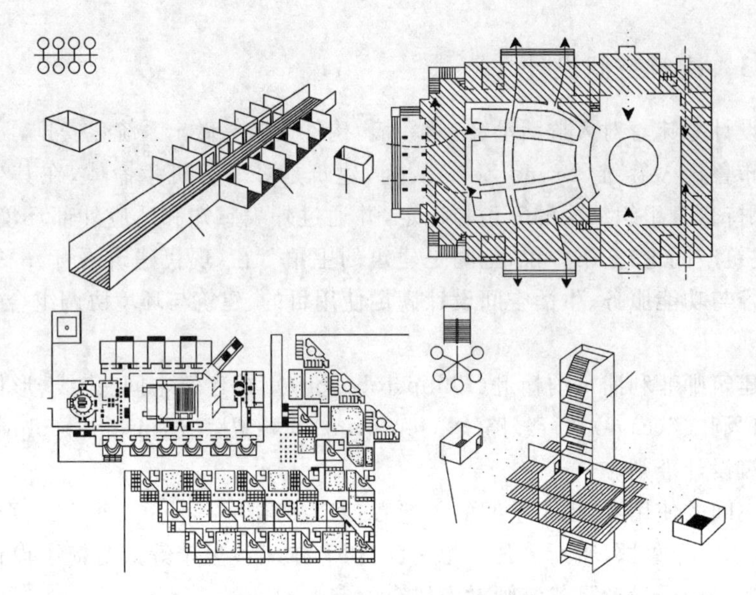

图 1-32 建筑空间组织方式

表 1-15 建筑空间组织方式及特点

点状聚合	线性排序	网格编组	层面叠加
① 单元式——围绕“实点”聚合成多元空间,如单元式住宅、幼儿园等; ② 中庭式——空间围绕“虚点”聚合成多元空间,如四合院、共享空间等	①廊道式——空间以廊道等间接方式联系,如旅馆、医院、办公楼等; ② 串联式——空间以直接方式联系,如博物馆、展览馆等	① 厅堂式——空间联合、包容呈无柱的复合空间,如影剧院、体育馆等; ② 空间式——空间联合、包容呈有柱的复合空间,如商场、食堂等	① 门厅式——空间以门厅联系,如图书馆、档案馆等; ② 梯间式——空间以楼梯、电梯联系,如多层建筑、高层建筑等

流线组织遵循明确、便捷、通畅、安全、互不干扰等原则。明确即加强流线活动的方位引导;便捷与通畅即控制流线活动的长度和宽度;安全可以通过流线活动的硬件配置与软件管理得到保证;互不干扰应当明确并区分流线活动内外、动静、干湿、洁污等关系,分别设置不同的空间及构件设施。

流线组织有枢纽式、平面式、立体式三种组织方式。

1) 枢纽式组织

枢纽式组织主要进行门厅设计,涉及门廊或雨篷、过厅、中庭等空间设置问题;如过厅是门厅的附属空间,一般一幢建筑只有一个门厅,可以有若干过厅(见图 1-33)。

门厅是接纳、分配和疏散人流的交通联系空间,有对称式与自由式、开敞式与封闭式等形式。封闭式门厅即门斗可以改善门厅保温和隔声性能,经常被采暖建筑、观演建筑等采用。

门厅面积与建筑类型、门厅使用方式等因素有关,公共建筑的门厅面积一般按照

0.06～0.80 m²/人控制和分配。

门厅出入口处设置台阶和坡道。一般室外台阶踏步 $a \geqslant 0.30$ m、踢步 $b=0.15$ m，室内台阶踏步 $a=0.25 \sim 0.30$ m、踢步 $b=0.15 \sim 0.22$ m。室内坡道坡度 $i=1:8$、室外坡道坡度 $i=1:10$、残疾人专用坡道坡度 $i=1:12$。

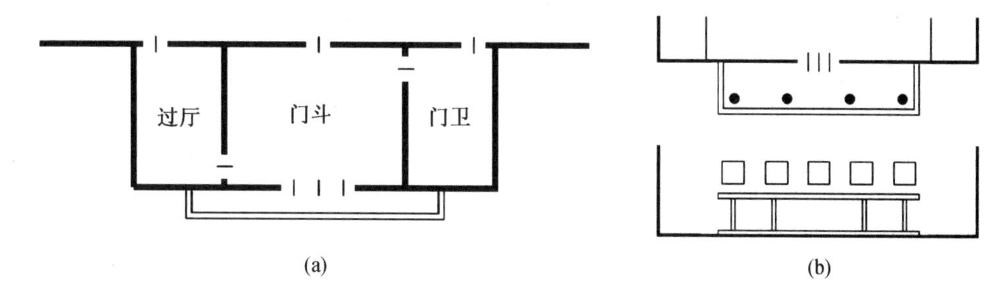

图 1-33 门厅布置方式

(a) 封闭式门斗；(b) 开敞式门廊

2) 平面式组织

平面式组织主要进行走道设计及坡道设计。

(1) 走道设计

走廊与走道的区别在于走廊一侧或两侧临空、长度与宽度设计不受制约。

走道长度与人流通行疏散口分布、走道两侧采光通风口分布、消防疏散时间要求等因素有关。一般走道长度 $L=10 \sim 40$ m。

走道宽度与人流量、两侧房门开启方向等因素有关。一般走道宽度 $W=[0.55+(0 \sim 0.15)]N=1.2 \sim 2.4$ m(N 为人流股数，0～0.15 为人体活动尺度调整值)(见图 1-34)。

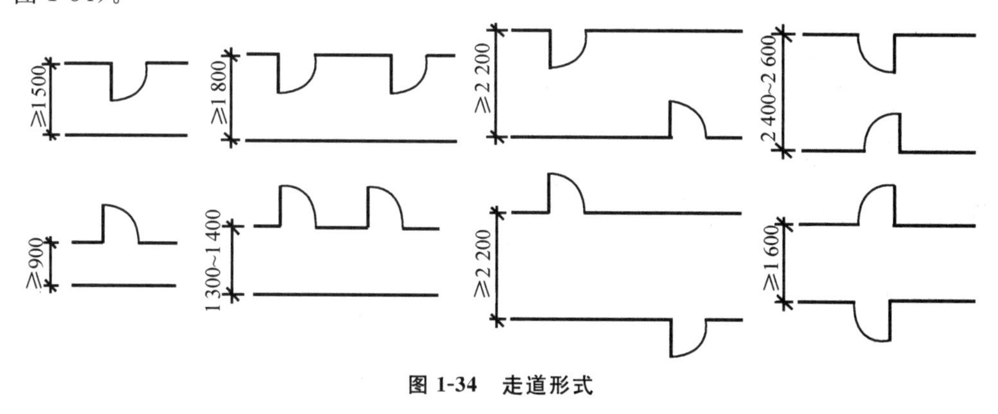

图 1-34 走道形式

(2) 坡道设计

坡道一般为残疾人、老年人和儿童等特殊人群通行疏散，为特殊车辆出入建筑提供服务。人群通行疏散坡道的坡度 $i=1:12 \sim 1:8$。

坡道长度与建筑空间高度有关。连续坡道分段设置，一般要求单段坡道长度 L 不大于 15 m，坡道中段部位设置宽度休息平台(平台宽度 W 不小于 1.5 m)，坡道起止部位设置安全护栏(护栏扶手向前延伸不小于0.30 m,向下延伸不小于0.10 m)。

坡道宽度与人流量、人流通行疏散方式等因素有关,一般坡道宽度W不小于1.5 m。

3) 立体式组织

立体式组织主要进行楼梯设计、电梯配置。

(1) 楼梯设计

楼梯有直跑楼梯、折跑楼梯、旋转楼梯等形式。人流密集场所应当设置疏散楼梯;容量大的公共建筑,不采用旋转楼梯作主要人流通行的疏散楼梯。

高层建筑应设置封闭楼梯及防烟楼梯,如建筑层数不小于12层的单元式住宅、建筑高度为24～32 m的公共建筑必须设置封闭楼梯,建筑层数不小于19层的单元式住宅、建筑高度为32～50 m的公共建筑必须设置防烟楼梯。

楼梯角度$\alpha=25°\sim45°$。一般楼梯梯段长度$L=3\sim18$级台阶/梯段。楼梯宽度与走道同宽,$W=[0.55+(0\sim0.15)]N=1.2\sim2.4$ m。楼梯梯井宽度W不小于0.20 m时加设安全防护护栏及设施。一般安全护栏高度$h=0.90\sim1.20$ m。

(2) 电梯配置

一般重要建筑、高层建筑需要设置普通电梯及消防电梯,可与楼梯协作配合,提高人流活动的可达性和舒适度,降低人流紧急疏散的压力。

电梯可载人6～13人、可载货1 000～5 000 kg。电梯由起重机、起重锤、轿厢、缓冲器等设备组成。电梯机房一般设置于建筑顶层,空间高度不小于3.30 m;电梯梯井垂直贯通,平面尺寸为2.20 m×2.40 m左右;电梯地坑埋入地下,深度不小于1.20 m。

(3) 自动扶梯配置

自动扶梯是一种不同于坡道和电梯的交通设施,具有实用性和装饰性,适用于人流密集场所及大跨度建筑空间等。

自动扶梯宽为1.0 m左右,倾斜角度为30°,提升高度为3～10 m,输送能力为5 000～8 000人/小时,运转速度为0.5 m/s,段部开敞,可以正向或逆向运行。

火灾发生时,自动扶梯不能运行,扶梯金属踏板及两侧玻璃容易损伤乘客。因此,我国的建筑设计规范规定:自动扶梯不能作为人流安全疏散口,要求自动扶梯周围不超过20 m的范围内设置辅助楼梯(见图1-35)。

3. 结构构件设置

建筑实体构件按照功能作用,可划分为支撑与围护结构、分隔与联系构件等。如基础、梁板柱所构成的框架、屋面等是建筑的支撑结构,发挥安全、稳定建筑空间的作用;地面、外墙、屋顶等是建筑的围护结构,发挥围合、遮蔽建筑空间的作用;内墙、楼板等是建筑的分隔构件,具有分隔建筑空间的作用;门廊或雨篷、楼梯、坡道、阳台等是建筑的联系构件,具有联系建筑空间的作用;电梯、自动扶梯、水暖电管线及设备、燃气管线及设备等是建筑的设备设施配件,为人群活动提供服务,同时改善建筑空间性能及品质(见图1-36)。

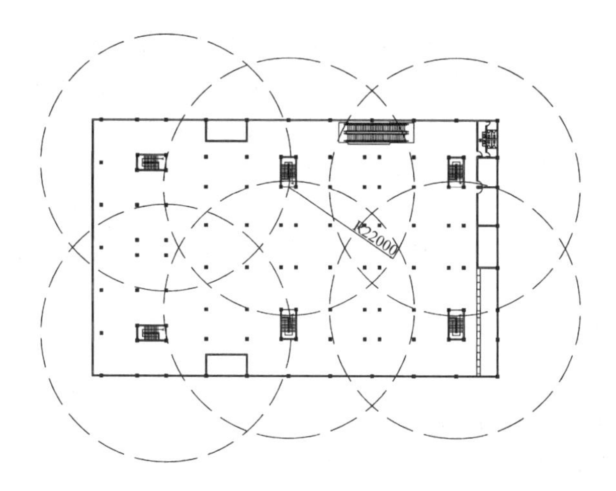

图 1-35 某商场平面图

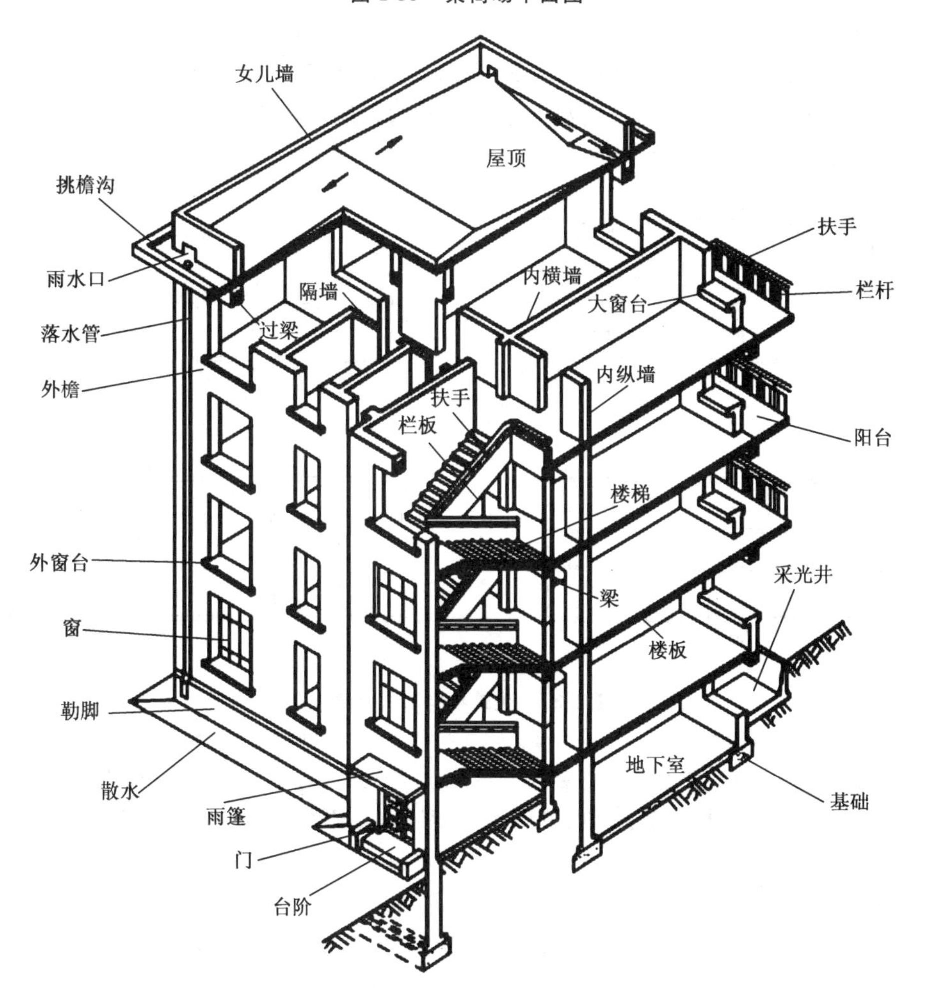

图 1-36 建筑实体构件示意图

一般情况下，支撑结构、围护结构、分隔与联系构件由建筑师负责结构选型，完成材料及构造设计，再由结构工程师完成材料设计和力学计算。电梯、自动扶梯由机械工程师负责设备设计，由建筑师负责设备选型。给水排水、暖气通风、电力电信中的各种管线及设备，由水暖电工程师负责配置及设计。

1）结构选型

在建筑支撑结构中，建筑基础上部荷载传递给下部地基，基础与地基的关系

$$F \geqslant G/R$$

式中：F——地基底面积；

G——上部荷载；

R——地基允许承载力。

基础按照外形、材料与受力情况、埋置深度的不同来划分不同的类型。场地水文地质条件、建筑上部荷载、相邻建筑位置等因素都决定基础的形式。

建筑上部结构有墙体承重结构、框架承重结构、剪力墙承重结构三种形式(见图1-37)。墙体承重结构适用于小空间、低层高、层数不大于7层的中小型建筑，框架承重结构适用于大空间、大层高、层数不小于7层的多层和中高层建筑，剪力墙承重结构适用于高层建筑。

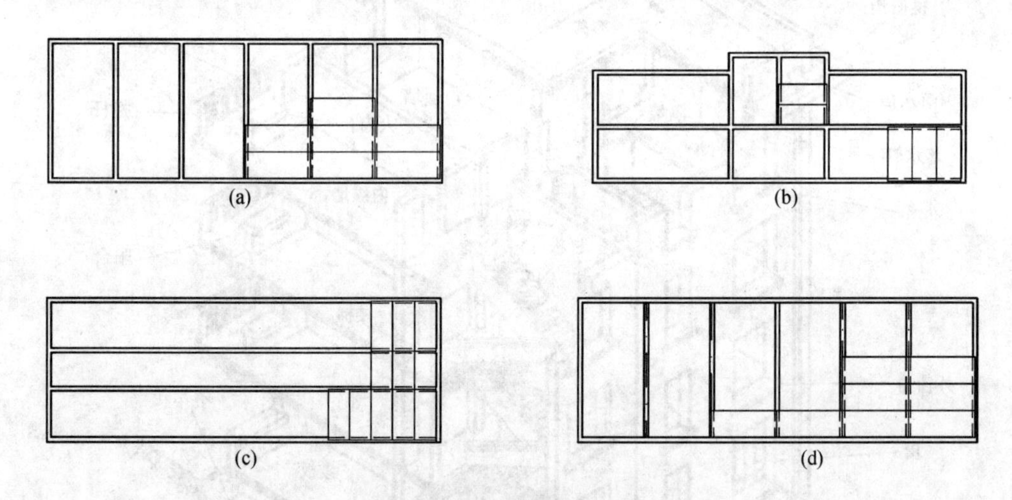

图1-37　建筑结构方式示意

(a) 横墙承重；(b) 纵横墙承重；(c) 纵墙承重；(d) 纵横墙承重(梁板布置)

屋盖包括平屋面、坡屋顶、单层大跨度屋盖等三种形式。平屋面可以作为上人屋盖，成为建筑的支撑结构；坡屋顶、单层大跨度屋盖是不可上人的屋盖，是建筑的围护结构。

2）构件设置

门窗属于建筑空间分隔与联系构件。门为人流通行疏散而设置，窗为空间采光通风而设置。“窗地比”是衡量建筑空间采光性能的技术指标，“窗墙比”是控制建筑

空间保温性能的技术措施。门窗部位设置遮阳板是改善建筑空间隔热性能的技术措施(见表 1-16)。

表 1-16 建筑窗地比、窗墙比、窗口遮阳板

窗地比	窗墙比	遮阳板
① 手术室、绘图室、展览室、打字室等，采光要求高的房间为 1∶4； ② 阅览室、实验室、幼儿活动室、室内运动场等，采光要求较高的房间为 1∶5； ③ 教室、病房、办公室、候车室、营业厅、厨房等，采光要求一般的房间为 1∶6～1∶7； ④ 居室、观众厅、书库、厕所、浴室、卫生间等采光要求较低的房间为 1∶8～1∶9； ⑤ 走道、楼梯间、贮藏室等采光要求低的房间为 1∶10	① 南北向建筑北墙面一般为 20%； ② 东西向建筑东墙面及西墙面一般为 25%(单层窗)～35%(双层窗)； ③ 南北向建筑南墙面一般为 35%	① 水平式——遮阳高度大，可遮挡南北向、正上方的过剩阳光； ② 垂直式——遮阳高度较小，可遮挡东北和西北向、倾斜上方的过剩阳光； ③ 井格式——遮阳高度一般，可遮挡东南和西南向、向前倾斜的过剩阳光； ④ 挡板式——遮阳高度较小，可遮挡东西向、直接照射的过剩阳光

注：窗地比＝窗口面积/采光空间面积，窗墙比＝窗口面积/保温空间外墙体面积(见图 1-38)。

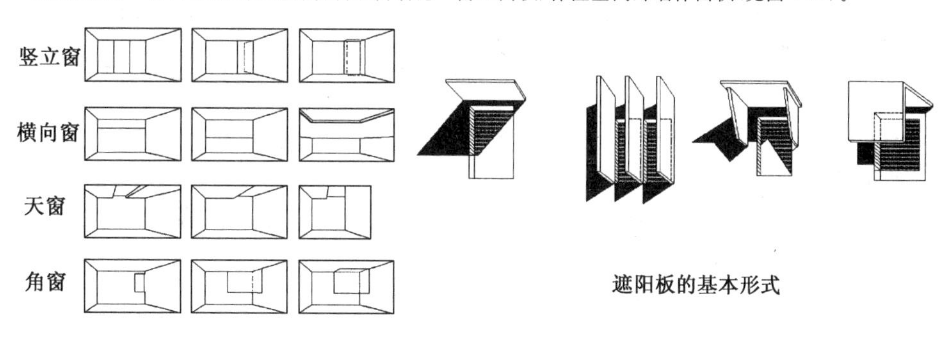

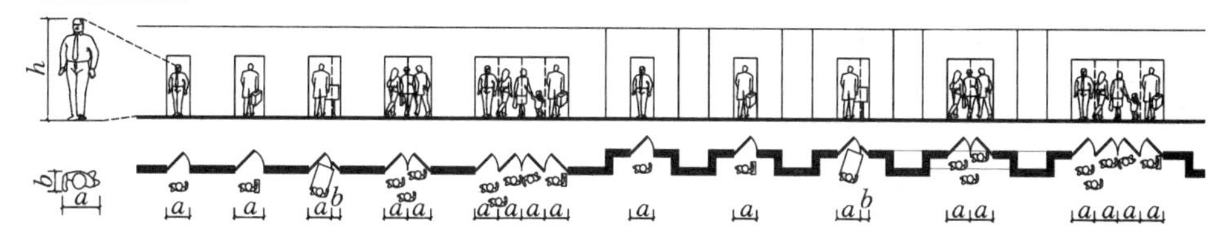

图 1-38 建筑中的几种门窗

3）配件配置

家具、厨具、卫生洁具、灯具等属于建筑配件。人们使用厨房的时间一般占起居时间的 1/3。厨房面积与厨房所服务的人数、厨房设施配置等因素有关，如一般住宅厨房面积不小于 3.5 m^2。厨具布置按照食品加工的洗、切、烧等烹饪顺序布置，洗、切、烧三者的作业区间距一般控制为 $L=A+B+C=3.6\sim6.8$ m。

卫生洁具应当根据使用空间的大小进行配置。如百货商场面积的分配：营业区面积占总建筑面积 50%、仓储区面积占总建筑面积 30%、办公区面积占总建筑面积

20%,营业区面积与营业员配备关系为 15 m^2/营业员、办公区面积与职员配备关系为 3～3.5 m^2/职员;营业区顾客卫生洁具按照百人指标配置(见图 1-39、表 1-17)。

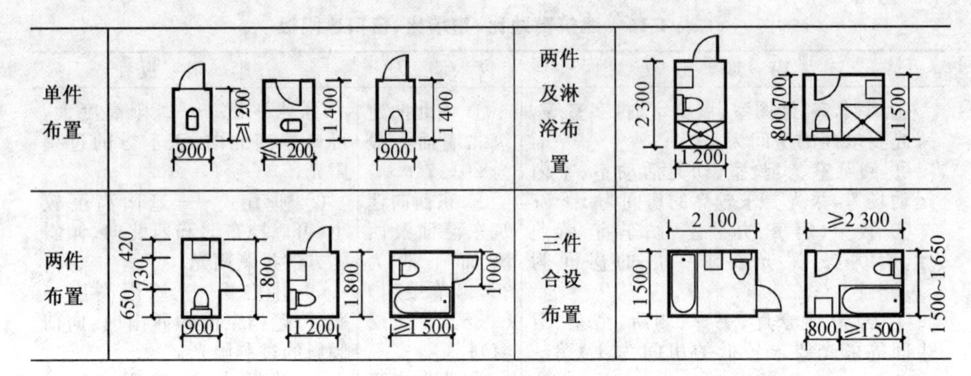

图 1-39 卫生间设施布置

表 1-17 百货商场卫生洁具配置

卫生洁具配置	顾　　客	营业员与职员
大便厕位	1 个/100 人(男)及 1 个/50 人(女)	1 个/50 人(男)及 1 个/30 人(女)
小便槽或小便斗	2 个/100 人(男)	1 个/50 人(男)
洗手盆	1 个/600 人(男)及 1 个/300 人(女)	1 个/35 人(男)及 1 个/35 人(女)
污水池	≥1 个	≥1 个

4. 建筑空间形态控制

建筑空间形态控制主要包括建筑长度、宽度、高度等方面的内容。

单元空间中,单面通风采光的空间一般为开间/进深＝1∶1～1∶1.5,双面通风采光的空间层高/跨度一般为 1∶1.5～1∶4(见图 1-40)。

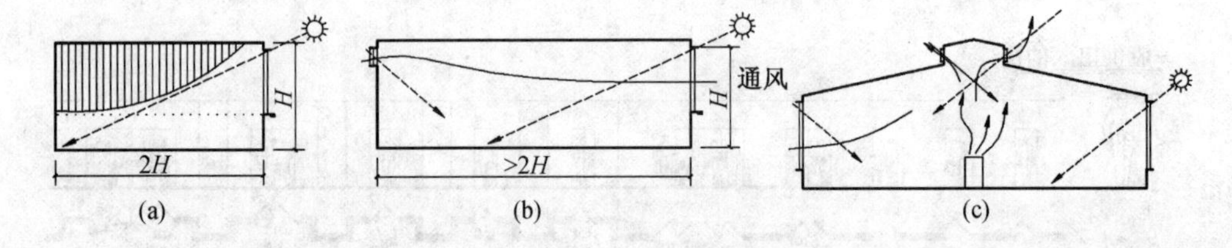

图 1-40 建筑通风采光

(a) 房间深度不应超过 $2H$;(b) 双面侧窗;(c) 双面天窗加侧窗,适用用于大跨度工业厂房

建筑单体中,平面空缺率＝建筑长度/建筑最大深度,空缺率过大意味着建筑平面及立面凹凸变化过大,虽有利于建筑造型,但不利于建筑空间保温隔热及建筑用地合理使用,因此,建筑师经常选取小面宽、大进深的单元空间进行空间组合。立面高宽比＝建筑高度/宽度＝1∶0.618,符合黄金分割比例,建筑师经常通过建筑立面高宽比,以及建筑立面视角、视距关系等进行建筑形态控制。

建筑群体中,展开面间口率＝建筑群立面空隙总宽度/建筑群立面总长度＝6%～7%,其大小与建筑单体变形缝设置、建筑群体之间山墙面防火间距要求等因素有关。间口率过大意味着建筑群体关系松散，有利于建筑群体立面及轮廓线变化，但不利于建筑用地合理使用。山墙面间距控制涉及建筑日照间距、通风间距、防火间距等问题。建筑日照间距及通风间距一般控制建筑山墙面的高距比，建筑日照间距＝山墙面高度∶山墙面间距＝1∶0.8～1∶1.8，建筑通风间距＝山墙面高度∶山墙面间距＝1∶1.5～1∶2.0；建筑防火间距有 6 m、9 m 和 13 m 三种要求，即高层建筑之间为 13 m，高层建筑与多层建筑、低层建筑之间为 9 m，低层建筑之间为6 m（见图1-41）。

图 1-41　建筑群立面展开图

【思考与练习】

1-1　比较领域私密性与交往性、空间防卫性与个性化的概念及含义。

1-2　比较“场所”与“社区”的概念、含义及特征。

1-3　分析“空间距离”“空间尺度”“空间比例”给人的视觉及心理影响。

1-4　为什么说“量”“形”“质”是建筑空间的共性使用特征？

1-5　举例说明建筑功能、建筑形式的含义及特征。

1-6　分析形态要素与景观要素的内容、含义及关系。

1-7　综述建筑语言方式及特点。

1-8　分析空间透明性与流动性之间、空间对称性与秩序性之间的内在关系。

1-9　分析“中心设立”与“边界限定”在空间环境建构中的必要性及实际意义。

1-10　归纳、比较建筑空间构成方式与建筑形体构成方式。

1-11　举例说明建筑形体“优势效应”“极化效应”“群化效应”。

1-12　综述地理信息、气象信息、法律法规信息对基地选址的影响。

1-13　为什么说道路是外部环境组织的“骨架”？

1-14　比较建筑群体布置与交通组织、建筑空间组合与流线组织的特点及方式。

1-15　归纳建筑门厅设计、走道设计、楼梯设计的要点。

1-16　比较建筑空间设计与外部环境布局的共同性与差异性。

1-17　归纳、比较外部环境质量控制指标与建筑空间形态控制措施。

2 形 式 建 构

【本章要点】

本章内容包括建筑实体、建筑结构、建筑构配件三个部分。如果说空间是容纳人群活动的“容器”的话，实体就是建构空间的“条件”和“手段”。二者相互依存，共同构成可感知的建筑形式。

在建筑实体中，结构是建筑的“骨架”，制约和影响着建筑的形体造型，建筑师应根据空间使用功能及组合方式选择结构形式。构配件是建筑的“附属设施”，制约和影响空间平面及立面构成，建筑师应根据空间结构形式、结构与构配件关系等设置构配件。

本章编写目的是引导建筑师关注结构、材料、构造等技术问题，建立“形式建构”意识。本章以建筑实体为主线，通过分析实体类型及特点，分别介绍结构形式、作用及其适用范围，以及构配件形式、作用及其构造关系等，力求说明：①建筑实体制约和影响建筑形式构成；②建筑形式是建筑功能、技术、艺术的综合反映；③建筑师可根据建筑形式创造建筑形象。

2.1 建筑实体

空间是建筑的灵魂。空间作为建筑使用功能的载体，在建筑设计及建造中最具表现力。

实体是建筑的骨架。建筑师和工程师运用建筑材料、结构、构造等技术，按照材料科学、力学原理、构造原理及美学规律建构建筑。建筑技术的合理、科学运用对建筑适用性、安全性、经济性和美观性等产生重要影响。从某种意义上讲，建筑技术实践的根本目的就是推动建筑空间的发展。

古今中外许多优秀建筑均表现出“空间美”与“结构美”。如我国古代的木构架建筑、古罗马的拱券建筑与穹顶建筑、西欧文艺复兴之前的哥特建筑等，均展示了人类的空间想象力和建筑技术创造力。由此可以说，发掘建筑技术潜力同样是建构建筑形象的一种途径。

2.1.1 实体类型

就建筑空间而言，我们通常把符合功能要求的空间称为“实用空间”，把符合审美要求的空间称为“视觉空间”，把符合材料性能、力学规律、构造原理的空间称为“结构空间”。各种建筑空间的设计及组合影响建筑功能与形式，一般遵循空间紧凑、流线便捷、形式美观等原则。

就建筑实体而言，我们通常把承担空间荷载的实体称为“支撑结构”，把围合、遮蔽空间的实体称为“围护结构”，把分隔、联系空间的实体分别称为“分隔构件”和“联系构件”，把门窗、电梯及自动扶梯、水暖电管线及设备等实体称为“附属配件”。各种建筑实体的结构及构造设计影响建筑安全稳定、采光通风、通行疏散、形式美观等，一般遵循材料适用、结构安全、构造合理等原则（见表 2-1）。

表 2-1 建筑实体分类及特点

<table>
<tr><th colspan="3">实体分类</th><th>实体特点</th></tr>
<tr><td rowspan="6">结构</td><td rowspan="3">支撑</td><td>基础</td><td>有刚性和柔性二类基础，以及条形、独立式、联合式、筏形和箱形五种形式</td></tr>
<tr><td>上部结构</td><td>有墙体承重、框架承重、筒体承重等体系</td></tr>
<tr><td>楼盖</td><td>有预制装配式与现浇整体式等形式</td></tr>
<tr><td rowspan="3">围护</td><td>外墙</td><td>有 240 mm 墙、370 mm 墙等形式</td></tr>
<tr><td>地面</td><td>与基础相接触</td></tr>
<tr><td>屋顶</td><td>有坡屋顶与平屋顶等</td></tr>
<tr><td rowspan="4">构件</td><td rowspan="2">分隔</td><td>内墙</td><td>隔墙沿地坪至楼板全高设置，隔断一般高度为 1.20～2.20 m</td></tr>
<tr><td>楼板</td><td>有预制装配式与现浇整体式等形式</td></tr>
<tr><td rowspan="2">联系</td><td>楼梯与台阶、坡道</td><td>有现浇整体式和预制装配式等形式</td></tr>
<tr><td>阳台与雨篷</td><td>有内凹（嵌入式）和外凸（悬挑式）等形式</td></tr>
<tr><td rowspan="3">配件</td><td rowspan="3">辅助</td><td>门窗</td><td>有木材、钢材、塑料等材料，平开、推拉和旋转等开启方式</td></tr>
<tr><td>电梯、自动扶梯</td><td>提高人流可达性、活动舒适度、视觉观赏性等</td></tr>
<tr><td>水暖电管线及设备</td><td>建筑空间中必不可少的设施</td></tr>
</table>

2.1.2 实体与空间的关系

建筑功能对建筑规模、空间尺度及关系、流线组织等提出相应的要求。建筑形式为建筑功能服务，同时对建筑材料、结构设计、构造设计等提出相应的要求。

1. 建构技术制约空间发展

各种建筑建构技术受到材料、结构、构造等因素的影响，具有一定的技术局限性，并对建筑空间设计、施工产生制约及影响。建筑空间与结构之间的这种约束关系表现如下。

（1）规则小空间

规则小空间在满足使用功能的同时，更注重结构构件的竖向组合，与之相适应的结构体系主要有墙体结构、框架结构、筒体结构等。

在墙体结构中，墙体与楼盖组成空间结构，墙体承担限定和围合空间的作用。墙体之间的距离受到楼板构件跨度的限制，一般为 3～8 m。墙体承担支撑空间的作用时，墙体间距较小，致使空间布置不够灵活。因此墙体结构适用于规则小空间建造。对多层、高层建筑而言，一般底层为规则大空间、楼层为规则小空间，底层空间的部分墙体可以做成“框支墙(承重墙)”,另一部分墙体可做成“落地墙(分隔墙)”。

框架结构能够做到“墙倒屋不塌”,墙体不承担空间上部荷载,由墙体围合与分隔可以形成开敞、灵活、通透的大空间。工业建筑、公共建筑尤其是厅堂建筑大多采用规整柱网。

筒体结构是适应空间立体发展的必然结果。结构受力合乎逻辑,形式可以有多种变化,为建筑平面设计及空间组合提供有利条件。“框架-核心筒”“筒中筒”等结构被广泛运用于写字楼、多功能建筑等。

(2) 规则大空间

公共建筑的空间类型及其组合方式很多,单一结构形式往往难以满足多样空间的分散使用要求。为此,应当将建筑分解为不同的单元空间及屋盖,通过单元空间结构及屋盖结构组合满足建筑使用要求(见图 2-1)。

图 2-1 水平大空间

大跨度建筑是一种规则大空间,空间跨度一般为 40～50 m,屋盖形式与空间平面形状关系密切。如“石拱券”是最早用于大跨建筑屋盖的一种结构形式;之后的“钢筋混凝土拱壳”被大跨建筑所广泛采用;当前被大量运用的“拱形或球形钢网壳”,经过材料及结构形式的推陈出新,这类水平推力结构形式变得简便轻灵、经济适用,对大跨度建筑的巨大化、室外化等产生了积极的推动作用(见图 2-2)。下面以几类水平大空间为例进行说明。

体育馆、影剧院等建筑为单一水平大空间,空间形态受视线观赏要求、空间高度、结构形式等因素的影响,一般平面采用圆形或椭圆形平面,结构采用平面网架结构或网壳结构,有的也采用悬索、壳体、张拉等空间结构(见图 2-3)。另外,看台经常采用悬臂结构(见图 2-4)。

(a)

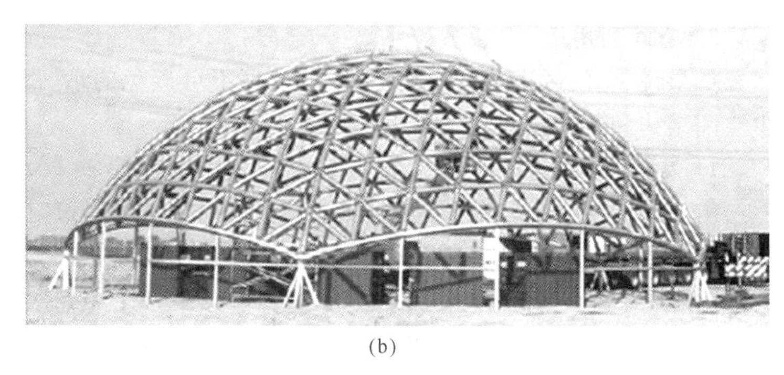

(b)

图 2-2 拱券与网壳空间

(a) 拱券结构空间;(b) 球形钢网壳结构空间

图 2-3 朝阳体育馆(内景)

图 2-4 悬臂空间

展览馆、机场航站楼等建筑往往由多个水平大空间组合而成。空间组合需要区分主次,整体结构形态需要裁剪。此类空间经常会采用索网、索膜等空间结构,以此将多个结构单元组合起来,满足大空间覆盖需要,并创造活泼、多样的建筑空间形象。

2. 空间利用率

如果说“空间约束结构或结构约束空间”不可避免的话,那么空间利用可以从减少空间结构和融合空间关系入手考虑。

1) 减少空间结构

由于结构在支承和维护建筑空间的同时,往往占据建筑空间相当大的比重,还对建筑内外形象处理产生不利影响,因而减小结构所占空间是建筑设计中要注意解决的问题之一。

对大空间公共建筑而言,采用空间结构形式是降低结构高度的途径之一。如弯剪结构屋盖系统中,桁架的高度一般要达到跨度的 1/12～1/8,而采用平板网架时,结构高度可降低到 1/25～1/20。若采用空间网壳等推力结构时,这个高度还可进一步大幅降低。采用某些类型的悬索结构时,高度仅为单层或紧贴在一起的两层钢索高度。

降低结构高度的另一种途径就是把结构构件外露于屋面之上。这样不仅不占据建筑空间,有时还能起到活跃建筑造型的作用。比如,可以利用外露的索桅结构体系或索拱结构体系吊挂弯剪体系屋面结构,从而起到降低屋面结构厚度的作用。现代结构越来越多地运用类似张拉和吊挂的组合结构,以充分发挥材料的力学性能。

2) 空间相互融合

建筑内部的使用空间、美学空间和结构空间三者之间往往会有所穿插和重合。一般情况下,不允许结构构件侵占使用空间,但占据美学内部空间越来越多,构件越来越轻巧,美学效果也越来越理想,极少遮挡视线,因而结构空间与美学空间的融合也越来越深入(见图 2-5)。

现在,越来越多的建筑师注意到,不仅不同的结构体系会给建筑空间造型带来不同的艺术面貌,而且,即使是在同一类型的结构系统中,出于力学方面的考虑,其结构形式特征的变化,以及由此衍生出来的建筑空间造型方面的差异也是层出不穷的。

图 2-5 结构空间和使用空间、美学空间的融合

除物质功能要求之外，人们对建筑空间还有精神方面的需求，如空间气氛、意境及其他美学方面的要求，满足上述物质和精神功能要求是结构构思的基本出发点。奈尔维曾经说过："每当我去参观一座哥特教堂时，总是无法将对空间的宏伟感觉与发现其建造的高度完善而得到欣喜之心分割开来，这种完善表明对建筑技术的真诚热爱，即使是简单的石墙也富有建筑表现力。"

同时，各种具体的结构形态在满足上述要求时都有一定的局限性，会对建筑设计产生种种制约。在设计中应以营造最大限度地满足物质和精神功能要求的建筑空间为目标，采用最优化的结构形态，取得功能、空间环境、美学与结构形态的统一（见图2-6、图2-7）。

图2-6 哥特式教堂

图2-7 日本大馆树海圆顶

3. 空间需求促进实体建构技术发展

为适应空间由低层到超高层、由小跨到超大跨的扩展带来的结构整体受力状况和受力特点的变化，结构传力系统不断地由低级形式向高级形式演进、发展。建筑物在水平向和竖向上的空间扩展，都要受到承重结构受力性能的制约。结构受力性能方面的巨大改进，必然带来建筑空间方面的某种突破，从外部改变结构形式，如梁发展到桁架、刚架等，从内部来控制结构中力的传递，启发建筑师运用现代结构技术去创造新的建筑形式，甚至在无须改变结构外形的条件下，也可以通过预应力技术的运用，使结构的性能向着有利于大跨或高层的方向转化。

1）竖向空间的发展

随着高层建筑功能多样性要求的提高，建筑师对大空间的需求越来越迫切，于是结构工程师提出了新颖的巨型结构体系。这种结构体系的特点是布置有若干个"巨大"的竖向支承结构，并与梁式或桁架式转换楼层结合，形成巨型框架或巨型桁架的结构体系（见图2-8）。该体系打破了传统框架按建筑楼层和建筑开间布置结构承重构件的做法，把结构按两级受力体系进行布置，使得建筑需要与结构布置不再矛盾。

巨型框架结构中每隔若干层设置的大梁自然地充当起转换层的作用，小柱不再是主要的抗力构件，故两大层之间的小柱在竖向可以不连续，竖向大小不一的空间可以自由布置，而且人们不必再担心由于结构转换而造成的对结构不利的影响。因此，巨型框架结构在建筑上不仅可以给人以巨型骨架的感觉,也为建筑上布置大空间提供了方便(见图 2-9)。

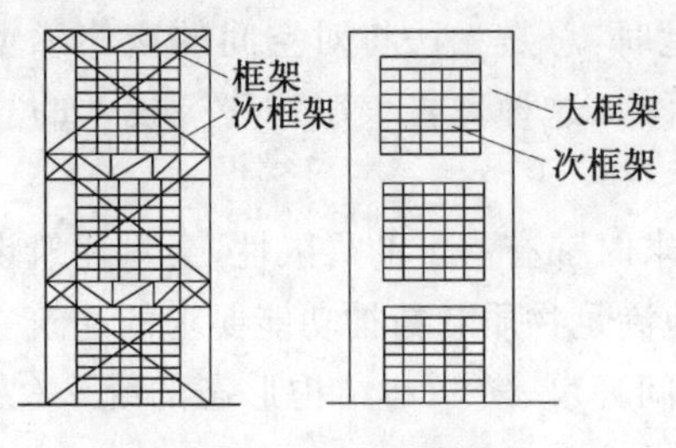

图 2-8 巨型结构体系

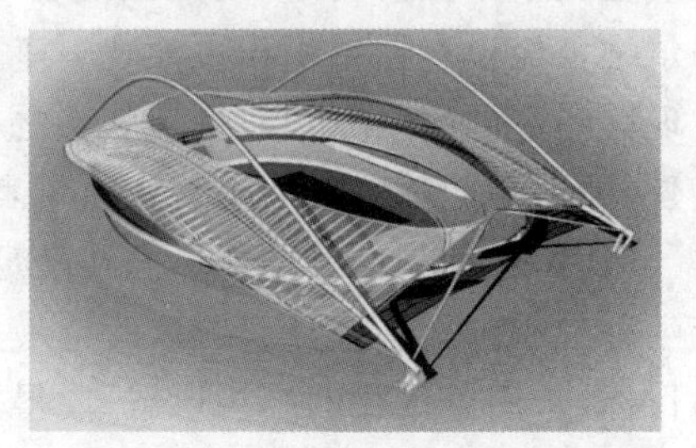

图 2-9 雅典奥运会主赛场模型

2) 水平空间的发展

与竖向空间需求相比,人们对大跨度水平空间呈现出多样性的需求。为了更好地节约能源,人们提出了适合体育馆建筑的可开合式屋顶。另外,膜结构对自然光的透射率可达 25%,透射光在结构内部产生均匀的漫射光,无阴影,无眩光,具有良好的显色性,夜晚在周围环境光和内部照明的共同作用下,膜结构表面发出自然柔和的光辉,令人陶醉,给人们提供了全新的感受。倾斜柱、波浪形墙以及顶棚与地板相互颠倒的出现为人们营造了更神奇的建筑空间。

由于经济和文化发展的需要,人们还在不断追求覆盖更大的空间,如设想将整个街区、整个广场甚至整个山谷覆盖起来形成一个可人工控制气候的人居环境或休闲环境;在发掘和保护古代陵墓和重要古迹时,也有人设想采用超大跨度结构物将其覆盖起来形成封闭的环境。目前某些发达国家正在进行尺度为 1 000 m 以上的超大跨度空间结构设计方案的探讨。

无论是在科学上,还是在艺术上,建筑空间都在朝扭曲化、大型化的方向发展,并开始进入超越三维空间的未知空间。

2.2 建筑结构

建筑结构包括建筑基础结构、建筑上部结构和屋盖结构。基础结构形式多样,其选型及设计,与地基地质及水文条件、土壤冻胀深度等因素有关,还与建筑荷载性质及大小、建筑基础与相邻建筑基础的关系等因素有关,如高层建筑的地下室是一种特殊基础,其设计需要综合地基、基础上部结构、屋盖结构等因素来考虑。

建筑上部结构指建筑基础以上的竖直结构。建筑上部结构作为承担建筑荷载的主要实体构件,与屋盖结构共同构成建筑形体的"骨架",影响建筑形体建构。

荷兰建筑师赫曼·赫茨伯格在《建筑学教程:设计原理》一书中认为"结构在保持基本不变的情况下,能够使自己适应多变的功能,呈现不同的外观。独特形象的创造主要来源于对其使用功能特点、内部空间特点和结构形态特点的挖掘、利用和表现"。

建筑史学家 A. 慧蒂克在《20 世纪欧洲建筑》一书中说："在审美经验中，当结构形体表现出与它的功能十分相适时，那它就会给人以最大的快感。"以结构建构形体是建筑造型的一种方式，应当力求技术与艺术的统一。

2.2.1 结构形式

1. 上部结构形式

建筑上部结构是指建筑基础以上的竖直结构。结构可以按照材料形式、材料受力方式等进行分类。

结构按受力方式分类，常见的建筑上部结构有墙体结构、框架结构、框架剪力墙结构、筒体结构等形式。墙体结构由墙体承重，对墙体长度、高度、厚度，以及墙体上的门窗开口有所要求，此结构适用于空间小、层高低、建筑层数小于 7 层的低层或多层建筑；框架结构由梁、板、柱组成"空间骨架"，内外墙不承重传力，此结构适用于空间大、层高高、建筑层数为 12 层左右的多层或中高层建筑；框架剪力墙结构由梁、板、柱组成"空间骨架"承担竖向荷载，由钢筋混凝土"剪力墙"承担水平荷载（如地震力、风荷载等），内外墙不承重传力，此结构适用于中高层、超高层建筑；筒体结构由梁、板、柱组成内外双层"空间骨架"，此结构适用于高层建筑（见表 2-2）。

表 2-2 常见建筑上部结构形式比较

结构类型		结构特点及适用范围
墙体承重结构	横墙承重	横墙支承楼板，纵墙围护、分隔和维持横墙；整体刚度强、立面开窗大，但房间布置灵活性差；适用于小空间建筑
	纵墙承重	内外纵墙之间设置梁，荷载由板传递给梁、再传递给纵墙，纵墙受力集中，需要加厚纵墙或设置壁柱；横墙承担小部分荷载；横墙间距可加大、平面布置灵活，但整体刚度差，适用于大空间或隔墙位置可变化的建筑
	纵横墙承重	根据房间开间和进深要求，纵横墙同时承重；横墙间距比纵墙承重方案小，横向刚度比纵墙承重方案有所提高。
框架承重结构	横向框架承重	横向框架梁为主梁、纵向框架梁为次梁（联系梁）；此结构合理，可提高建筑横向抗侧力强度与刚度，且有利于室内采光和立面处理，一般工业和民用建筑多采用此结构形式
	纵向框架承重	纵向框架梁为主梁、横向框架梁为次梁（联系梁）；横向框架梁截面高度小，可有效利用楼层净高，组织纵向通风管道，但横向刚度差，只能用于层数不多、无抗震要求的厂房，民用建筑一般不采用
	横纵双向框架承重	建筑平面为正方形或接近正方形、有抗震设防要求、楼面有沉重设备或有大开洞时，应采用承重框架横纵双向布置方案
其他	框架-抗震墙结构	框架和抗震墙结合，发挥各自优点，适用于一般高层建筑
	框架-核心筒结构	造型美观、使用灵活、受力合理、结构抗侧力刚度大以及整体性强等特点，大部分的高层均采用此结构

结构按照材料形式分类如下。

1）砌体结构

利用砖、石作为建筑竖向承重和抵抗侧向力的结构，可称为砌体结构体系。由于实墙为主要承重构件，要求实墙竖向连续，且不宜开洞太大，因此这类结构墙体上下贯通，立面门窗洞口上下对齐、规则、统一。

多层砌体结构的窗间墙宽度受结构及抗震要求制约较宽，因此立面形式较为封闭。故建筑造型简洁、规整、平直、变化少(见图 2-10)。下面是砌体房屋总高度和层数限制的表格，这将有助于大家在做方案时选择相关结构方案(见表 2-3)。

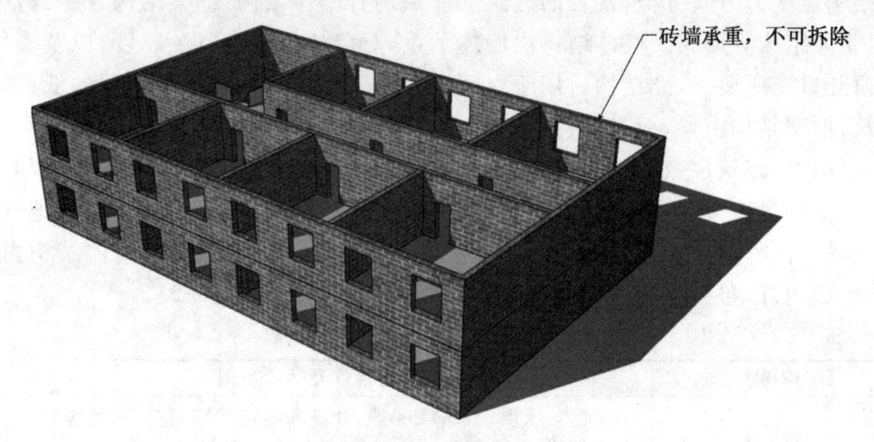

图 2-10　砖混结构示意图

表 2-3　砌体建筑总高度与层数限制[高度(*M*)/层数(*F*)]

建筑类别(最小墙厚)	烈　度			
	6	7	8	9
普通砖砌体 240 mm	24/8	21/7	18/6	12/4
多孔砖砌体 240 mm	21/7	21/7	18/6	12/4
多孔砖砌体 190 mm	21/7	18/6	15/5	—
小砌块砖砌体 190 mm	21/7	21/7	18/6	—
底部框架-抗震墙 240 mm	22/7	22/7	19/6	—
多排柱内框架 240 mm	16/5	16/5	13/4	—

2）钢筋混凝土结构

混凝土和钢材的出现为建筑师提供了更广泛的创作空间。框架结构为梁、柱刚接组成的结构体系，也是竖向承重和抵抗侧向力的结构(见表 2-4)。中国古代木构建筑就是较早成功使用了框架结构，框架结构因墙不承重，空间可自由分割，已被广泛应用于办公楼、旅馆、住宅、厂房等民用和工业建筑中。

在结构力学允许的范围内，调整梁和柱的数量、比例、排列方式及截面形式，框架结构会展现出无比丰富的表现力。如不同长度、不同高度、不同间距的柱廊有着不同的性格，也可以把柱子和墙当成构成中的线和面，组成一定的肌理。

在梁、柱尺度处理上，两者尺度相同时，形式感比较纯粹；梁大于柱子时，上面的体积感大于下面的体积感，显得比较立体；柱大于梁时，下面的体积感大于上面的体积感，显得比较稳重。不同的尺度达到不同的构成效果。

框架结构的柱网布置既要满足建筑平面布置和生产工艺的要求，又要使结构受力合理、构件种类少、施工方便。因此，柱网布置应力求避免凹凸曲折和高低错落。

表 2-4　钢筋混凝土框架结构限高　(单位:m)

结构类别	烈度			
	6	7	8	9
框架结构	60	55	45	25
框架-抗震墙结构	130	120	100	50
抗震墙结构	140	120	100	60
框架-核心筒结构	150	130	100	70
筒中筒结构	180	150	120	80

3) 钢结构

钢结构因其与混凝土相比较具有自重轻、抗震性能好等特点而得到了广泛的应用。钢结构最大高度应符合以下要求(见表 2-5)。

表 2-5　钢结构限高　(单位:m)

结构类别	烈度			
	6	7	8	9
框架结构	110	110	90	70
框架-支撑(剪力墙板)结构	220	220	200	140
各类筒体结构	300	300	260	180

以抗风设计为主的高层建筑的平面布置宜采用风作用效应较小的平面形状，简单、规则的凸平面，如正多边形、圆形、椭圆形、鼓形等；对抗风不利的平面形状是有较多凹凸的复杂平面，如 V 形、Y 形、H 形、A 形、弧形等。

以抗震设计为主的高层建筑的平面布置宜简单、规则、对称，减少偏心，一般以正方形、圆形、椭圆形等有利于抵抗水平地震作用的建筑为好。

做设计时还需考虑建筑的高宽比，其限值应符合表 2-6 的要求。

表 2-6　高层建筑钢结构的高宽比限值

结构类别	结构形式	烈度			
		6	7	8	9
钢结构	框架	5	5	4	3
	框架-支撑(剪力墙板)结构	6	6	5	4
	各类筒体	6	6	5	5

4) 组合结构

组合结构,也称混合结构,采用钢材和钢筋混凝土做成的混合结构体系,具有钢材和钢筋混凝土两者的优点(如钢材安装简便,施工速度快,混凝土在提供刚性方面更为有效等),还能减低振动荷载对高层建筑结构的影响。当前,已有三种通用的结构体系得到很好的发展:①在一个钢结构高层建筑中设置钢筋混凝土核心剪力墙(也称核心筒,筒内设置房屋的服务部分如电梯、设备间等)以抵抗水平荷载;②外筒体的密柱深梁采用型钢和混凝土的组合构件,内框架采用钢材;③混合竖向体系,即建筑物的下部采用钢筋混凝土结构,上部采用钢结构(见表 2-7)。

表 2-7 高层建筑组合结构的高宽比限值

结构类别	烈度			
	6	7	8	9
钢框架-钢筋混凝土筒体	7	7	6	4
型钢混凝土框架-钢筋混凝土筒体	7	7	6	4

2. 结构适用范围

砌体结构适用于非抗震区的低层、多层建筑(见图 2-11)。

框架结构适用于非抗震设计时的多层及高层建筑,抗震设计时的多层及小高层建筑(7 度区以下)。7 度区以下、小于等于 3 层的多层建筑可不采用框架结构。抗震设计的高烈度地区不宜采用纯框架结构,因为纯框架结构的梁、柱断面偏大,耗钢量大,抗震性能不好,也影响建筑空间。一般 8 度区高度超过 20 m 而采用框架结构不经济,因此 6 层以上的建筑结构宜采用框架-剪力墙结构。

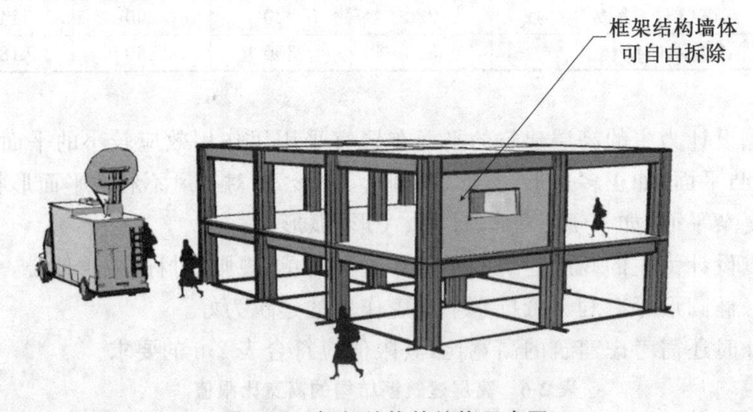

图 2-11 框架结构的结构示意图

框架-剪力墙结构是兼有钢筋混凝土框架和钢筋混凝土剪力墙两种结构的体系(见图 2-12)。钢筋混凝土抵抗侧向荷载的能力弱,但具有平面布置灵活、立面处理易于变化等优点。后者相反。框架-剪力墙结构具备二者的优点,被广泛运用于多层、中高层建筑,如写字楼、酒店、商场、公寓、住宅、教学楼、实验楼、门诊医技楼等。

抗震墙的布置应按“均匀、分散、对称、周边”的基本原则考虑。

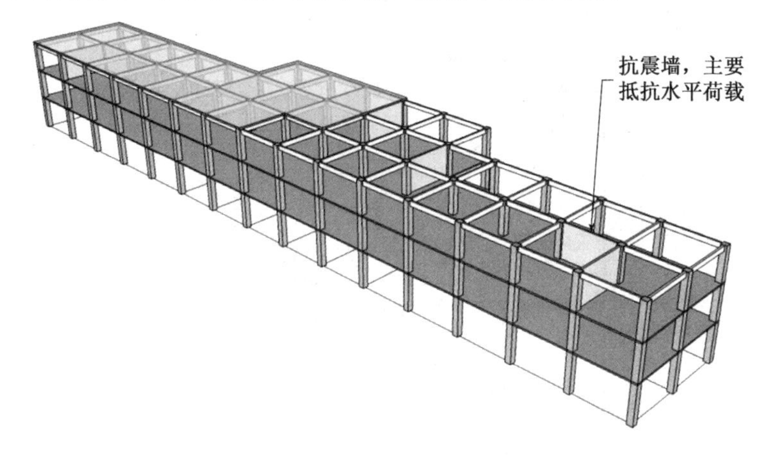

图 2-12 框架-剪力墙结构的结构示意图

框架-核心筒结构由布置在楼层中央的剪力墙核心筒和周边的框架组成(见图2-13)。筒体结构具有造型美观、使用灵活、受力合理、结构抗侧力刚度大以及整体性强等优点,适用于高度为 100 m 或更高的高层和超高层建筑。目前全世界的高层建筑大约 2/3 采用筒体结构,国内 100 m 以上的高层建筑有一半采用筒体结构。上海金茂大厦(地面以上 88 层,420.5 m 高,见图 2-14、图 2-15(a))和深圳地王大厦(81 层,325 m 高,见图 2-15(b))是采用钢材和钢筋混凝土(框架-核心筒结构)的典型建筑。马来西亚吉隆坡的石油双塔(88 层,452 m 高),也是框架-核心筒结构(见图2-15(c))。

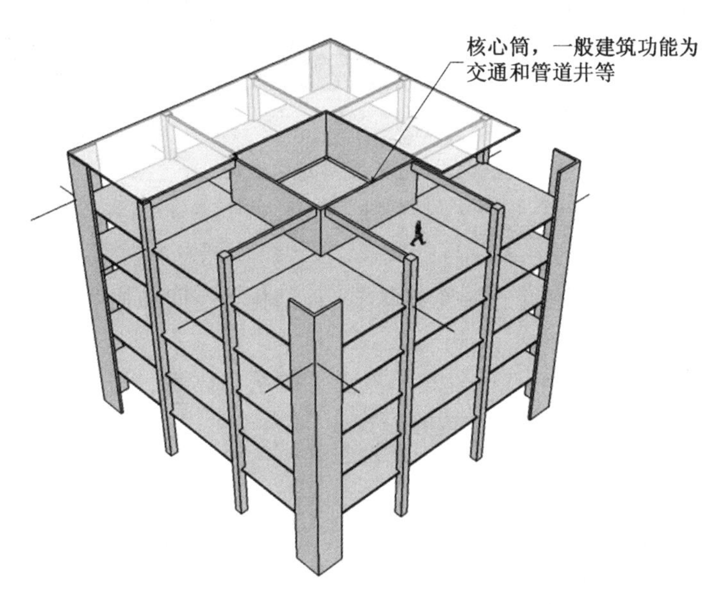

图 2-13 框架-核心筒结构的结构示意图

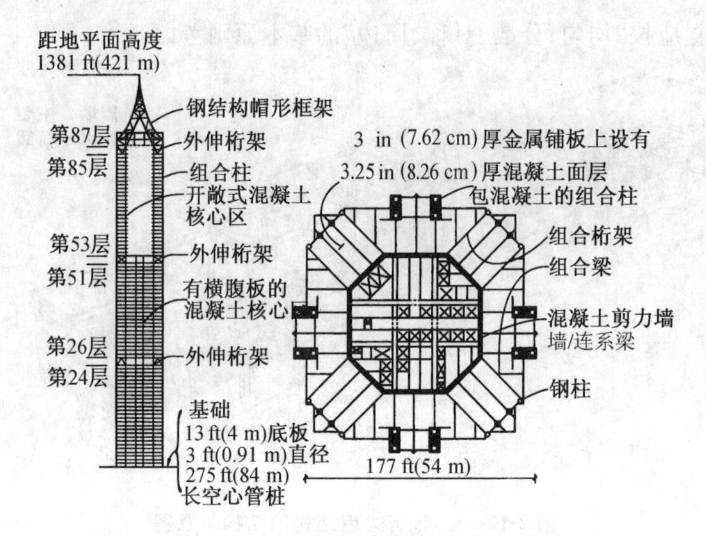

图 2-14 上海金茂大厦结构的平面示意图

(a) (b) (c)

图 2-15 框架-筒体结构建筑

(a) 上海金茂大厦;(b) 深圳地王大厦;(c) 吉隆坡石油双塔

3. 屋盖结构

对大跨度建筑而言,常见的屋盖结构有平面结构与空间结构两种形式。

1) 平面结构与特点

平面结构是承重构件平行布置且单独受力的结构体系。平面结构有梁式结构(薄腹梁、桁架)、拱式结构、网架结构等形式。

(1) 梁式结构。

薄腹梁结构属于实体梁结构。为减轻结构自重,梁截面被做成工字形或 T 形。这种梁主要用于跨度不大的厂房屋盖(见图 2-16),预应力混凝土薄腹梁的跨度一般为 12～18 m。薄腹梁屋盖有单坡式和双坡式两种形式,根据排水方式及跨度大小选用。单坡式的梁高不变,双坡式的梁高由两边向中间逐渐增加,梁高变化与受力情况相符，故省材料且经济。

薄腹梁不能满足大跨度的需要，把中间部分挖空形成空腹梁，可以节省材料和减轻结构自重。当挖空材料剩下几根截面很小的杆件时，就发展成为所谓"桁架"（见图2-17）。桁架结构就是典型的格构梁结构，比梁式结构扩大了适用跨度。传统木屋架一般是方木或原木榫接的屋架，适用跨度小于 18 m 的建筑；梯形钢屋架的适用跨度为 24～36 m。

图 2-16 薄腹梁厂房

图 2-17 桁架厂房

（2）拱式结构。

人类使用拱的历史很长，以拱创造过无数伟大的建筑和构筑设施，美籍华人林同炎先生称"拱是建筑，拱也是结构"。拱式结构属于以受压为主的构件，包括实体拱结构和格构拱结构。目前，实体拱结构一般采用混凝土材料制作，格构拱结构采用钢材制作。

（3）网架结构。

平板网架结构属于格构式受弯构件，其作用如同多孔材料制成的厚板，其结构如同桁架，由交叉桁架或角锥架制成，其上下弦平面平行呈平板状。此结构一般用作体育馆、展览馆、影剧院、大会堂等屋盖结构，常用跨度为 30～90 m，适用于圆形、方形、多边形等建筑平面（见图 2-18），也可当作幕墙的内部支撑和抗变形构件，还可以与网架屋面浑然一体（见图 2-19）。

图 2-18 里昂机场铁路客运站

图 2-19 里昂机场铁路客运站

2）空间结构与特点

空间结构主要有悬索结构、拉索结构、壳体结构、张拉结构等结构形式。

悬索结构属于受拉构件,可以充分发挥材料强度,是一种高效的大跨度结构形式。目前世界上大跨度桥梁毫无例外地均为悬索桥。民用建筑中,悬索可以作为屋面结构,也可以作为悬挂屋面的外部结构,或作为承托建筑主体的主要结构。

拉索结构有着十分自然的形态,索的形态完全是由拉力产生的,符合形是力的图解原理。拉索结构由于有很强的张力感而显得富于表现力,还能够很好地发挥材料的性能,因此被用于很多大跨度建筑及桥梁中(见图 2-20、图 2-21)。

图 2-20　斜拉桥

图 2-21　桁架与拉索结构

壳体结构属于以受压为主的构件,包括实体壳结构和格构壳结构。实体壳结构主要是混凝土壳结构,有圆顶、筒壳、折板、双曲扁壳和双曲抛物面壳(又称扭壳)等形式。钢筋混凝土壳结构覆盖跨度几十米、板厚只不过几厘米,被称为“薄壳”。薄壳结构自重小、经济意义显著、曲面形式多样,但由于施工难度大、工序复杂,板薄易开裂、保温隔热效果差,曲面天棚易引起声音反射和混响等不利因素的存在,音响要求高的会堂、体育馆、影剧院等建筑不适宜采用薄壳结构。格构壳结构一般采用钢结构制作,也称为网壳结构。网壳结构可以分为单层和双层,跨度大时采用双层或者三层网壳结构。

张拉结构属于受拉结构,包括实体张拉结构和格构张拉结构。索网结构是一种格构张拉结构,其合理造型为鞍形。世界上第一座索网结构是 1953 年建成的美国北卡罗来纳州雷里体育馆屋盖,其采用以两个斜放的抛物线拱为边缘构件的马鞍形正交索网(见图 2-22),圆形平面直径 91.5 m。1983 年建成的加拿大卡尔加里滑冰馆采用双曲抛物面索网屋盖,其圆形平面直径 135 m(见图 2-23)。丹下建三设计的代代木体育馆也是经典的索网屋面应用实例,从外观可以看出它内部的结构处理,体现了形式与结构的一致(见图 2-24)。

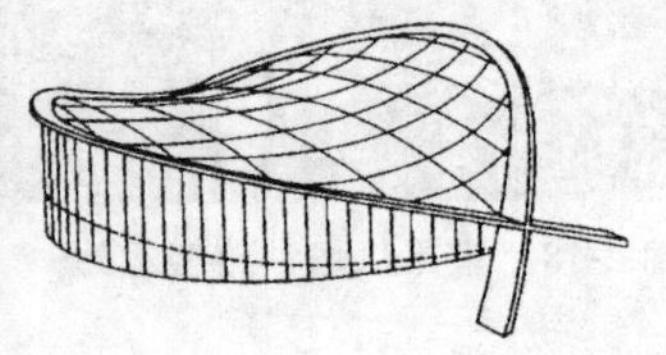

图 2-22　雷里体育馆

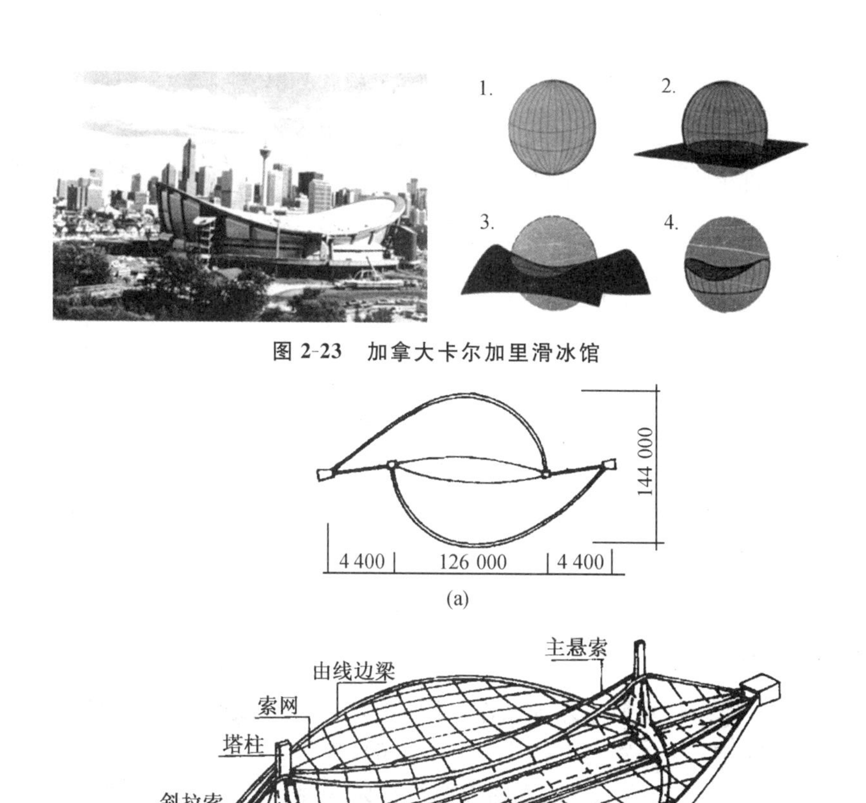

图 2-23 加拿大卡尔加里滑冰馆

图 2-24 代代木体育馆

膜结构为一种实体张拉结构，有充气薄膜结构、悬挂薄膜结构（见图 2-25）、骨架支撑薄膜结构等形式。膜结构改变传统建筑材料，其重量为传统建筑的 30%，从根本上克服了传统大跨度（无支撑）建筑技术上的困难，创造巨大、无遮挡、可视空间。20 世纪 50 年代，膜结构建筑作为别开生面的建筑形式在国际上出现，经过 40 年的发展，膜结构已广泛用于体育场馆、展厅、商业市场、娱乐场馆、旅游设施等（见表 2-8）。

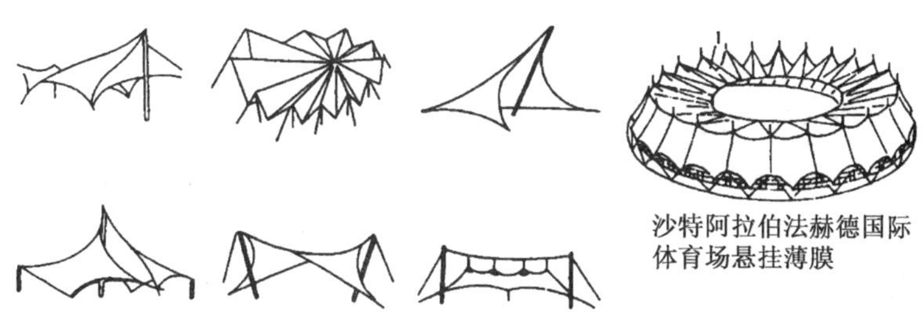

图 2-25 悬挂薄膜结构

表 2-8　常见建筑屋盖结构形式比较

结构类型		结构特点及适用范围
平面结构	梁式结构	梁属于受弯构件，此结构包括实体梁(薄腹梁)和空腹梁(桁架、格构梁)结构
	拱式结构	拱属于受压构件，包括实体拱和格构拱结构
	网架结构	网架属于格构式受弯构件，其作用如同多孔材料制成的厚板，其结构如同桁架，其形态呈平板状，一般用作屋盖、幕墙，也可使屋面与墙面浑然一体
空间结构	悬索结构	悬索属于受拉构件，常用于大跨度桥梁、建筑屋盖，也可用作屋面外部的悬挂结构，或建筑主体的承托结构
	拉索结构	拉索形体由拉力产生，符合拉力图解原理。拉索建筑具有张力感及表现力。拉索结构被用于大跨度建筑、桥梁设计中
	壳体结构	壳体结构属于以受压为主的构件，包括实体壳结构和格构壳结构
	张拉结构	张拉结构属于受拉结构，包括实体张拉结构(膜)和格构张拉结构(索网)

2.2.2　结构造型

建筑造型与绘画、雕塑等艺术创作不同，要以当时、当地的技术条件为支撑。古今中外的许多建筑，如古罗马万神庙(见图 2-26)、现代日本名古屋穹顶(见图2-27)等都是一定社会时期建筑技术与艺术的综合与具体表现。可以说建筑结构是建构建筑的技术手段，也是表现建筑的艺术手段。

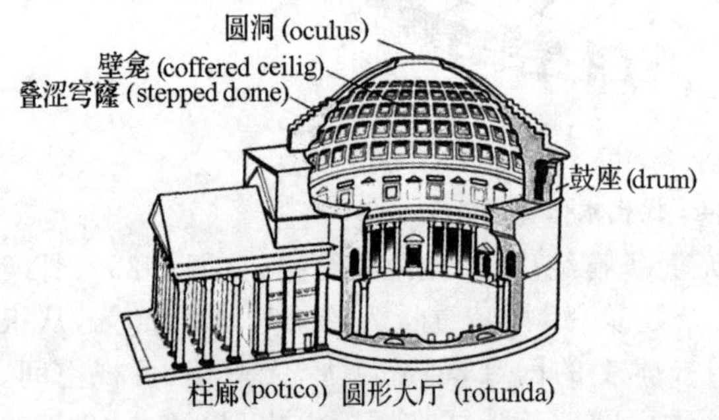

图 2-26　罗马万神庙

图 2-27　日本名古屋穹顶

建筑结构作为一种建筑造型手段，有着自身的理论、材料、结构三大力学特点及规律，并通过材料、结构、构造表现建筑形体的“雕塑美”、实体构件与空间的“和谐美”、构件节点的“精致美”。

然而由于建筑学科的细化分工，许多建筑师缺乏结构知识，轻视对结构形态的研究与自觉运用，结果往往导致建筑造型和结构的工作脱节甚至冲突。全面发展的建筑师应当具备一定的结构意识及知识，结构是建筑设计的坚实基础，掌握结构可以使建筑师如虎添翼，使建筑设计拓展插上理想的翅膀。

1. 多层、高层建筑

多层、高层建筑是当代建筑的主要类型(见图 2-28)，其空间形态、结构形式与古埃及金字塔、中国应县木塔(见图 2-29)、法国埃菲尔铁塔(见图 2-30)等相类似,具有平面对称布置、立面下大上小、垂直线型结构等特征。此类建筑造型遵从自然规律及力学法则,以外力和内力的平衡(承载、抗震和抗风)及牢固设计,保持建筑持久稳定状态,满足建筑功能使用要求。

图 2-28 世界著名的高层建筑

图 2-29 中国应县木塔

图 2-30 法国埃菲尔铁塔

2. 超高层建筑

随着超高层建筑的发展,原有的结构体系已不能很好地满足建筑的需要,因此近年来出现了一种新型的结构体系——巨型结构。巨型结构具有良好的建筑适应性和潜在的高效结构性能,具有极好的经济指标,越来越引起国际建筑业的关注。

巨型结构可分为巨型框架结构、巨型桁架结构和巨型悬挂结构。巨型框架结构也被称为主次框架结构,主框架为巨型框架、次框架为普通框架。巨型框架结构一般以位于设备层上的大梁或大型桁架作为水平构件,以建筑物四周的大型柱子或钢筋混凝土筒作为柱子。中国香港汇丰银行、新加坡华侨银行即巨型框架结构建筑(见图 2-31)。

(a)

(b)

图 2-31 巨型框架结构实例

(a) 中国香港汇丰银行;(b) 新加坡华侨银行

众所周知,桁架结构具有很大的刚度,能够充分利用材料强度。在高层钢结构的框架平面内增设一些跨越多层的大型斜向支撑或腹杆,使之形成竖向放置的巨型桁架结构,可提高结构的抗侧刚度,改善结构的受力性能。美国芝加哥市 1970 年建成的 100 层 334 m 高的汉考克大厦就是钢结构巨型桁架体系(见图 2-32)。

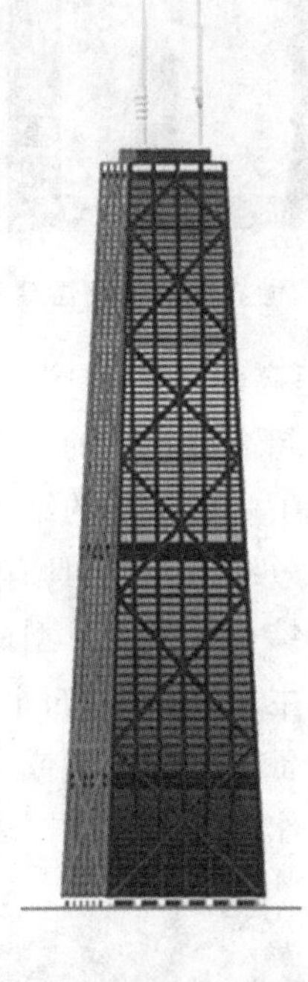

图 2-32　汉考克大厦

此外,位于明尼阿波利斯的美国联邦储备银行也为巨型悬挂结构,将整幢大楼的荷载吊挂在一幅巨大的悬索之上,底部架空,从外立面可以看出它内部的结构处理,体现了形式与结构的一致(见图 2-33)。

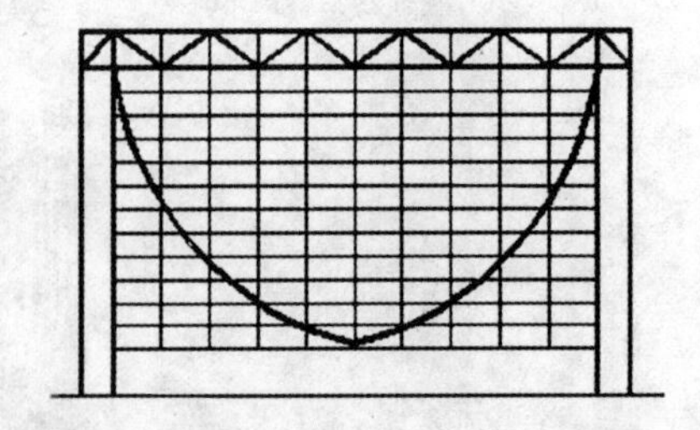

图 2-33　美国联邦储备银行

3. 异型结构

建筑造型可以是对称、简洁、完美的造型,也可以是扭曲、复杂、动态的造型。每一种造型都表达着建筑的存在方式及发展规律。比较有代表性的例子有卡拉特拉瓦

(Santiago Calatrava)设计的“芝加哥螺旋塔”(Chicago Spire)(见图 2-34)、中国广州新电视塔(见图 2-35)和加拿大的玛丽莲·梦露大厦(见图 2-36)、蓬皮杜中心、中国CCTV 大楼等,这些建筑的结构处理可以归入“异型结构”之列。

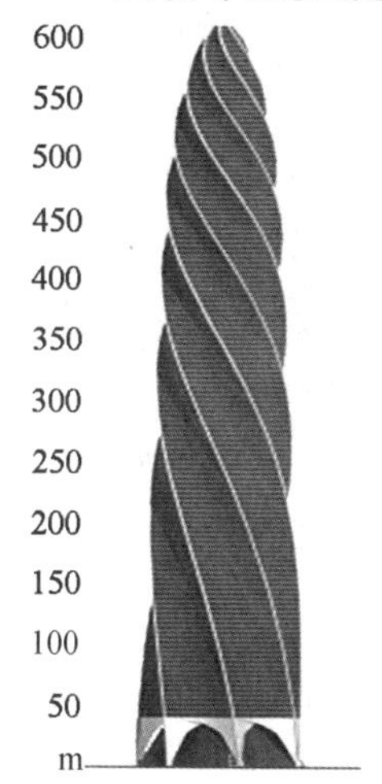

图 2-34 芝加哥螺旋塔

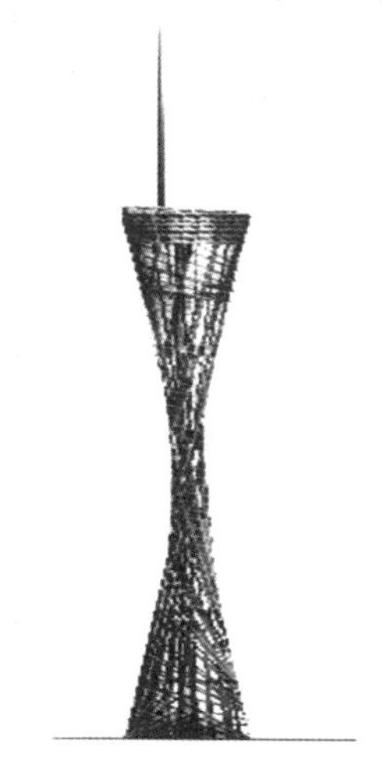

图 2-35 中国广州新电视塔

图 2-36 加拿大玛丽莲·梦露大厦

4. 大跨度建筑

1) 平面结构

结构形态作为建筑美学的表达手段在大空间公共建筑设计中的作用日益突出。它具体体现在以下方面:建筑整体形态体现结构的造型美,建筑内外界面利用结构单元组织构成韵律美,结构构件和节点处理的工艺美、加工美。

薄腹梁结构、桁架结构虽能满足建筑空间实用、经济要求,但在建筑造型中表现力不强。而拱式结构有一定表现力,如美国 Gateway(见图 2-37)是用拱肋建构,悉尼歌剧院(见图 2-38)是用拱肋排列形成外壳的结构方式实现的,虽然视觉效果与建筑师伍重的最初设想相差较远,但仍得到大家喜爱。建筑师应当在设计时对结构有充分估计,越是奇异的造型越需要结构方面的支持。

图 2-37 美国 Gateway

图 2-38 悉尼歌剧院

网架结构可用作屋盖结构,也可以用作幕墙,使屋面与墙面浑然一体,这样便可取得特有的艺术效果(见图 2-39)。

图 2-39　里昂机场铁路客运站

图 2-40　杜拉斯国际机场

2) 空间结构

在三维世界里,任何结构本质上都是空间性质的,真正意义上的空间体系也日益显示出一般平面结构无法比拟的丰富多彩和创造潜力,体现出大自然的美丽和神奇。空间结构的卓越工作性能不仅仅表现在三维受力,而且还由于它们通过合理的曲面形体来有效抵抗外荷载的作用。当跨度增大时,空间结构就愈能显示出它们优异的技术经济性能。

悬索结构在重力作用下自然悬垂,有人形容"悬索是欲坠的拱",悬索结构独特的形态特点引起众多建筑师的关注。如沙里宁设计的杜拉斯国际机场便是悬索屋面造型的一个典型实例,建筑形象舒展大气、浑然一体,是结构与形态完美结合的典范(见图 2-40)。

拉索结构形态由拉力产生,符合力学图解原理。拉索建筑具有张力感及表现力,因此被用于很多大跨度建筑、桥梁之中(见图 2-41 至图 2-44)。

图 2-41　斜拉桥

图 2-42　桁架与拉索结构

壳体结构包括实体壳结构和格构壳结构。在实体壳结构中,广州星海音乐厅屋盖为双曲抛物面混凝土薄壳,造型特点是对角两支点是落地的,而另二对角点分别翘起 25 m 和 40 m,边长各为 48 m(见图 2-45)。实体壳结构的典型工程之一是巴黎国家工业与技术展览中心,其屋顶为跨度 206 m 的三角形平面,而屋顶的混凝土折算厚度仅 18 cm,厚度与跨度之比竟小于 1/1 100,比鸡蛋壳的厚度和直径比还小(见图 2-46)。

图 2-43　里昂机场铁路客运站图

图 2-44　里昂机场铁路客运站

图 2-45　广州星海音乐厅

图 2-46　巴黎国家工业与技术展览中心

在格构壳结构中，1975 年建成的直径 207 m 的美国新奥尔良“超级穹顶”体育馆，长期被认为是世界上最大的球面网壳，现在这一地位已被其他场馆所取代（见图 2-47）。贝聿铭设计的法国卢浮宫改建工程的玻璃金字塔入口，使用的是内部构造颇为复杂的空间网架系统（见图 2-48）。设计师很好地处理了上弦、下弦、腹杆的受力情况及截面尺寸，内部实际观察效果和单纯的“表皮”达到了形式的完美。该网架在每个面的中间部分较厚，即腹杆较长，是因为中间部分弯矩大的原因。在夜间灯光照亮腹杆，从外面感觉就像发光体一样明亮，成功的结构不仅是造型和空间有力的保证，也是照明环境设计的重要依托。成功的建筑不仅要具有创意的造型，也应要有精致的细部。很多建筑师都十分重视细部设计，细致研究细部构造和造型，使作品达到完美。

图 2-47　美国新奥尔良“超级穹顶”体育馆

图 2-48　卢浮宫的玻璃金字塔入口

张拉结构见前所述。

膜结构以造型学、色彩学为依托,可结合自然条件及民族风情,根据建筑师的创意建造出传统建筑难以实现的曲线及造型。加拿大温哥华室内体育场为充气薄膜结构(见图 2-49)。我国为 2008 年奥运会兴建的大型体育场馆"水立方"即为支撑薄膜结构(见图 2-50),其屋面和墙面的覆盖层共有内外两层气枕,利用空间网格结构作为刚性骨架来支撑薄膜。"水立方"是国际上面积最大、功能要求最复杂的膜结构系统。

图 2-49 加拿大温哥华室内体育场

图 2-50 中国"水立方"体育馆

3) 异型空间结构

人类的很多发明创造在自然界中都可以找到原型。网壳的原型可以认为是鸟巢——一种用枝干编织起来的结构方式,所不同的是一般网架都用规则的几何形来组织杆件构成,而鸟巢都是较为随意地编织起来的。赫尔佐格与德梅隆设计的北京奥林匹克运动会主体育场方案是典型的鸟巢方案,内部网架都是较为随意地编织起来的形态,基本符合结构造型原理,体现出建筑师对于结构造型概念的深刻修养(见图 2-51)。

图 2-51 "鸟巢"建筑模型

近二十余年来,各种类型的大跨空间结构在美国、日本及欧洲的一些发达国家发展很快。建筑物的跨度和规模越来越大,结构形式丰富多彩,采用了许多新材料和新技术,发展了许多新的空间结构形式。但与国际先进水平相比,我国大跨度空间结构的发展仍存在一定差距,结构形式实践还比较少。

2.3 建筑构配件

在建筑建构中，建筑结构是决定和影响建筑形体造型的主要因素，建筑构配件则是决定和影响建筑立面构图的主要因素。如围合空间的墙体、地面、屋盖构成建筑的“外层表皮”，分隔空间的隔墙、楼板、吊顶构成建筑的“内层表皮”，联系内外空间的雨篷与阳台、联系上下空间的楼梯与坡道构件以及门窗与电梯等配件对建筑立面构图均会产生影响。

建筑构图是研究建筑视觉规律、表达建筑形象秩序的一种方法。概括地说，建筑构图有空间环境构图（建筑构成）、形式形体构图（建筑造型）、构件设施构图（装饰设计）、文化意象构图（景观、符号设计）等方式，涉及建筑、人、方法等各个方面的问题。就形式形体构图而言，一般遵循对比统一、均衡稳定、节奏韵律、比例尺度等形式美法则，通过综合处理整体与局部、主从与重点、性格与个性等关系，表现建筑形式美感、形象秩序及文化意义。

建筑师、工程师应当把握建筑构配件的功能，同时应当利用建筑构配件的形式建构建筑。

2.3.1 建筑围护构件造型

1. 屋顶

屋顶既是建筑的围护构件又是围护结构。作为围护构件，屋顶具有遮风避雨、调节室温、分隔空间的作用；作为围护结构，屋顶具有承载传力的作用。无论是作为围护构件还是围护结构，东西方建筑的屋顶均具有文化象征意义。

影响屋顶设计的主要因素有：地区气候特点，建造材料、结构、构造等技术条件，建筑平面形状，屋顶功能与形式要求等。

屋顶形式多种多样。常见屋顶形式有坡屋顶与平屋顶两大类。其中坡屋顶可分为单坡屋顶、双坡屋顶、四坡屋顶等；平屋顶又可分为上人屋面与不上人屋面两种。

1) 坡屋顶

屋面坡度大于5%的屋顶称为坡屋顶。

坡屋顶由屋面、承重结构、顶棚等组成。屋面设置防水、排水面层及基层；排水采用无组织排水（即雨水沿屋面、屋檐排出）方式，设置瓦、檐口、檐沟及天沟、烟囱与水落管等。

承重结构有檩式结构、椽式结构、板式结构三种形式。檩式结构控制纵向檩条（即平行屋脊方向的挂瓦条）间距，椽式结构控制横向椽条（即平行屋脊方向的顺水条）间距，板式结构有屋面板铺瓦和挂瓦板挂瓦两种处理方式。

坡屋顶作为东西方传统建筑的屋面形式，具有优美、丰富的天际轮廓线，反映建筑所在地区的地理气候、建筑文化及建构技术等特点。坡屋顶能够有效地排出屋面雨水、防止屋面渗漏、改善通风隔热性能,因而被广泛运用(见图 2-52、图 2-53)。

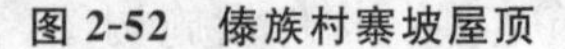

图 2-52　傣族村寨坡屋顶

图 2-53　昆明世博园人与自然馆折板式屋顶

2) 平屋顶

屋面坡度小于 5%的屋顶称为平屋顶。

平屋顶由屋面、承重结构、顶棚组成。屋面按照材料划分,可分为刚性防水及柔性防水两类屋面;按照功能划分,可分为上人屋面(排水坡度 1%~2%)和不上人屋面(排水坡度 2%~3%)两类。排水组织有组织排水(即雨水沿屋面、檐沟及落水管等排出)和无组织排水(即雨水沿屋面、屋檐排出)两种方式。

承重结构包括平面结构及空间结构两种形式。大量民用建筑一般采用砌体结构和框架结构,平面及空间多为矩形,与之相适应的楼盖、屋盖也多为矩形。平屋面有利于协调统一建筑与结构的关系,而且较为经济合理,因而被广泛采用(见图 2-54、图 2-55)。

图 2-54　藏族民居平屋顶

图 2-55　昆明第 26 实验中学平屋顶

平屋顶一般采取与地区气候条件相适应的保温隔热措施。有些建筑利用平屋顶设置露天活动场、屋顶花园、游泳池等,平屋顶应当设置女儿墙、排水坡(结构找坡或材料找坡)、檐沟及落水管等。

3) 其他屋顶

新材料、新技术、新工艺的发展,使屋顶成为现代建筑的"第五立面"。如马来西亚某住宅为适应炎热气候条件,屋顶设置水池和露台,并采用格栅式曲面屋构架覆盖住宅及院落,屋构架具有遮阳和通风作用,以屋构架形式及光影变化打破常规,给人以生动、活泼的印象(见图 2-56)。

美国加州圣台克鲁山螺旋住宅屋顶覆盖草坪、构件支架并向地面延伸，使建筑与周围环境融为一体（见图 2-57）。

图 2-56 马来西亚某住宅格栅式屋构架图

图 2-57 美国加州圣台克鲁山螺旋住宅覆土式屋面

中国国家大剧院屋面与墙面融为一体，宛如一颗珍珠浸润在纯净的水中，具有较强烈的纪念性意味（见图 2-58）。

图 2-58 中国国家大剧院壳层式玻璃顶

由建筑大师贝聿铭设计的中国台湾东海大学路思义教堂，也是屋面与墙面结合的典范。简明的屋顶直接落地，透过潇洒的屋面与墙面，可以看到传统建筑的某些特征（见图 2-59）。

图 2-59 中国台湾东海大学路思义教堂接地式屋顶

2. 雨篷

雨篷是一种特殊的屋盖。设置于建筑出入口的上方,可以遮风避雨、引导和接纳人流,同时还可以标识建筑、丰富建筑立面造型,其画龙点睛的作用不言而喻。

雨篷与门廊的主要区别在于结构形式。门廊设置柱子,屋面可以上人;雨篷不设置柱子,屋面不上人;一般钢筋混凝土的雨篷悬挑长度为 2.5 m,钢结构雨篷悬挑长度一般大于 6 m。其结构设计要求安全、稳定,设置悬挑梁与拖梁(即悬挑梁在横墙中的一部分,一般拖梁长度为悬臂梁长度 1～1.5 倍)、圈梁与面梁等构件设施。

另外,雨篷与阳台形式相类似,有内凹式和外凸式两种基本形式。一般屋面防排水构造设计要求屋面地坪标高低于室内地坪标高 20～60 mm,排水坡度 1%左右,泄水管直径 40～60 mm、出檐长度 60～100 mm,滴水线或止水槽 20～60 mm 厚等(见图 2-60至图 2-64)。

图 2-60 雷纳尔伯科技园钢结构——玻璃雨篷

图 2-61 广州海珠客运站钢结构雨篷

图 2-62 兰斯农学研究中心钢筋混凝土雨篷

图 2-63 某医院入口钢筋混凝土雨篷

图 2-64 云南红河学院音乐楼“大飘顶”

2.3.2 分隔构件造型

1. 墙体

墙体既是建筑的围护结构又是分隔构件，在砌体建筑中还是支撑结构，因此砌体建筑对墙体的高厚比有所要求，某些特殊墙体部位需要加设墙垛、壁柱等。

墙体按照位置可分为外墙与内墙，按照作用可分为承重墙与分隔墙，按照材料可分为砖墙、石墙、混凝土墙或钢筋混凝土墙、玻璃幕墙等。一般围护墙（保温墙）370 mm 厚，承重墙 240 mm 厚，分隔墙 120～180 mm 厚；隔墙固定，从地坪至顶棚全高设置；隔断可固定也可移动，高度一般为 1.20～2.20 m。

外墙构造要求：女儿墙设置压顶及泛水，门洞窗口设置过梁、滴水线和排水坡，勒脚设置水平和竖直防潮层，散水区设置散水坡与排水沟。

内墙构造要求：设置踢脚板、墙裙，上下墙体对位设置或上层墙体搁置于下层支撑楼板的梁处，墙体与墙体、楼板之间有牢固连接，墙缝、板缝作遮蔽处理。

保温墙构造要求：设置复合保温材料或设置夹层（40～60 mm 厚）空心墙，对内外墙角、外凸柱子、墙缝板缝、门缝窗缝和勒脚等特殊部位采取保温措施。

2. 门窗

门窗是建筑构件及配件，其作用是界定空间、划分区域，通行疏散、采光通风，美化装饰建筑立面，表达特定的文化意象（见图 2-65 至图 2-70）。贝聿铭分析东西方建筑窗户的差异时认为：西方建筑中的窗户满足采光通风需要；东方建筑中的窗户除满足采光通风需要外，有时还是一种观赏景物的“景窗”、立面构图的“花窗”。

门窗有不同材料（如木材、钢材、塑料等），还有不同开启方式（如平开式、推拉式和旋转式）。一般门窗设计要求符合人体活动尺度，满足空间采光通风及保温要求，要控制门窗尺寸（如门窗高宽比、窗地比、窗墙比等）。

结构设计要求：设置门窗过梁、圈梁、构造柱等。当门窗宽度大于 1.0 m 时，门窗洞口上方应设置过梁；当门窗洞口圈梁不能闭合时，应在门窗洞口的上方或下方设置附加圈梁；构造柱一般设于建筑四角、内墙交接处、大洞口两侧、楼梯和电梯间四角及较长墙体中部等部位，与圈梁、墙体连接成一封闭空间骨架，以提高砖混结构的抗震性。

构造设计要求:门窗与墙体连接牢固,交缝盖口作封闭处理,门窗精心选材等。

图 2-65　意大利私人别墅的“方格窗”

图 2-66　美国纽约惠特尼美国艺术博物馆的“菱形窗”

图 2-67　清华大学学生公寓的点窗与竖向带形窗

图 2-68　某大学艺术楼的点窗与幕墙窗

图 2-69　云南普洱茶研制中心的“三角凸窗”

图 2-70　法国未来中学的“网格窗”

3. 护板栏杆

护栏一般是设置于走道、楼梯、坡道、阳台外围的垂直构件，具有防护和装饰等作用，因此设计要求坚固、美观。

从外形上看，护栏有实体和镂空之分，实体护栏即栏板，镂空护栏即栏杆。在我国南方炎热地区，为解决夏季通风散热问题，护栏多为镂空栏杆；北方寒冷地区，为加强冬季保温避风问题，栏杆多为实体栏板。

无论是镂空栏杆还是实体栏板，一般室内护栏高度为0.90～1.0 m，室外护栏高度为1.05 m，多层建筑护栏高度为1.10 m，高层建筑护栏高度为1.20 m。横向水平护栏给人舒展感，竖直护栏给人挺拔感，护栏的造型和构图应当与墙面、地面的装饰图案协调一致，形成一定的和谐美感（见图2-71至图2-75）。

图2-71　某住宅竖向护栏

图2-72　某住宅的金属护栏

图2-73　华南理工大学逸夫人文馆的水平护栏

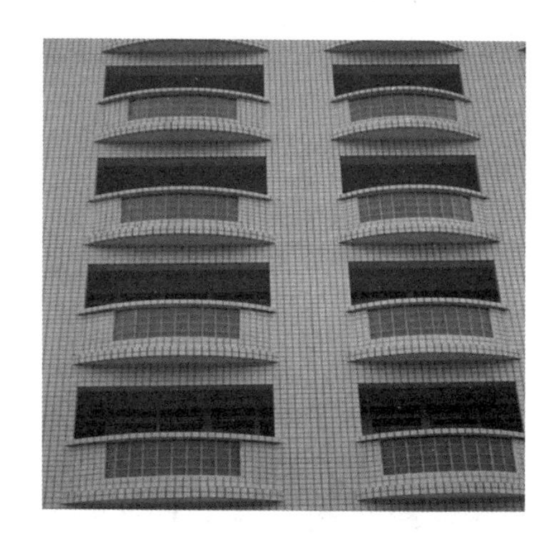

图2-74　某宿舍楼的玻璃砖护栏

图 2-75 休斯敦大学建筑学院的护栏造型与地面图案

2.3.3 联系构件造型

1. 阳台

阳台是建筑室内外的联系、过渡空间。阳台是充实建筑形体半室外过渡空间,为人们提供户外活动和眺望休憩的场所。阳台丰富了建筑立面,是居住建筑的一种符号标志。

阳台由平台、护栏等构件组成。一般阳台平台宽度为 0.90～1.50 m,随着功能要求的变化还可以加宽。在法国、西班牙等国家,有的阳台宽度在 0.60～0.90 m,满足开窗通风需要,被称为“一步式”阳台;有的阳台宽度为 2.10～3.30 m,可以放置就餐桌椅,被称为“景观阳台”。

根据阳台与建筑外墙的关系,可分为凸(悬挑式)阳台、凹(嵌入式)阳台和半挑半凹阳台三种类型。我国南方炎热地区,“开敞式阳台”有利于引风入室,改善建筑通风条件。近年来的房地产开发项目中,有的住宅设计了被称为花厅的阳台,这种阳台既是一种“过厅”,又是一种“花园”,为住户提供了一种亲近自然的生活情趣。由此可见阳台设计的发展变化(见图 2-76 至图 2-78)。

图 2-76 巴黎某住宅的凹入式“转角阳台”

图 2-77 巴黎西南区某住宅的凸出式“转角阳台”

图 2-78　深圳春华四季园的错位式“外挂阳台”

2. 楼梯

楼梯是建筑的联系构件，可以联系建筑楼层空间。楼梯作为一种竖向交通设施，需要与电梯、自动扶梯、坡道等设施相互依托，满足人流通行及疏散要求。

楼梯由梯段与平台组成。一般设计要求：梯段长度以 3～18 级台阶作控制、梯段净宽不小于 1.1 m 且与走道同宽，当梯段宽度大于2.10 m时应加设扶手；梯段踏步宽 250～300 mm、踢步高 150～220 mm，设置防滑条和挡台；平台长度为梯段宽度的两倍，平台宽度大于等于梯段宽度且小于 1.8 m，与梯段连接牢固；梯段护栏高度 0.90～1.20 m，护栏垂直杆件间距不大于 0.11 m，室内扶手中心线高度大于等于 0.90 m，室外扶手中心线高度大于等于 1.10 m。

楼梯形式多种多样。从外形上看，楼梯有直跑楼梯、双跑楼梯、三跑楼梯等形式，一般人流量大的建筑不宜采用弧形螺旋楼梯（见图 2-79 至图 2-83）。从结构上看，楼梯有现浇整体式和预制装配式两种楼梯；现浇整体式楼梯分为梁板式与板式；预制装配式楼梯分为小构件装配式（如墙承式、梁承式、悬臂式）和大构件装配式（如平台式、梯段式）。各种楼梯以墙、梁、板等支撑。

与楼梯相类似的垂直交通设施是电梯。电梯配置要求：建筑层数超过 7 层或最高层住户入口楼面距离底层室内地坪高度大于 16 m 的住宅应设置电梯；公共建筑高度不超过 24 m，住宅层数不超过 8 层时楼梯与电梯相互协作；公共建筑高度超过 24 m，住宅层数超过 8 层时以电梯为主、楼梯为辅，电梯设置 2 部以上；使用电梯的建筑出入口处应设置休息厅；电梯与安全疏散口距离不超过 30 m、疏散楼梯与安全疏散口距离不超过 15 m；消防电梯的封闭前室面积不小于 6 m^2。

图 2-79　泰国亚洲理工学院学生宿舍楼的错位直跑楼梯

图 2-80　瑞士某图书馆的螺旋楼梯

图 2-81　云南红河学院的直跑玻璃楼梯

图 2-82　云南普洱茶研制中心茶艺厅的螺旋楼梯

图 2-83 云南省安宁市某餐厅的室外螺旋楼梯

3. 坡道

坡道是满足特殊人群、特殊活动使用的一种交通设施。坡道是建筑交通联系的重要组成部分，既可充当垂直交通的构件，也可成为水平交通的主要设施。在建筑内部有一些高差起伏的情况下，坡道往往成为无障碍设计的必备设施。

一般公共建筑出入口处同时会设计台阶与坡道。在公共建筑的室外道路，经过设计的巧妙处理，坡道变成不易察觉的缓坡，满足了场地防洪泄水的基本功能，保障安全。

坡道设计要求：室内坡道坡度（高长比）小于 1/8、室外坡道坡度小于 1/10、残疾人专用坡道坡度小于 1/12；坡道宽度根据轮椅或病床尺寸、缓冲空间大小确定，轮椅通行时坡道宽度大于等于 1.2 m，人与轮椅同行时坡道宽度大于 1.5 m，两轮椅并行时坡道宽度大于1.8 m；坡道水平投影长度大于 15 m 时中间加设休息平台，平台深度大于 1.5 m，起止点应设置防滑设施，扶手延伸 0.30 m；四坡道设置双层扶手，扶手高度在 0.90 m 可满足站立者抓握，高度在 0.65 m 可满足坐轮椅者抓握。

图 2-84 赖特设计的美国纽约古根海姆博物馆坡道外形

与坡道相类似的交通设施是自动扶梯。自动扶梯宽度在 1.0 m 左右，倾角 30°，提升高度 3～10 m。设置要求位置明显，端部开敞但不得作为安全疏散口使用，周围 20 m 范围以内应配置辅助楼梯（见图 2-84、图 2-85）。

巴塞罗那植物园坡道经过一系列扭转和切割转折，达到建筑时已是十分平缓，轮椅使用者可以自由通行（见图 2-86）。

图 2-85　白色派建筑大师理查德·迈耶设计的亚特兰大博物馆舒缓坡道

图 2-86　巴塞罗那植物园的转折坡道

【思考与练习】

2-1　简述常见的结构形式、特点及适用范围。

2-2　画出框架-筒体结构示意图。

2-3　简述北方民居坡屋顶和南方民居坡屋顶的形式异同。

2-4　为什么雨篷与建筑形体规模相关?

2-5　哪些情况下建筑不适宜设置阳台?

2-6　试举三个特殊门窗造型示例。

2-7　楼梯设置中最容易出现哪种安全事故?

2-8　坡道在哪些建筑类型中最常用?

2-9　栏杆设置高度一般与什么相关?

3　形象表现

【本章要点】

本章内容包括建筑形体语言、建筑装饰语言、建筑象征语言三个部分。建筑形体语言是现代建筑语言，建筑装饰语言与建筑象征语言是传统建筑语言。建筑形体语言涉及建筑形与线、色与质、光与影等问题；建筑装饰语言涉及平面装饰、立体装饰和景物装饰等问题；建筑象征语言涉及隐喻式象征、提喻式象征、诠释式象征等问题。

建筑形体语言部分总结建筑形体造型、立面构图等规律。建筑装饰语言部分说明绘画、雕刻、灯光等艺术表现在建筑形体造型与立面构图中的具体运用。建筑象征语言部分指示数字与几何、色彩与材料、形体与立面、抽象符号与具象图形等象征手法以及特定环境中文化符号点缀、事件场景还原、时空形态再现等方法。

本章以建筑语言为线索，介绍建筑形象的表现与方法，力求说明：①建筑是为人服务的实用艺术，抽象、复杂的建筑内容最终将物化为具体、综合的建筑形式，没有脱离内容的建筑形式，也没有脱离形式的建筑艺术；②建筑形象是建筑内容与形式的综合反映和表现，建筑形象的“美与丑”不等同于建筑形式的“好与坏”，它与建筑师对建筑形式的把握以及人们对建筑形式的感知、理解、认同等因素有关；③建筑形体语言、建筑装饰语言、建筑象征语言是建筑师表现建筑形象的基本途径。

3.1　建筑形体语言

3.1.1　建筑的形与线

建筑形体是建筑形象中的重要视觉要素。建筑形体是建筑空间的逻辑反映。不同性质的建筑，其功能要求不同，空间组合、结构形式、体量构成也不同。我们应该辨证地看待和处理建筑空间与形体的关系，不能将空间对形体的作用绝对化，力求空间与形体达到完整统一。

建筑性格如人的内在性格，相对稳定，每一种建筑类型都会有其相应的性格被社会所认同和接受。建筑形体又如人的外在打扮，应当与其内在性格相适应。比如纪念性建筑的性格庄严、雄伟、肃穆、崇高，其形体就应该简洁、肯定、厚重、敦实。

建筑作为一种艺术形式，其形式及形体设计应当遵循形式美创作法则，在变化中求统一、在统一中求变化，正确处理主与从、均衡与稳定、节奏与韵律、对比与协调、比例与尺度之间的关系。另外，还应该注意形体透视及图形错觉等视觉变化规律，从建筑史中我们可以知道，西方人早在雅典卫城设计时，就已开始运用建筑视觉透视及矫正的方法。

1. 建筑轮廓

建筑轮廓是指建筑形体的边界。作为一种辨别建筑形体的依据,建筑轮廓具有较高的可识别性。因而,我们进行纪念性、标志性建筑造型设计以及建筑群体宏观造型设计时,必须重视建筑轮廓的标识作用(见图 3-1、图 3-2)。

图 3-1 悉尼歌剧院

图 3-2 巴黎音乐城

我国传统建筑轮廓变化丰富,有屋顶、屋脊与挑檐、屋脊吻兽与檐角走兽等各种形式,这些形式要素构成中国建筑的基本特征。西方古典建筑注重山花中央及两端的人物或动物雕塑、建筑关键部位设计塔楼等,这些对丰富建筑轮廓产生重要作用。另外,我国传统建筑与西方古典建筑都比较关注建筑轮廓的投影、静态变化;而现代建筑综合时空要素,更注重建筑轮廓的动态变化。现代建筑形体日趋简洁、不拘泥于细部处理,着重强调形体组合所获得的转折变化、光影变化等。

我们可以将建筑与周围环境所构成的景观视为一种图形。当我们只考察图形轮廓而非内容时,其意义就会因此而降低,据此我们可利用轮廓来确定图形范围、突出图形内容。这种原理及方法在中国传统园林设计中体现得尤为突出,如北京颐和园万寿山的建筑与环境处理,设计师没有把形体及体量壮硕的佛香阁(主体建筑)耸立于万寿山山顶上,而是坐落在山肩部位,很好地保持了万寿山原有轮廓的完整性。

从视觉认知规律来看,空间轮廓、层次、关系等因素给人们的视觉感知程度(即视觉清晰度)受到视角、视距的制约和影响。据此特性,我们经常将视觉对象组织为近景、中景、远景三种空间层次,通过加大空间纵向进深,突出空间景物主题。一般认为,20～25 m 近景视距可以看清空间景物的细部细节、70～100 m 中景视距可以看清空间景物的全貌及辨认主景、150～200 m 远景视距经常作为空间景物的背景。

人们对视觉对象的感受有一个舒适的视角范围,此范围即“视野”,它对增强建筑的视觉艺术感染力具有重要作用。视野分为水平视角和垂直视角。

(1) 水平视角

观赏空间景物的水平视角范围在 60°以内。其中,景物视距等于景物宽度时,水平视角以 54°为最佳水平视角;水平视角大于 54°时,可以审视景物细部。某些面宽大、视距短的建筑,找不到水平视角小于 54°的中景视点,故建筑正前方没有最佳观赏余地。

(2) 垂直视角

垂直视角为 45°仰角时,景物视距与景物高度相当,是观赏景物细部细节的最佳位置；最佳垂直视角为27°仰角，此时景物视距大约为景物高度的2倍，既能观赏景物整体又能感受景物细节；垂直视角为18°仰角时，景物视距大约为景物高度的3倍，此时能感受到景物在周围环境中的主体形象；景物视距为景物高度的4倍时，垂直视角为11°20′，此时适合于远观环境中的景物群体轮廓线（见图3-3）。

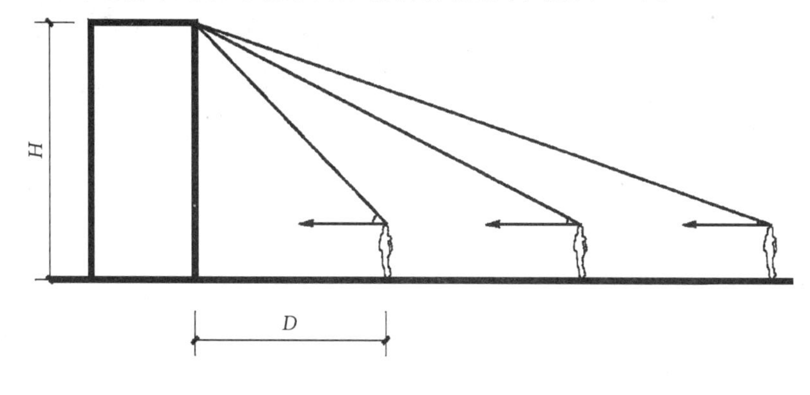

图3-3 观察建筑的仰角控制

2. 建筑造型

古往今来，东西方建筑师一致热衷于“欧几里得几何学”的研究和实践，并从中总结出建筑空间及形体建构的一些准则及规律。几何学代表人类征服自然的意志及可能，提供建立宇宙秩序的一种力量，如中国古代的“天圆地方”理念即人类向往神性或神圣的一种意识代表。几何空间及形体本身存在着一定的合理性、精确性、可操作性等特点，而且容易被大众理解和接受，因此被建筑师广泛运用。

近年来，建筑学中的几何空间实践不断受到拓扑空间、模糊空间、突变空间等观念及方法的影响，这使人们陷入焦虑和茫然之中，同时又为建筑空间设计开辟了新境界、注入了新活力、提出了新挑战。这里需要指出的是几何空间论仍然是其他空间论的基础，要突破和超越几何空间论，必须先了解几何空间论。

建筑形体大致有基本几何体、组合几何体、自由几何体三种类型。建筑造型大致有几何法、构合法、变异法、模仿法等方法。

（1）几何法

基本几何体包括立方体、棱柱体、棱锥体等平面几何体，以及圆柱体、圆锥体、球体等曲面几何体。基本几何体简明、肯定，往往与大山、天空、宇宙等习惯概念及意识相联系，容易给人永恒、稳定、庄重等艺术感染力。因此，基本几何体具有“雕塑”魅力，经常被运用于纪念性建筑设计，建筑师以其形体尺度、形体与环境关系、环境氛围等表现建筑形象。如：吉萨金字塔群51°52′方锥体及卢浮宫玻璃金字塔50°42′方锥体的表现力和纪念意义（见图3-4），以及1967年巴克敏斯特·富勒（Richard Buckminster Fuller）设计的蒙特利尔世界博览会美国馆——直径76 m的钢结构“球体”（见图3-5）和山崎实（雅玛萨基 Minoru Yamazaki）设计的世界贸易中心（见图3-6）。

(a)

(b)

图 3-4 金字墙建筑

(a) 吉萨金字塔群;(b) 卢浮宫玻璃金字塔

图 3-5 蒙特利尔世界博览会美国馆

图 3-6 世界贸易中心

(2) 构合法

当代建筑呈现出功能复合化、空间多元化、形式多样性等特点,这是空间组合及形体构成的必然结果。空间组合、流线组织根据建筑功能进行,形体构成需要与建筑功能相配合。建筑形体构成大致有"加法"和"减法"两种方法。

① 形体加法。形体加法即对基本几何体(即原型)进行聚集加工。常见的加法有并列、重复、嵌套、聚合等。

并列是指两个形体相对而立的方式,二者相互没有主次区别,体量相同或近似,具有对称或对应关系。如山崎实(雅玛萨基 Minoru Yamazaki)设计的世界贸易中心,两个形体如同孪生姐妹。

重复是指多组形体排列的组合方式。此方法也叫母题法。多组形体按照一定的网格、线形等结构方式,重复排列,可以产生强烈的韵律感和秩序感,以及某种群化、强化、再现等特殊情态(见图 3-7、图 3-8)。路易斯·康(Louis Kahn)、范·艾克(Jan van Eyck)、萨夫迪(Moshe Safdie)等人都是运用重复几何体的大师;伍重(Joern Utzon)设计的悉尼歌剧院、理查德·迈耶(Richard Meier)设计的罗马千禧教堂、皮亚诺(Renzo Piano)设计的芝贝欧文化艺术中心是重复几何体造型范例。

嵌套是指一个或几个小形体嵌入另一个大形体的组合方式。此方法需要明确区分各种形体之间的主次关系,保持最终形体的完整性,被嵌套的形体不能太多,例如荷兰台夫科技大学图书馆(见图 3-9)、理查德·迈耶设计的乌尔姆展馆及会议厅(见图 3-10)。

图 3-7 美国短期大学生命保险公司办公楼

图 3-8 金贝尔美术馆

图 3-9 荷兰台夫科技大学图书馆

图 3-10 乌尔姆展馆及会议厅

聚合是指多组形体重叠的组合方式。聚合不同于嵌套,它只是形体的部分叠合而非完全包容(见图 3-11、图 3-12)。采用此方法应当注意多组形体的融合及统一,避免削弱各个形体的表现力,只有这样,才能产生及表达多样、丰富的建筑形态。大多数情况下,聚合在平面上的反映就是多组几何形状的系统组合。

图 3-11 日本奈良百年会馆

图 3-12 姬路文学馆

② 形体减法。形体减法是从一个较大的形体中局部切除或切取一个较小的形体。常见的减法有切削、挖空、分裂、打散等。形体减法与形体加法互为逆向过程,从操作过程看,减法不及加法直接。运用减法的关键问题是:为什么要切除或切取,被切除或切取的部分将怎样使用,切除或切取对原有形体将会产生怎样的影响。在奈良百年会馆中,我们可以看到设计者在运用聚合手法的同时,又进行了切削手法的运用。SOM 建筑设计事务所设计的西尔斯大厦的底部平面为 68.7 m×68.7 m(由 9 个 22.9 m×22.9 m 正方形组成),平面逐层收缩(自 51 层切去两个对角正方形,67 层又切去另外两个对角正方形,91 层再切去三个正方形,剩余两个正方形到顶)。形体分解是现代高层建筑设计中的尺度处理方法之一(见图 3-13)。斯蒂文·霍尔(Steven Holl)设计(2002 年完工)的麻省理工学院西雅图学生公寓是切削、镂空、渗透、"多孔性"理念的体现(见图 3-14)。库哈斯(Rem Koolhass)设计的西雅图公共图书馆也是"随意"切削而得到的雕塑形象(见图 3-15)。

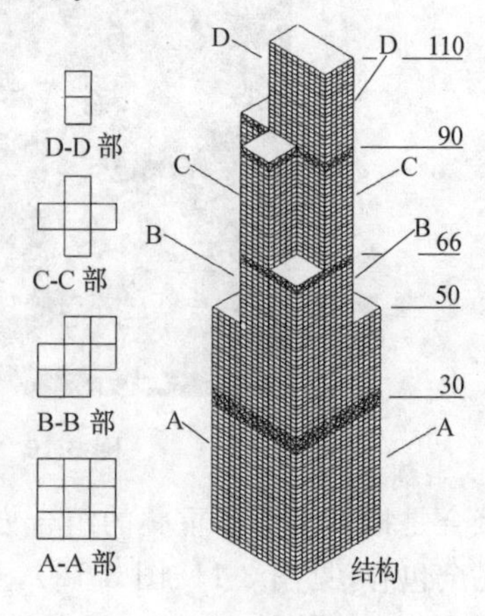

图 3-13 西尔斯大厦

图 3-14 麻省理工学院西雅图学生公寓

图 3-15 西雅图公共图书馆

(3) 变异法

自由几何体一般由简单几何体变形而来。变形即改变事物原型的某些因素，瓦解事物原型的同时，保留其某些特征，使人们仍然能感受事物原型的某些痕迹，这就是格式塔心理学中的所谓“变调性”。此方法往往由简变繁、由直变曲、由规则变不规则，因而能获得独特、变异、丰富的艺术形象。常见的变异有弯曲、倾斜、扭转、折叠、异化等方式。值得注意的是，建筑形体变异一定要考虑功能要求和技术条件的限制。不能为变异而变异，单纯为追求奇异的视觉及精神效果而打破常规。如：小沙里宁(Eero Saarinen)设计的杜勒斯国际机场，打破了稳定概念(上小下大)，体现力感和动感(见图 3-16)；加利福尼亚州笛洋美术博物馆，表现简单几何体的倾斜、扭转、有节制的变形(见图 3-17)；洛阳市公安局的内外双层表皮、折叠外形，形象类似中国传统折叠灯笼(见图 3-18)；里伯斯金德(Daniel Libeskind)设计的柏林犹太人博物馆以弯曲、折线形体形表达犹太人在德国的曲折(见图 3-19)；埃森曼(Peter Eisenman)设计的辛辛那提大学 DAAP 学院新建部分追求力度、活力、动态、联系，创造空间穿插、结构扭转、高度变化的“扑朔迷离”空间(见图 3-20)。

图 3-16 杜勒斯国际机场

图 3-17 加利福尼亚州笛洋美术博物馆

图 3-18 洛阳市公安局

图 3-19 柏林犹太人博物馆

图 3-20 辛辛那提大学 DAAP 学院

(4) 模仿法

人类文明就是在模仿自然和适应自然规律的基础上不断发展起来的。从蒙昧时期的“巢居”“穴居”到古代文明时期的“金字塔”“斗兽场”等,再到现代文明时期的各类建筑,无处不留下模仿自然的痕迹。

模仿是一种有活力的设计方法,模仿对象可以是自然事物、建筑先例及其他艺术形式。柯布西耶(Le Corbusier)曾经说过“向自然学习,积累灵感……破碎的螺壳、肉店里的一段牛胛骨都能提供人脑想不出的丰富造型”;赖特指出“通过毫无意义的模仿,人生正在遭受欺骗”。模仿应当避免“依葫芦画瓢”,因为“依葫芦画瓢”贬低了人脑的“创造力”,也排除了真正意义上的“原创”可能。

模仿设计大致有生物模仿、先例模仿、艺术模仿三种方式(见图 3-21 至图3-24)。

① 生物模仿。生物模仿即建筑仿生。建筑仿生并非简单地模仿、照抄、吸收自然生物的生长规律及生态肌理,需要结合建筑自身特点并适应环境变化。常见的建

筑仿生大致有形式仿生、结构仿生和功能仿生等方式。

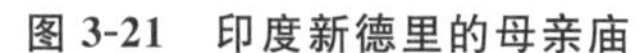

图 3-21 印度新德里的母亲庙

图 3-22 上海东方艺术中心

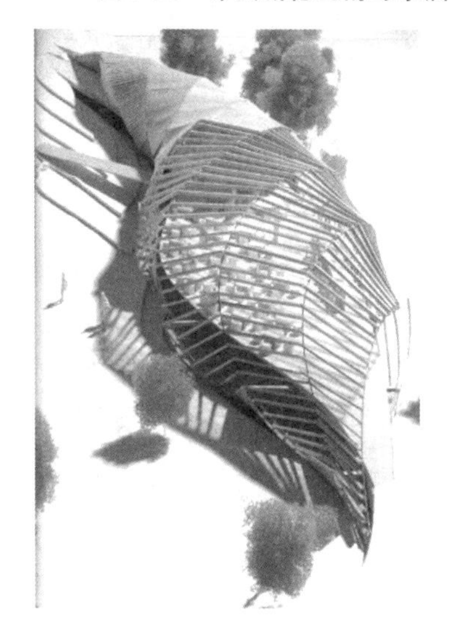

图 3-23 托雷维耶哈休闲公园

图 3-24 里昂国际机场候机楼

最早运用形式仿生的近代建筑师是西班牙人高迪(Antonio Gaudi)。他在巴塞罗那米拉公寓等设计中就采用了带有明显生物器官及骨骼特征的空间形式。同样，我国东南大学的齐康先生在福建海蚌厅、海螺塔设计中也采用了形式仿生手法。

结构仿生是对自然生物组织、结构、力学等特点的类推及应用。如美国工程师富勒从蜂窝菱形组织及自然结晶体结构中获得启示，模拟一种深海鱼类的网状骨架和昆虫的放射状结构，设计了加拿大蒙特利尔国际博览会美国馆网架屋顶。

功能仿生源自于建筑及环境要求。在一些特殊的地段环境中，通过模仿原有建筑形态，体现对原有环境的尊重，在建筑与环境之间建立起“地脉”关系、新老建筑之间建立起某种“文脉”关系，使建筑与环境获得整体统一性和时空连续性(见图3-25至图 3-27)。

图 3-25　罗马小体育宫

图 3-26　台北 101 大楼

图 3-27　TOD'S 表参道大楼

② 先例模仿。先例学习是形式创造的一个重要途径。先例可以是历史或现实的先例也可以是民间或正统的先例,学习可以是直接经验或间接经验的学习。在创造与先例相类似的形式时,先例所包含的信息能够刺激头脑、丰富想象及联想、突破创作的瓶颈。

建筑创作讲求“意在笔先”。“意”和“象”分别属于知识信息和图像信息。“立意”是对信息的提取、筛选、汇总。头脑贮存的信息多,立意才可能高妙。“创作”是对信息的编辑、加工、优化。创作者有了立意并借助于纸和笔,才能将抽象的立意呈现为直观的形式。毫无疑问,信息储存是信息加工的前提条件。如皮亚诺(Renzo Piano)设计的芝贝欧文化中心,造型源于当地部落棚屋造型(见图 3-28);SOM 设计的上海金茂大厦与西安大雁塔的衍生关系——逐层收分的比例尺度、节奏韵律(见图 3-29)。

图 3-28 芝贝欧文化中心

(a)

(b)

图 3-29 上海金茂大厦与西安大雁塔

(a) 上海金茂大厦；(b) 西安大雁塔

③ 艺术模仿。建筑从诞生之日起就广泛地受到其他艺术的影响。德国哲学家谢林(Friedrich Wilhelm Joseph von Schelling)说过“建筑是凝固的音乐、音乐是流动的诗歌”——建筑设计与绘画、雕塑、音乐等艺术形式有着深厚的渊源关系，艺术理论及实践的发展不仅为建筑创作提供了一种艺术观念，也为建筑创作提供了各种艺术方法。

受到立体主义(风格派和构成主义的起源)“时空”观念的影响，建筑师在三维空间(几何学)基础上引入位移、时间、距离及速度概念，将建筑视为四维空间。柯布西耶称四维空间是“使用造型方法的一种恰当、和谐所引起的无限逃逸时刻——视觉错觉表现”，在萨伏伊别墅设计中，通过挖空形体、构件穿插，表现内外空间难解难分的渗透关系。同样，受到毕加索绘画“动态时空”观念的影响，包豪斯校舍以玻璃处理“空间透明性”，将绘画的无限神奇力量引入建筑设计之中，打破建筑正面与侧面的时空逻辑关系(见图 3-30、图 3-31)。

当今几乎没有什么“视觉效果”不能“建构”,但我们不能“滥用”技术、经济手段创造“遥不可及”的东西。坚持形式仿生的现实性、适宜性和可操作性等,是有职业道德及责任感的建筑师所应具备的基本素质。

图 3-30 蒙德里安立体主义绘画

图 3-31 乌德勒支住宅

3. 建筑立面构图

建筑立面是建筑内外空间的中介界面,展现建筑空间组合、体量构成、形象意义。一般情况下,人们通过建筑立面感知建筑形体的存在,建筑设计的成败、好坏以及人们对建筑的认同与建筑立面设计有直接关系。建筑立面作为一种表现建筑形式、形体、形象的手段,其设计需要把握建筑内与外、虚与实、凹与凸等关系。

(1) 内外关系

柯布西耶在《建筑构成的四种形式》一书中,将建筑外观与内部空间的关系分为四种形式(见图 3-32)。

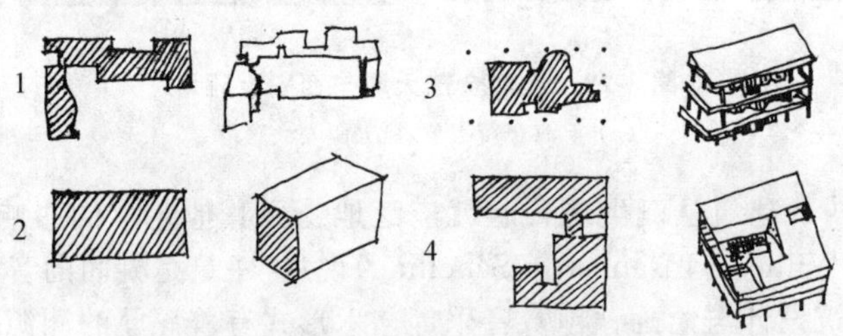

图 3-32 柯布西耶建筑构成的四种形式

其一,建筑外观直接、真实地反映内部空间组织及变化,此形式被现代建筑大力提倡、被多数建筑师采用,适用于空间组织简单、立面形象完整的建筑。

其二,在简单的外壳下,内部空间布置紧凑,此形式保持立面形象完整,但是需要把握形体比例尺度、丰富细部构件,密斯的“玻璃盒子”就是属于此类。

其三,用独立结构做简明的外壳,各房间可在结构中自由布置;当今许多建筑师都采用这种“内外两层表皮”做法,选择各种材料和结构以展示“皮包骨”或“骨包皮”

的关系。

其四，外观与第二种形式类似，内部空间组织是第一和第三种形式的混合，如萨伏伊别墅。

建筑发展到今天，其立面的处理形式已经多样化，但大多数建筑在立面处理上，总体上来说不外乎是以上的某种方式或某几种方式的混合(见图 3-33、图 3-34)。

(2) 虚实关系

虚与实是建筑立面设计中一对相辅相成的矛盾。西方人一贯认为世界是物质的，因而强调建筑实体及体积感，门窗只是通行疏散、采光通风的“通道”。中国人坚持无形的“虚”是事物的原本形态，因此强调“虚实相生”的美学原则，讲求“留白”的艺术处理。

一般对建筑虚与实的理解是：“虚”意味着开敞、通透，人们可以通过窗、幕墙、洞口、架空区域等构件及部位穿透视线；“实”意味着遮挡、隐蔽，可以由实体墙面等不透明构件阻隔视线。建筑立面上的虚与实关系处理实质上就是门窗与墙体关系的处理。

不同的建筑类型，其虚实比例分配不同。如博物馆、美术馆等需要防止日照眩光及紫外线照射，墙面一般不开设大窗户；电影院、剧场等需要屏蔽视线及声音干扰，墙面也不开设大窗户；教学楼、图书馆等则开设大窗户以满足采光通风要求。此外，建筑门窗位置、面积、形状还受到结构及材料的限制，如砖混承重结构中，窗间墙的间距一般不小于 1 m；随着现代结构及材料技术的发展，建筑虚实关系的处理会被结构及材料技术的发展所突破。

赖特曾说：“建筑要是没有窗户的问题那该多好、多省事。”一幢建筑无论其规模大小，立面一般都要开设门窗。如何组织门窗并使之变化有序，便成了立面设计的关键问题。门窗排列大致有以下几种方式。

① 网格式排列。网格式门窗排列是建筑立面设计中最常见、最简单的一种方法。有许多建筑，单元空间的开间和层高尺寸相对统一，由此而形成的结构网格整齐划一，门窗可以按照逻辑而清晰的结构网格均匀排列。这种门窗排列方式很容易使建筑立面流于单调和呆板，但如果能把建筑立面上的梁、板、柱等要素有机结合起来，同样可取得简明、庄重、大气等良好视觉效果(见图 3-33)。

② 片组式排列。片组式门窗排列即有意识地将分散状态的门窗组合成集中状态的门窗。建筑门窗呈一组或多组状态、有规律地大小变化或重复出现，同样可以使建筑立面具有一种特殊的韵味(见图 3-34)。

图 3-33　网格式门窗排列

图 3-34　片组式门窗排列

③ 散点式排列。散点式门窗排列即有意识地将集中的门窗组合成相对分散的门窗。这种门窗排列方式很容易生动和活跃建筑立面，但排列不当也容易扰乱和破坏建筑立面。排列门窗时，可将门窗视为一种建筑立面构图的“符号”和“图案”，应当控制门窗与建筑立面边角的对位关系以及门窗之间边角的对位关系。柯布西耶设计的朗香教堂，其门窗排列呈散点式布局，但门窗之间仍然具有一定的边角对位关系(见图 3-35)。

图 3-35　散点式门窗排列

(3) 凹凸关系

我们称建筑中实或凸的部分为“正形”，虚或凹的部分为“负形”。“正形”与“负形”并没有轻重、主次关系；正是因为“正形”与“负形”的客观存在，我们才可以识别两者的特征，区分空间与形体、建筑与环境之间的关系。

就建筑立面而言，凹凸是建筑立面某些部位的退进(包括切除、镂空等)或拉出变化。建筑凹凸可以丰富建筑立面的层次感，增强建筑形体的体积感，产生建筑形态的光影变化感。大尺度凹凸必须结合建筑使用功能、结构形式、材料构造等因素考虑(见图 3-36、图 3-37)。

图 3-36 康奈尔大学约翰逊艺术博物馆

图 3-37 辛辛那提当代艺术中心

① 立面重点。人们经常把建筑拟人化。“屋顶”是人的头、“檐口”是人的眼眉、“门窗”是人的鼻子和嘴巴……建筑屋顶与檐口、门廊与雨篷、门与窗、阳台与楼梯等部位,经常是人体视线活动的重点,因而也是构成建筑立面设计的重点。

建筑立面重点具有“画龙点睛”的作用,如阳台是住宅的标记、钟鼓楼是交通建筑的符号。这些重点部位的设计及处理,应当结合功能与形式考虑,综合平衡局部与整体、色彩与材料、比例与尺度等关系,力求在变化中有统一、在统一中有变化。建筑出入口给人以第一印象,人们往往会留意出入口与建筑形体的比例关系、与其他建筑出入口的差异等;由此,建筑师根据不同的建筑类型特点,采取不同的设计方法——办公类建筑抬高门厅地坪标高、增设踏步、加大门扇尺度等;商业类建筑分别设置主次出入口、减少室内外地坪标高差、设置橱窗或玻璃等。

② 立面转角。建筑转角是建筑界面的交接点或交接线。作为建筑造型元素之一,建筑转角可以增强人们对建筑形体的感受。直角设计是建筑师常用的一种手法,所形成的建筑界面关系明确、肯定,阐明几何体透视原理,并且符合人们的思维惯性。为获得建筑形象的独特性、阐明建筑意义的重要性,建筑师还会采取强化、软化、弱化等方法,加强建筑转角设计。

强化转角通过外凸、重复、对比转角等手法实现。锐角处理突出建筑界面之间的冲突感,给人以气势逼人而又富有张力的视觉形象,因而很容易吸引人的注意力。锐角很容易产生“死角空间”,如何利用“死角空间”是必须思考的问题,贝聿铭先生设计的美国国家美术东馆,其锐角适合于大规模的博览建筑,“死角空间”的浪费几乎可以忽略不计。

软化转角即对转角进行圆滑、延伸、斜劈等处理。为改变直角生硬形象、柔和建筑界面轮廓,建筑师通常以弧形转角实现相邻界面的自然过渡、以柔和光影淡化界面之间的视觉反差。圆弧半径尺寸影响转角视觉效果,半径越大、转角弱化效果越好。当平面成为圆形或椭圆形时便消除了转角。但当建筑转角由圆形或椭圆形平面演变为圆柱或棱柱形体时,转角的视觉效果反而会突出、加强。

弱化转角通过切除、内凹、撕裂转角等手法实现。此方法实际上就是局部切除建筑形体的某一边角,以增加建筑转折部分的层次。作为一种弱化转角设计,简单、自然、不刻意处理更能显现建筑形体的落落大方(见图 3-38 至图 3-45)。

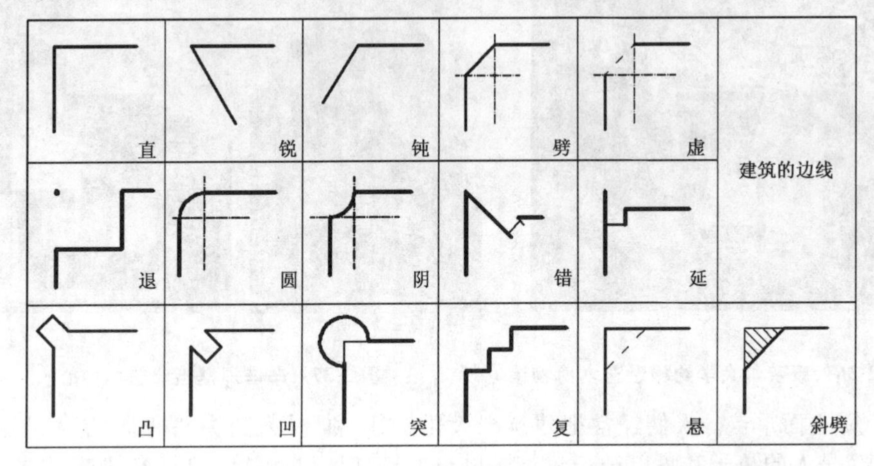

图 3-38 建筑的边线

图 3-39 大阪历史博物馆

图 3-40 英国某科学中心

图 3-41 马德里银行大楼

图 3-42 法兰克福现代艺术博物馆

图 3-43 琦玉现代美术馆

图 3-44 菲利普·埃克塞塔学院图书馆

图 3-45 建筑转角图

③ 立面趣味点。视觉趣味点经常是人们审美指向的地方。视觉趣味点不一定是建筑立面重点，也不一定就是建筑立面构图中心。如果我们把建筑立面视为一个完整图形的话，立面重点与视觉趣味点并不一定重合，这涉及一个立面均衡的问题，当两者不重合时，建筑立面就会产生诸如运动感、方向感等不均衡的感觉。另外，还应该注意的是视觉趣味点可以是一个点、一条直线甚至于一个具体的形状或形体等。与立面重点一样，视觉趣味点设计必须通过尺度、形状、色彩、材质等对比手法加以强调。

在视觉与心理作用下，视觉趣味点经常偏离建筑立面构图中心。视觉趣味点与其形式有很大的关系，它属于意识范畴的东西，设计者可以将自己所关注的东西通过趣味点传达给观众，但观众未必就会接受。因而，设计者设计视觉趣味点时，应当明确视觉趣味点的审美指向、引导观众的审美情趣，不能强迫观众接受自己的个人爱好。另外，在观赏建筑立面中，人们的视觉活动需要有一个中心点。因为中心点过多会分散人们的注意力，同时使建筑立面缺乏主题重点。

3.1.2 建筑的色与质

建筑形象艺术包括“形”与“色”两个方面。人对建筑形象的记忆大部分与色彩有关。色彩往往先声夺人,是建筑形象塑造中最敏感、最富表情的要素。柯布西耶曾说“色彩不是用来描绘什么而是用来唤起某种感受”。色彩情感的表达取决于色彩特性的表现。

与建筑色彩紧密相关的就是建筑材料。建筑材料就其来源和加工工艺而言,可分为天然材料(如石材及木材等)和人工材料(如混凝土、钢材及玻璃等);就其作用而言,可分为结构材料(影响建筑安全及稳定等)和装饰材料(影响建筑视觉感观及施工造价等)。不同的材料具有不同的物理性能,给人以不同的视觉与心理感受。

建筑师通过建筑材料以其物理性能、视觉与心理特性表达建筑思想及表情。

1) 建筑色彩

(1) 色彩特性

任何一种色彩都有明度、色相和纯度三要素。明度即色彩的明暗程度;色相即色彩的本来面貌;纯度又称为彩度,是指色彩的纯净程度或鲜艳程度。根据色彩三要素,可将色彩分为没有彩度的“无彩色”(如黑、白、灰等)和有彩度的“有彩色”(如红、橙、黄、绿、蓝、紫等)两大类。

不同的色彩给人以不同的空间感、冷暖感、轻重感、软硬感等。色彩的空间感指有色物体给人的膨胀或收缩感受、前进或后退感受;在色光刺激、视觉调节的作用下,波长长、明度高或彩度高的色相,给人前进感、膨胀感,反之给人后退感、收缩感。色彩的冷暖感由物质材料的质感、视觉及心理特性等因素决定;色相有暖色(如橙、红、黄)和冷色(如蓝、绿、紫)之分,明度也有暖色(如黑色吸收率高、色暖)和冷色(如白色反射率高、色冷)之分,彩度降低,色彩的冷暖感随之降低。色彩的轻重感由物质材料的质感及色彩明度决定。明度低的色彩感重、明度高的色彩感轻;有光泽、质地细密的物体给人感觉重,有孔隙、结构松软的物体给人感觉轻;感觉轻的物体给人软而膨胀的感觉,感觉重的物体则给人相反的感觉。

色彩在引起人视觉感知的同时,还会引发人对于色彩相关的具体事物的联想,进而产生心理抽象层面上的联想。如蓝色会使人联想到大海、天空、水等具体事物,这些事物意味着深远、平静、理智等。人对色彩的联想,由色彩本身的特性以及地域文化和传统习俗等因素所造成,如红色注目性高、刺激作用大,会增高血压、加速血液循环,因而给人热闹、激动、鼓舞的感觉(见图 3-46、图 3-47)。

(2) 色彩的作用

色彩在建筑中具有区分、强调、调节等作用。

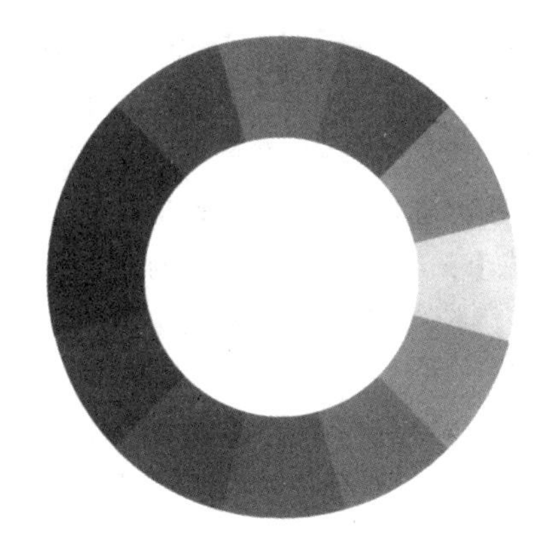

图 3-46 色环

图 3-47 明度、纯度变化

色彩可以区分建筑空间、形体及构件等。如巴黎蓬皮杜艺术与文化中心即将不同的管道系统涂以不同颜色，交通系统用红色、供水系统用绿色、空调系统用蓝色。色彩越鲜明其区分效果越强，这充分说明“图底”关系的重要性（见图 3-48）。

色彩可以强调建筑的某些特殊部位及某种特殊情态。如美国肯尼迪图书馆以大面积的黑白对比渲染肯尼迪的死亡悲剧、以大体量的玻璃幕墙给人水晶般的纯净感受。需要注意的是，所强调的特殊部位其色彩应该是小面积的，同时还要与非特殊部位形成色彩对比（见图 3-49）。

色彩具有调节作用。色彩与人的视觉及心理、社会文化等相联系，引发某种情感沟通。大体量或立面层次少的建筑可以利用色彩化整为零，“打碎”尺度、“拉出”或“推进”立面层次。当然，形体较简单的建筑，往往会采用引人注目的色彩进行构成，以增加其整体表现力。

图 3-48 巴黎蓬皮杜艺术与文化中心

图 3-49 肯尼迪图书馆

(3) 色彩的选择及设计原则

建筑色彩选择及设计应当结合地域文化、协调环境、和谐统一考虑。

色彩是我们生活的一部分。不同国家或地区的总体色彩存在着差异，导致这种色彩差异存在的因素很多，有地理、气候、文化及经济等因素。一般阳光充足的地区会以白色或其他浅色为基调色，而降雨较多的地区则会以绿色、红色等为基调色。简单地想象一个国家或一个地区，就会联想到某种色彩。国家或地区的总体色彩由设计师所决定，设计师应结合地域文化特点，规划城市的色彩、设计建筑的色彩。如第二届普利茨克奖的获得者墨西哥建筑师路易斯·巴拉干喜欢采用带有墨西哥气息的红、黄、蓝等色彩。

当建筑处于某种自然环境及人工环境中时，建筑师对色彩的考虑基本上有两个出发点：一是强调和谐，即采用与周围环境相同或相似的色彩，使建筑在视觉上与环境更好地融合；二是强调对比，即采用与周围环境相差较大甚至对比的色彩，突显建筑与周围环境的“图底关系”。需要强调的是，在城市环境中，人们接受的视觉信息量非常大，为了减轻视觉疲劳与压力，建筑与环境的色彩协调关系显得尤为重要。

建筑师对建筑色彩的处理，有强调和谐、强调对立两种倾向。应该根据建筑功能性质和性格特征分别选用不同的色调，以对比求统一，通过色彩交织、穿插等产生调和及呼应。如商业建筑、娱乐建筑等，可以采用较活泼、热烈的色彩；而办公建筑等适宜采用相对平和、稳重的色彩；金融建筑为提高公众的信任度，其色彩应当坚实、稳定。不过，随着建筑设计的多元化，色彩运用也将越来越灵活，但有一点是肯定的，那就是更加重视使用者的心理和生理需求（见图 3-50、图 3-51）。

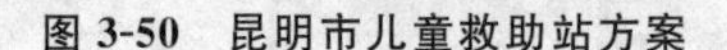

图 3-50　昆明市儿童救助站方案

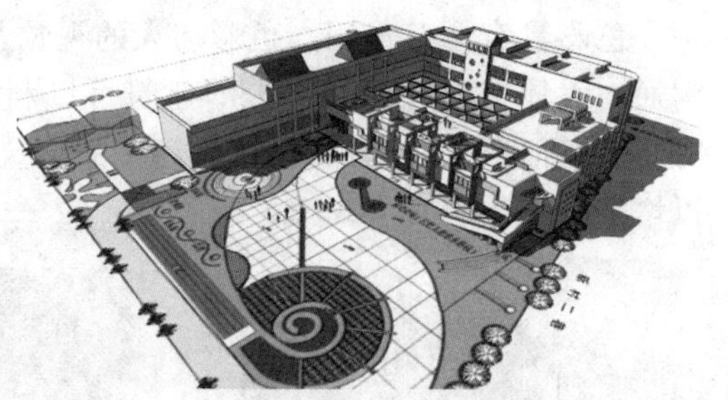

图 3-51　德宏州芒市幼儿园方案

2）建筑材料

材料的表情通过材质、肌理、色彩等视觉特性得以表现。材质是材料形状、光泽度、透明度等给人的感官印象，表现为自然质感或人工质感。肌理即材料机体形态和表面纹理，有自然肌理和人工肌理之分，如材料通过自然生成，或者经过印染、喷绘、扎压、镀刻、腐蚀、切割、镶嵌、拼接等技术处理所形成的结构纹理、凹凸图案等。不同材料还能给人不同的色彩感、温度感、胀缩感、软硬感等视觉与心理感受，如砖、石、木材等经常给人以朴素感、厚实感、亲切感等，玻璃、金属等材料经常给人以精细感、坚硬感、冰冷感等。

在建筑历史尤其是西方建筑史中，古典主义的建筑价值观大多建立在追求永恒上;埃及金字塔、古希腊神庙等所采用的材料是耐久、难以加工的石头,今天我们抚摸这些石头的时候,还能感受到古代文明的魅力、人类生命的短暂和无常等。现代主义主张以新材料、新结构、新技术推进建筑发展,这正是现代建筑能够推陈出新、保持活力的重要原因。

无论何种建筑类型,材料是建筑的骨骼、肌肉和皮肤,承担和发挥着"形式建构"与"艺术装饰"的作用。

(1)"形式建构"问题

材料运用应当把握材料性质及特性。如不同材料的"热胀冷缩"特性不同,在不同气温作用下,多种材料混合使用会产生张力或挤压,导致建筑开裂;这就是东西方传统建筑在材料选择有限的情况下,经常采用容易获取且与地方气候及经济条件相适应材料的原因之一。赖特的大部分作品都展示其用材规则——不在同一种语言中夹杂着另一种语言,这减少了语言混杂带来的语言混乱问题。当今的"材料兼容"技术发展较为成熟,但成本和代价较为高昂。所以有人说"任何建筑都要避免使用三种以上的材料",此说法虽然过于绝对,但是也有一定道理。

材料运用应当把"真实的建筑"与"装饰的建筑"区分开来,材料有面积、厚度和强度,还有"声音"。如石墙与粉刷砖墙、石膏板墙等视觉、触觉不一样,敲击它们所发出的声音也不一样。如果用石膏去模仿古典柱式、用混凝土去模仿传统木构架,肯定会产生装腔作势、弄虚作假的感觉。建筑师选择材料时不仅要注意材料的性能、美学效果,还要注意材料的加工及施工工艺,保证材料抗风化、抗渗漏等问题。

材料运用还应当协调用材尺寸比例问题。如一幢砌体建筑,当其形体尺寸、门窗构件尺寸与砌块砌体尺寸成倍数关系时,才有施工的技术可能。初学建筑设计的人很容易忽视材料与构件、建筑之间的关系,这是建筑设计的障碍。因此,美国建筑师穆尔曾经说过"我要让我的学生知道的第一件事,就是一块砖的尺寸。"

(2)"艺术装饰"问题

在卢斯"装饰就是罪恶"的思想影响下,现代主义追求简洁、明快、纯净的建筑造型。在材料有限的情况下,其结果很容易发挥材料技术性能,但也很容易使建筑形象千篇一律。近年来,新材料、新结构、新技术不断涌现,材料自身所蕴涵的生命力和表现力被重新认识。重新挖掘材料性能潜力、建构建筑形象已成为建筑创作的一种新方向。

砖、石材、混凝土、金属、玻璃及木材是常用的建筑材料,其物理性能及视觉特性包括以下几个方面。

① 砖。砖是最古老的材料之一,同时是最早的建筑预制材料,早在公元前4世纪到公元前1世纪两河流域的古西亚人就开始用黏土砖建造房屋,古罗马及中国也较早使用了砖。砖被称为建筑中的"红金子",但并非所有的砖都是一样的红色,由于黏土与陶土的不同配比及烧制方法的不同,可以形成丰富多彩的砖色,因而用砖建造的房屋既有一个比较统一的基调色,又有丰富的色彩层次;另外由于砖的不同砌筑方

式,可以形成丰富的材质肌理;砖与其他建筑材料也可以结合得很好,路易斯·康和他的追随者博塔都是使用砖的能手。博塔设计的辛巴利斯塔犹太教堂中,砖砌的墙面由圆形逐渐过渡到方形,表现出泥土般的可塑性(见图 3-52、图 3-53)。

图 3-52　辛巴利斯塔犹太教堂

图 3-53　同一材料肌理

② 石材。石材是一种最古老的建筑材料。从人类文明社会开始至今,西方大多数的城堡和房屋都是用石材建造的,因此赖特说"建筑是石头的历史"。天然材料的石材作为一种建筑中常用的天然材料,大致有花岗岩和大理石两类。花岗岩品质坚硬、强度高,有相当好的耐久性和耐磨性,其表面通常由 2～3 种彩度较低的色彩构成,大理石色彩及质感比较丰富,但耐酸及耐碱腐蚀性能差,多用于室内。

赖特是一位善于运用石材的建筑师,他所设计的"流水别墅"、西塔里埃森(见图 3-54、图 3-55)等许多建筑都采用当地的石材进行砌筑,这些石材非常粗糙,但赖特并没有刻意加工石材,因而建筑室内外空间充满野趣,好像是从当地长出来的一样。

当今有一些建筑师重新挖掘石材的品性,并进行创造性使用,使得建筑形象别具一格。如赫尔佐格和德梅隆设计的美国多明莱斯葡萄酒厂,采用一种金属编织的"笼子"做框架,把当地采集到的不规则天然石块填装其中,形成尺度大、形状规则的"石笼"。这些透空的"石笼"比常见的砖墙、钢筋混凝土墙更能发挥保温和通风作用。另外,这些灰色、墨绿色的石材,与周围环境景色对比统一,使建筑形象极富魅力。该作品是当代建筑创造性使用石材的经典范例(见图 3-56)。

图 3-54　西塔里埃森

图 3-55　西塔里埃森内部

③ 混凝土。混凝土可以说是既古老又现代的建筑材料。早在两千多年前,古罗马人就开始使用天然混凝土。钢筋混凝土是混凝土的进一步发展,它彻底改变了西方传统建筑,是现代建筑运动的物质基础。柯布西耶(Corbusier)是运用混凝土的技术能手,其混凝土建筑为建筑技术美学的发展开创了一方新天地。柯布西耶在巴黎瑞士学生公寓和拉图雷特修道院的设计中(见图 3-57、图 3-58),以脱模混凝土墙面体现一种自然、粗犷的建筑美。美国著名建筑师保罗·鲁道夫(Paul Rudolph)、“纽约五人组”之一查尔斯·格瓦斯梅(Charles Gwathmey)等人喜欢采用被称为“灯芯绒”的混凝土做建筑外立面(见图 3-59、图 3-60)。在建筑材料运用方面,日本人习惯使用木材和纸,追求材料温和感和轻柔感,因而日本建筑更钟情于手感光洁、柔化的清水混凝土,如安藤忠雄(Tadao Ando)的作品(见图3-61、图 3-62)。

图 3-56 美国多明莱斯(Dominus)葡萄酒场

图 3-57 巴黎瑞士学生公寓

图 3-58 拉图雷特修道院

图 3-59 法国巴黎机场

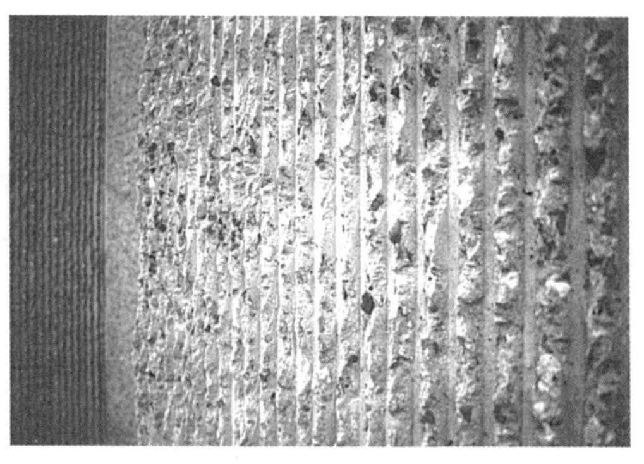

图 3-60 耶鲁大学艺术与建筑馆细部

图 3-61　普利策基金会美术馆

图 3-62　安藤忠雄 AKKa 画廊

④ 金属。金属材料尤其是钢材，由于其强度极高和便于加工等特点，正好满足现代建筑在结构方面的大跨度、高空间、轻重量等以及构件标准化的要求。此外，金属材料呈冷灰色光泽，具有极高的可塑性和美学表现力，可以加工成各种预制构件，还可以与玻璃搭配制作成各种精美的幕墙(见图 3-63 至图 3-65)。

图 3-63　巴黎蓬皮杜艺术与文化中心

图 3-64　巴黎香榭丽舍大道街景

图 3-65　沃夫兹堡现代美术馆

⑤ 玻璃。玻璃可以说是现代建筑师最为青睐的建筑材料之一,“玻璃盒子”作为现代建筑的一种独特形式曾经风靡全球。随着玻璃加工技术和制作工艺的发展,玻璃在建筑中的使用越来越广泛,从采光功能到墙体反射、隔热等维护功能,再到装饰功能扩展等。玻璃的实用价值及美学效果主要来自于它的透明特性及反射效果两个方面(见图 3-66、图 3-67)。

图 3-66 芝加哥商学院仿哥特式建筑玻璃天花板

图 3-67 渥太华市政厅

⑥ 木材。木材也是一种重要的传统建筑材料,其轻质高强,具有较高的弹性和韧性,容易加工,耐久性良好、导热性低,还有独特的纹理和装饰性等品质。赖特认为最有人情味的材料就是木材。人们都愿意亲近木材,触摸它和欣赏它。木材因天然生长而形成美丽的纹理,尤其是在锯开和抛光后,这种木纹会带着光泽而显现出来,这正是木材最美妙的性质。如皮阿诺设计的芝柏欧文化艺术中心,木材变得纤细精致,显现出全新的形象魅力(见图 3-68)。

图 3-68 芝柏欧文化艺术中心

3.1.3 建筑的光与影

建筑形、色、质等视觉信息要依靠“光”来表现,光的存在是建筑空间与形体表现的先决条件。无论是古希腊时代还是欧洲中世纪,西方人都十分注意光的作用及表现。中世纪著名哲学家圣托马斯·阿奎那(St. Thomas. Aquinas)将美定义为“事物形式的光,无论是艺术的或自然的作品……这种光可以使形式把它的完美和秩序充分而丰富地呈现于人的头脑”。

进入近代,随着建筑观念的更新及材料技术的发展,建筑师更加重视光的作用和影响,积极将光运用于室内外空间营造上。20 世纪 30 年代,柯布西耶已认知光影的重要性,赞叹“建筑是对阳光下各种体量进行精确、正确和卓越地处理”,并在马寓公寓和昌迪加尔行政中心办公大楼、朗香教堂(见图 3-69)等设计中,利用光影进行建筑造型和场所精神创造。另一位建筑大师路易斯·康说过“设计空间就是设计光亮(To design space is to design light)”,“光明是一切存在的造就者,也造就了物质,物质产生了阴影,阴影属于光明”。安藤忠雄也认为“光使物体的存在成为可能,建筑空间之中一束独立的光线停留在物体的表面,在背景中拖下阴影随着时间的变换和季节的更替,光的强度发生着变化,物体的形象也随之改变,而正是在不断变幻中,光重新塑造着我们的世界”(见图 3-70)。

人工照明技术的发展,使建筑的光影表现有了进一步的改善。建筑师控制光源、光强、光色、光影等,通过人工光的使用或人工光与自然光的配合使用,创造光环境,使建筑及环境表现更加丰富、生动、精彩,也使人们由此发现更加美妙的人生。

图 3-69 朗香教堂室内光的运用

图 3-70 光之教堂室内光的运用

1. 光的特点

自然光是天然存在的光源,包括太阳直射光、天空散射光及现场反射光三种形式。

直射光是直接照射物体的阳光,影响物体明暗,其照明特点是受光面亮、背光面暗、阴影很重，由此造成物体轮廓清晰、立体感强，但影调反差大，层次不够丰富等效果。

散射光是云雾遮日或阴天条件下间接照射物体的阳光，影响物体影调，其照明特点是光线柔和轻淡，由此造成物体形体轮廓线与转折面较柔和，形体表面影调层次丰富，但缺乏明确的立体效果等。

反射光是各种物体表面的太阳反光，主要影响物体的局部照明和色彩。弥补直射光与反射光的缺陷，提高直射光下的暗部亮度，丰富影调层次，提高散射光下的局部亮度，可以相对地增加反差和立体效果，但反射光线过强、过多容易形成“光污染”。

2. 光影的形成及变化

建筑中的光与影天生成对、无法分离，没有阳光就没有阴影、没有阴影也无从谈起光影。建筑光影的产生必须具备直射的阳光、产生阴影的构件、承受阴影的实体三个条件。没有承受阴影的实体，影子也无法依附。通常人们总认为有光、有实体就会有影子，但影子落在何处却心中无底。虽有实体，但没有经过仔细考虑，或颜色过重、或反光太强、或凹凸太大，使得阴影不突出或支离破碎。所以要使光影成为真正的艺术手段，影子的位置与质量要严格控制。

理查德·迈耶(Richard Meier)的作品对以上三个必备条件都进行了精心考虑。多种多样的构架、遮阳板以及各种形状的平台、连廊都为落影提供了丰富的素材，同时还大量采用了白色实体墙面。

建筑光影构图主要有水平投影及垂直落影两种方式。水平投影与时间伴随，光影可以覆盖地面、屋面(见图 3-71)。垂直落影可以区分立面层次、分布明暗区域、分配虚实面积（见图 3-72)。

图 3-71 水平投影方式

图 3-72 垂直落影

3. 光对建筑形象表现的影响

光影是统率建筑材料及细部细节的有效方法之一。太阳升起之后，建筑所有构件都向同一个方向抛射出影子,这些影子有着共同的属性特点,运用光影可以使建筑材料及细部细节产生强烈的对比,同时达到完美的统一,最终使建筑具有动感活力。

(1) 光影突显建筑的体量

人从某一视点、视域看物体时,物体及其相邻背景存在着明暗、色彩、质感等差别,形成物体轮廓和边界,人们根据认知经验感知和分辨物体及背景的复杂关系。形体给人初步印象,形体透视拨动人的心弦,光影强化形体的深度及体量。现代建筑之所以能给人以极大的震撼和难忘的印象,正是形体及光影作用的结果。解构建筑运用不规则形体及反光材料,使建筑显得既饱满又动态。如盖里设计的毕尔巴鄂古根汉姆博物馆,该建筑北侧邻水、逆光,主要立面终日处于阴影之中,形体呈多向曲面,形体表面随阳光入射角度变化而变化,正是光影作用改善了北向、大尺度建筑的沉闷感。

(2) 光影表现建筑的虚实

光影可以同时表达空间的虚和形体的实。东方园林中的亭、台、楼、榭,疏密相间、曲幽相合,空间的虚实、明暗借助于光影得到表现。

路易斯·康在孟加拉国议会大厦设计中运用光影变化使建筑如同一座雕塑。柯布西耶在哈佛大学卡朋特视觉艺术中心设计中利用斜角墙面光影变化使建筑产生轻快节奏。赫尔佐格和德默隆设计的葡萄酒厂,室外光线透过石头墙缝隙,产生斑驳影子,使得室内空间呈现出虚空变换。

(3) 光影强化建筑的细部

"日光是雕刻、月光是绘画"。光线投射方向及强弱程度可以使凹凸起伏的形体表面产生阴影,从而使画面生动。一般金属的反光率比石材的高,光滑石材的反光率比粗糙石材的高,利用材料反光及发光特性,在建筑视觉重点部位设置反光材料或涂刷发光涂料,也可以刻画和活跃建筑细部。

(4) 光影丰富建筑的色彩

太阳升起以后,白天阳光穿过大气层投射到地球表面并在空气中扩散,波长较长的光扩散能力较弱,大部分投射到地面上呈现黄色(暖色),波长较短的光扩散能力较强,在天空中呈现蓝色,投射到背光处后呈现深蓝色(冷色)。由于阳光入射角度不同、所穿过的大气层厚度不同,所造成的反射光不同,加之色温影响,一天之中阳光会呈现出不同颜色。

中国江南传统建筑大都采用白墙青瓦,体现出无穷的色彩变化。美国白色派建筑师用雪白的建筑与天空、树木、玻璃等形成强烈的对比,以追求一种高明度的色彩效果。

3.2 建筑装饰语言

在不同的历史时期,装饰在建筑中的地位和作用可谓是众说纷纭,有些观点甚至是截然对立的。即使是处于同一时代的人，对装饰的看法也大相径庭。拉斯金曾明确指出“建筑与构筑物之间的主要区别因素就是装饰”，而随后的卢斯则认为“装饰即罪恶”，而且现代建筑更是主张废弃表面外加的装饰。当今，随着社会生活的高度发展，生活在快节奏、紧张的环境里的人们越来越需要给自己生存的物质空间环境赋予感性意义——要求一个有人情味、能抚慰人心的心理环境，达到抒发情感、调节心理及消除工作疲劳的目的。建筑装饰语言的应用作为一种合理的思想在经过现代建筑的“净化”之后再次在建筑设计的实践中被认同。

通常人们对建筑装饰狭义的认识是指与功能无关，而仅以美化建筑为目的的外饰物。而从广义上讲，建筑装饰是对从整体到局部影响建筑视觉的要素进行有目的的设计与安排的装饰活动。建筑装饰直接参与及深化建筑造型的过程，使建筑具有审美价值。

从人对环境的体验角度来讲，人对环境的体验不是局限于整体中某个孤立的部分，整体的知觉限于局部而又决定局部的性质，建筑装饰设计应依附于建筑的整体设计，任何游离于整体的装饰，即使本身很精致，也不会产生积极的效果。但装饰又具有自己的特点和规律，装饰设计不同于功能与技术设计，其涉及更多的审美问题，因此在设计中建筑师的职责应具有双重特性。首先，装饰设计应尽可能满足大众的审美要求，体现时代感与民族性，而不应限于孤芳自赏的自我表现；其次，装饰应引导健康向上，符合时代发展的审美趣味，使建筑文化得以普及。事实上，装饰所遵循的形式美规律本身就是千百年来人们所普遍认同的规律性东西，虽然由于个人审美观不同，人们对有些问题的认识标准会有所差异，然而形式美的普遍规律与个体审美观是共性与个性的关系，在总体上它们是不矛盾的。

建筑装饰的目的是创造特定的环境气氛，所谓高品位的建筑装饰不是指高档建筑装饰材料的堆砌，它的魅力在于整体与局部要素在遵循形式美规律基础上的多样组合，这与我们通常说的矫揉造作的低级趣味是不同的。

从建筑装饰的内在意义和外在形式来看，建筑装饰大致可分为两大类别：一是表达性建筑装饰，如壁画、雕塑等；二是修建性建筑装饰，如材料之间的交接处理、界面本身之间的表面性处理等。前者注重建筑空间或界面特殊意义的表达，后者注重从建筑自身出发，对结构、构造等影响视觉的外在因素的处理，又往往被称为建筑装修。从建筑装饰的存在形态来分，可分为平面装饰、立体装饰和景物装饰等几大类。

3.2.1 平面装饰

1. 线条

线条是客观事物存在的一种外在形式，它制约着物体的表面形状，每一个存在着的物体都有自己的外沿轮廓形状，都呈现出一定的线条组合；其次，由于材料的拼接，比如为了防止表面由于热胀冷缩作用开裂而进行的分仓，这些都会在表面形成一些缝隙，构成线条；此外，线条并不都是客观存在的实体，比如不同影调之间的分界线和由过渡色块所组成的线型,甚至是根本不存在的视觉效果以及断续模糊的虚线,如何划分及组织这些线条,对立面的效果影响很大。

由于人们在长期的生活中对各种物体的外檐线条轮廓及运动物体的线条变化有了深刻的印象和经验,所以反过来,通过一定线条的组合,人们就能联想到某种物体的形态和运动。因此,所有造型艺术都非常重视线条的概括力和表现力,它是造型艺术的重要语言。

线条有各自不同的特点:垂直线条可以促使视线上下移动,造成耸立、高大、向上的印象;水平线条可以导致视线上下移动,产生开阔、延伸、舒展的效果;斜线条会使人感到从一端向另一端扩展或收缩,产生变化不定的感觉,富于动感;曲线条使视线时时改变方向,引导视线向重心发展;圆形线条可以造成人们的视线随之旋转,有更强烈的动感。正因为它们有这些不同特点,在长期的实践中,线条便被人们赋予了抒情的作用,如用垂直线表现崇高、庄严、向上,水平线表现平稳、开阔、平静,斜线富有动感,曲线表现优美,圆形线条流动活泼等(见图 3-73)。

图 3-73 建筑中的线条

2. 纹样与图案

纹样是指建筑物上平面装饰花纹的总称。从纹样的起源或符号学、图像学的角度来说,大多数纹样都是精神文化的具体体现,表现出一定民族文化的精神特质。

中国古代建筑中就广泛地运用了纹样装饰,在古建筑上经常出现的装饰纹样有龙、虎、凤、龟四神兽和狮子、麒麟、鹿、鹤、鸳鸯等动物。龙在古代属于神兽,代表皇帝,是帝王的象征;狮子本性凶猛,为兽中之王,成了威武力量的象征。植物中的松、柏、桃、竹、梅、菊、兰、荷等花草树木也是古建筑中常见的装饰素材,象征吉祥、富贵、高洁、长寿等。在古建筑中还能常见到将动植物等多种形象组合在一起的纹样,如松树、仙鹤组合在一起寓意“松鹤长寿”；牡丹和桃组合在一起则象征着“富贵长寿”；如果是两个狮子在一起就表示“事事如意”等。在古代建筑装饰中还出现了各式各样的器物图案，如琴、棋、书、画以及山水、人物和各种代表人物的饰物，如笛子、宝剑、尺板、莲花、掌扇、道情筒、花篮、葫芦等八件器物的装饰形象。除此之外，还有广义字符、写意书法……比如流行于清代初期的“寿”字变体，多达一百多种写法，皖南民居有一个“百寿堂”，里面有各种各样的变体“寿”字装饰（见图 3-74）。

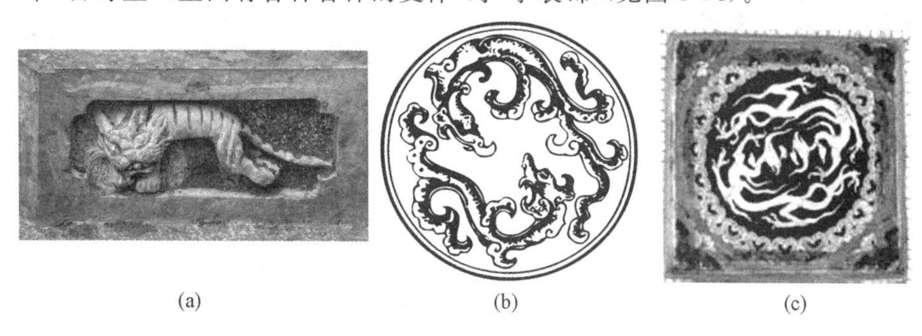

(a) (b) (c)

图 3-74 图形图案

(a) 虎的图腾；(b) 龙的图腾；(c) 莫高窟第 400 窟藻井图案

图案与装饰纹样不同，它不一定具有精神文化方面的意义，但在构成建筑空间和形体的所有表面都可以使用图案进行美化处理。它可以利用面砖、涂料等其他表面材料的分格、彩绘等做法，形成具象或抽象图案，从而达到装饰目的，另外也可以利用结构或构造特点并有意识地进行设计处理，构成具有装饰意义的图案。

现代新型材料的不断发展特别是印刷方法的进步，为创造丰富的图案提供了可能，如混凝土印花技术、丝网印花技术的出现等，你可以把各种感兴趣的照片印刷到材料上，以此达到更加丰富的视觉装饰效果。

文丘里以公司吉祥物“达尔马尼亚斑点狗”的斑纹装饰出入口处的外墙（见图 3-75），埃伯斯沃德技术学院图书馆（见图 3-76）、维多利里亚大学培训中心（见图 3-77）等也运用纹样与图案装饰建筑立面。

图 3-75 文丘里的“达尔马尼亚斑点狗”的图案装饰

图 3-76　埃伯斯沃德技术学院图书馆的墙面装饰

图 3-77　维多利里亚大学培训中心的墙面装饰

3. 壁画

壁画是最早的独立绘画形式。现存的史前遗迹分为洞窟壁画与摩崖壁画两种，按照制作和技法，壁画主要分为绘画型与工艺型两大类。前者以绘画手段为主，用手绘方式直接在壁面上完成，后者的最后效果必须通过工艺制作手段体现，如玻璃马赛克镶嵌画。

“一幅理想的壁画必须在内容上与形式上符合建筑的使用目的和审美要求，即符合建筑的物质功能和精神功能，所以建筑对壁画具有某种制约作用”，而且其内容和形式还要符合大众的审美习惯和心理要求，例如，娱乐场所壁画要轻松活泼，行政建筑壁画要富丽端庄，纪念性壁画要庄严肃穆等。

另外，壁画的形态选择要与观众的观赏条件相协调。如地铁站、火车站、机场等建筑的壁画。人们大都在行进中观赏壁画，来去匆匆，因此，对这类壁画的要求是必须“耐看”，即从任何角度看都能给人以美的享受，就是要求有动态视觉效果，壁画设计从动态视觉效果上去把握。而且壁画要求在瞬间给人以清晰的印象，因而大都采取简单、明确、有力、整体感强、效果好的构图方式，比如运用强烈对比、大块的色彩、简洁的线条等刺激视觉的表现手法，使人在一瞥之下就能一目了然，获得完满的感受。而宾馆大厅、展览场所、学校等场所的壁画，观众可以停留较长时间，这类壁画的设计应注意壁画的大小、比例、结构等应符合观众的观赏尺度；同时要防止视觉上的紧张感和矛盾感；各种设计要素应按照一定的层次进行安排，以造成视觉上的连续感、秩序感和韵律感(见图 3-78、图 3-79)。

图 3-78　圣路易斯轻轨车站

图 3-79　加拿大 Fabre 站

3.2.2 立体装饰

建筑与雕塑历来关系密切，在环境中两者都是“硬件”，前者注重实用功能，后者讲求精神效应，就整体环境来讲，它们相互依存、和谐统一。中国人特别关注这一点，大多数“石癖”者都是这种关注的代表人物。

纵横中外建筑史，建筑与雕塑大体上有点缀、空间媒介、建筑构件本身的三种关系。运用于建筑的雕塑能加强建筑空间感，美化建筑整体和突出建筑主题，所以建筑雕塑具有纪念性、装饰性、主题性等多种功能。建筑装饰雕塑是建筑艺术表现的一种辅助手段，无论雕塑的内容、材料及其大小如何，只要是参与建筑形式构图的装饰性三维构成都可称为建筑装饰雕塑。除了主要的装饰性用途外，它还可以创造空间的层次变化，强调造型主题或暗示建筑的使用性质。

西方古典造型艺术强调“体积美”，建筑物的尺度、体量、形象并不去适应人们实际活动的需要，而是着重强调建筑实体的气氛，其着眼点在于两度的立面与三度的形体，建筑与雕塑连为一体，追求一种雕塑性的美。其建筑艺术加工的重点也自然地集中到了目力所及的外表及装饰艺术上。

1. 浮雕

浮雕是建筑中用得比较广泛的一种装饰形式，它主要是在平面上雕刻出凹凸起伏形象的一种雕塑，是一种介于圆雕和绘画之间的艺术表现形式。它的审美效果不但诉诸视觉而且涉及触觉。与此同时，它又能很好地发挥绘画艺术在构图、题材和空间处理等方面的优势，表现圆雕所不能表现的内容和对象，譬如事件和人物的背景与环境、叙事情节的连续与转折、不同时空视角的自由切换、复杂多样事物的穿插和重叠等。

对于建筑而言，建筑浮雕是为配合、适应并装饰建筑表面空间而存在的浮雕形式。根据建筑物的功用性及装饰角度和装饰部位不同可大致划分为纪念性、主题性和装饰性三种浮雕类型。

纪念性和主题性浮雕多遵循叙事性构图的原则，并含有指示象征意味。它适应着纪念性建筑深远意义的表达，具有延展建筑精神的作用。它为表达人们某种向往、崇敬、膜拜的情感以及记录重大事件提供了广阔的天地。如古希腊的雅典卫城，罗马、巴黎的凯旋门(见图 3-80)及记功柱；埃及、亚述神庙前的石门、石柱、方尖碑(见图 3-81)；中国古代的牌坊、华表、九龙壁等上面的浮雕等。在现代建筑中，这类浮雕多用在博物馆、纪念馆、纪念碑等建筑或构筑物的表面。

装饰性浮雕，一般总是雕刻在某座建筑物的部件或局部的表面，例如门框、窗边、梁柱、墙面、转角等或其他建筑物的表面。装饰性浮雕与主题性和纪念性浮雕的区别，主要体现在题材的处理和意境的表现上。装饰性浮雕一般不重情节描述和叙事性，也不着意于表现重大主题，而更多的是追求抒情性和赏心悦目的形式感，内容形式和装饰部位也相对地自由和活泼。它更强调对装饰对象的依附和烘托，更强调空

图 3-80 凯旋门

图 3-81 方尖碑

间形态上的适应性功能，以及对平衡、对称、条理、反复等形式美的规律和装饰艺术语言的运用。

2. 圆雕

圆雕又称立体雕，是艺术在雕件上的整体表现，观赏者可以从不同角度看到物体的各个侧面。它要求雕刻者从前、后、左、右、上、中、下全方位进行雕刻。由于圆雕作品极富立体感，生动、逼真、传神，所以圆雕对石材的选择要求比较严格，从长宽到厚薄都必须具备与实物相适当的比例。因此在建筑装饰上运用圆雕，能使建筑的尺度和体量显得高大、宏伟。如赫尔辛基火车站外立面(见图 3-82)、拉金公司办公楼外立面(见图 3-83)等。

图 3-82 赫尔辛基火车站

图 3-83 拉金公司办公楼

3. 透雕

“当立体的或半立体浮雕式的造型出现在封闭的图形建筑物中，就产生了镂空的效果。镂空的形状同样是内部与外在的一部分，是一维分界线的内部轮廓。镂空可能因功能而产生，或者仅仅是装饰的需要。”镂空雕刻具有玲珑剔透、视线不受阻碍等独特的艺术特色。在传统建筑中，镂空装饰随处可见，如漏窗、栏杆、飞罩……但是这些雕刻都是与具体的有实际功能的构件相结合，并赋予一定的精神意义，使之成为非常具有人情味的东西。另外，在伊斯兰以及印度传统建筑中，这种镂空装饰也被大量采用。现代建筑则往往是采用一层装饰性极强的镂空表皮或镂空花纹的结构，来丰富建筑的体积和层次(见图 3-84 至图 3-86)。

图 3-84 鹊替

图 3-85 天弯罩局部

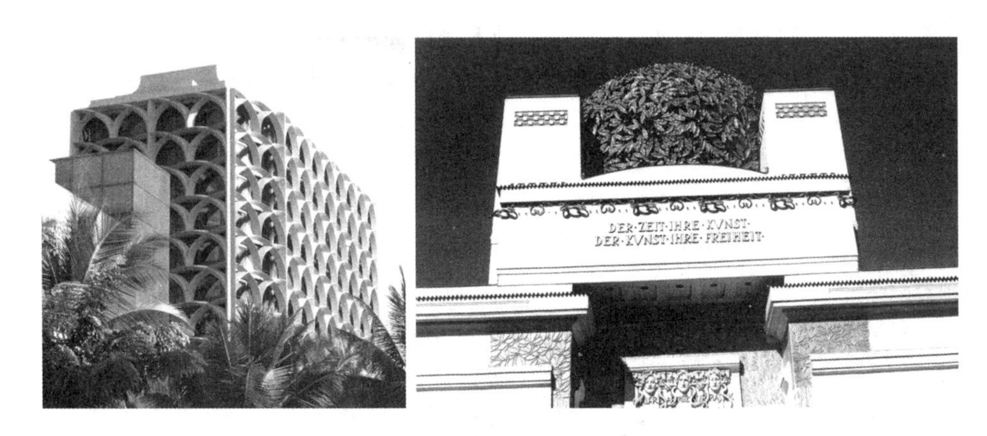

图 3-86 SECESSION——20 世纪初维也纳青年艺术画派的代表处所

3.2.3 景物装饰

1. 标识设施

标识这种装饰带有很强的世俗性，用于建筑的标识设施包括文字、标记等有一定意义内涵的东西。将它们有目的有秩序地进行艺术化处理然后附加在建筑上，目的在于提示建筑的内容、指导人的行为、参与环境气氛的创造或起某种宣传作用……这类装饰在现代商业、娱乐建筑中应用十分广泛。

这些标识往往要放在醒目位置，被当作形式构图成分加以考虑。一般标识的设计应与背景有较强烈的对比，同时还应考虑人的心理与行为等因素 (见图 3-87、图3-88)。

图 3-87　纽约某购物中心

图 3-88　麦当劳全球连锁店形象设计

2. 灯光

霓虹灯最初出现于 1923 年的法国,由于常用于酒吧与夜总会,20 世纪初期许多人把它当作低级与堕落的象征。半个世纪后其专利被美国商人所收买,美国人立刻意识到高科技所产生的光电效应所潜在的艺术价值与商业价值。在许多商业建筑中,经过设计师精心设计的霓虹灯已经成为创造繁华与大众商业环境的有效手段,作为一种新的装饰媒介被人们所接受。文丘里在《向拉斯维加斯学习》一书中大加赞赏这种繁华的世俗化环境,认为它创造了一种充满活力的商业环境。

灯光照明装饰对于城市来说,极大地改变了当代的城市景观。而对于建筑来说,灯光也是最具有变化力的造型手段,特别是大面积使用玻璃的建筑物,在很大程度上取决于内部的照明,并且随着照明的不同,其展现的形象也会有变化。例如,黄昏时,玻璃大楼内灯火辉煌,简直就像一片闪烁着珠光宝气的仙境。通过照明的不同处理,一方面可以改变造型要素的性质,如轮廓、色彩等,另一方面还可以形成各种不同的气氛(见图 3-89)。

图 3-89　智利 Arauco 快递中心

总之,建筑装饰的主要作用在于:一是以自己的形象反映建筑的性格特征;二是美化建筑,满足人们的审美要求;三是表现某一个具体主题,给人以某种气氛感染和教育。建筑装饰也有其自身的规律,其出发点就是知觉体验与社会文化的整合。只有充分运用其规律和特点,装饰才能有机地融入建筑整体环境的创造之中。

3.3 建筑象征语言

从精神层面来说，建筑除了通过一定的形式，如前面所谈到的形体、装饰、质地、色彩光影等带给人们愉悦外，往往还要表达出一定的意义，如社会伦理、传统习惯、宗教信仰、历史文化以及意识形态，以震撼人的心灵和陶冶人的情操。它是建筑的内在，这种内在是抽象的。尽管从建筑的物质构成本身来说是毫无意义的，但建筑是人造的，它必定含有人为的因素，实用性、象征性是建筑必不可少的两个方面。挪威著名建筑理论家诺伯格·舒尔茨在《西方建筑的意义》一书中就说过"建筑是一种有意义的符号形式"。

在中国古代传统建筑中，用特定的数字象征阴阳、时令、建筑的尊卑等级，以方位、色彩等象征五行（见图 3-90）。在西方建筑中，基于数的比例和谐的理念概括抽象出的希腊古典柱式不仅象征了人体的完美，同时也反映出西方的人本主义思想，是肯定人和人性观念的反映。十字平面象征了基督的受难，玫瑰窗象征春天、福音（见图 3-91）。

图 3-90 北京天坛

图 3-91 巴黎圣母院

象征是通过一定的具体事物，暗示某种与具体事物相应相协的抽象观念。黑格尔指出："在象征里应该分出两个因素，第一是意义，第二是意义的表现。意义就是一种观念或对象，不管它的内容是什么；表现是一种感性存在或一种形象。"在使用象征手法时，还应注意以下几点。

首先，象征作为一种建筑表现手法，其意义的传达与一定的历史生活及社会心理密切相关，在象征中意义与形象并不一定完全吻合，所以象征的理解可能是模糊的、多元的，而且象征的理解需要一定的文化修养，不同文化背景的人面对同一建筑可能会做出不同的理解，比如郎香教堂的象征性就有许多解释。但是，象征必须让人理解才有意义，因此，象征的使用必须把握大众与专业人员欣赏水平之间的距离，使建筑形象能同时为社会各阶层所理解和接受，而不能沉湎于建筑师个人的标新立异，故意使建筑语言深奥难懂，似是而非。

其二，象征的使用必须注意建筑的地域性，不同地域有着不同的文化，不同文化背景成长的人对同一图形的象征意义的理解是不同的。

其三,建筑的象征意义是会随着实用功能的变化(也就是时间的变化)而变化的,比如埃及的金字塔,不再作为法老的陵墓,大多占星术和几何象征已经丧失,但它现在却更多地象征了埃及及其古老的文明和历史。因此,在建筑中使用象征要适应和体现时代特点。

最后,在追求建筑意义的同时,应兼顾建筑的功能,只有真实地反映建筑的内容,意义丰富的象征形象才是真实有效、充满活力的,为象征而象征,一味追求形式,故弄玄虚,丧失建筑基本目的的做法是不可取的。

3.3.1 隐喻式象征

从修辞学上来说隐喻就是把未知的东西变换成已知的术语进行传播的方式。在建筑设计中,隐喻式象征主要就是通过具体的建筑形象来暗示一定的抽象事物——情感、气氛、观念等,换句话说就是将某种抽象的、非物质化的事物通过具体的、物质化的建筑表现出来。比如,早期基督教堂的典型形制源于罗马的巴西利卡,但基督教徒们把巴西利卡的双向对称轴线空间组织变为单一的纵轴线空间组织,以此象征通往耶路撒冷的拯救之路的宗教观念,这种意图在后来的哥特建筑中得到了最大限度的体现,哥特建筑的主厅动辄100多米长,但宽度一般只有十几米,因而从入口到祭坛的纵向动势非常强烈。不过这种象征,无论是对于设计者还是对于体验者来说都需要更多的文化修养,因而它主要用在政治、宗教以及文化等纪念性或标志性建筑设计中。

1. 数字与几何象征

数字与几何象征就是通过一定的数理关系或一定的几何形状模拟宇宙、社会中其他事物或暗示一定的观念情绪。《周易·文言》曰:“坤至柔而动也刚,至静而德方……”这就是说,乾卦代表天象征圆形,坤卦代表地象征方形,这就是古人“天圆地方”说的由来。南京中山陵的“钟形平面”象征着警钟长鸣、“革命尚未成功”有唤起民众之意。由柯里亚设计的斋浦尔博物馆,其平面采用由9个正方形组成的曼陀罗图式——象征印度神话中九大星体的宇宙图式,这9个正方形分别代表火、月、水、土、木、金、太阳、凯土和拉胡,每一个方形通过形式、色彩、环境以及空间组织的不同处理试图表达各星体的特质,中央的代表太阳。

按照《周易·系辞》的论述,一、三、五、七、九为奇数也为阳数,二、四、六、八、十为偶数也为阴数,阳数中最大的数为9,阴数中最大的数为10,其次为8。天坛为天为阳,故其内涵的数为阳数单数。地坛为地为阴,地坛建筑的数为偶数阴数,祈年殿的柱子由上而下分别为四、十二、十二,分别代表四季、十二个月、十二时辰……另外,运用“数”来象征等级、贵贱、轻重也是中国建筑一个很突出的特征,比如金銮殿面阔取阳数之极九间,进深五间,以象征皇帝的“九五之尊”。在西方的宗教建筑中,也常常用数字来象征教义。如霍尔设计的圣·依纳爵教堂的设计概念是在一个石头盒上放置了7个“光瓶”,代表上帝创造世界花了7天。7个不同形式的“光瓶”把不同颜色的光传达到室内不同的空间中,以造成不同的空间氛围,配合不同的宗教仪式(见图3-92)。

图 3-92 圣·依纳爵教堂

2. 色彩与材料象征

色彩具有象征意义是与色彩的联想及一定的文化有关的。色彩象征在中国传统建筑中也表现得尤为突出，如祈年殿的三重瓦色是上青、中黄、下绿，分别象征苍天、大地、生灵万物。明清之际，黄色为“富贵之色”，为皇家所专用，这是因为按五行说，黄色居中（中黄、东青、南赤、西白、北黑），与“尚中”思想一致。但在西方，黄色却一直作为低等色使用，这是因为出卖基督的犹大穿的衣服是黄色的。

以材料作为象征的载体主要是取其“意”，日本传统建筑受禅宗简朴观念的影响，室内以阴暗的灰色为主。此外，还体现在材料的自然性上和柔和的光线上。安藤忠雄巧妙地运用清水混凝土，达到极其简朴、精致的境界，再加上把自然光引入到建筑中，并通过混凝土柔和的漫反射，使得建筑空间具有写意性，在精神上神似传统建筑。贝聿铭设计的日本美秀美术馆在屋顶设计了有滤光作用的仿木色铝合金格栅，光线通过格栅在室内撒下朦胧的影子，使人联想起日本传统竹帘营造的空间效果（见图 3-93）。

图 3-93 贝聿铭设计的日本美秀美术馆

3. 形体与立面象征

柯布西耶设计的朗香教堂,以一种奇特的造型象征人们某种神秘超长的精神和情绪,可以使人们联想到上帝的耳朵、合拢的双手、修女的帽子……尽管朗香教堂没有遵循教堂的传统形式,但它成功体现了教堂的基本特征——上帝与教徒对话的地方。柯布西耶说他是把这座教堂当作"形式领域里的声学元件"来设计的,上帝在此能听到教堂的祈祷。朗香教堂开创了教堂设计的新思路,对以后的教堂设计影响异常深远(见图 3-94)。

图 3-94 朗香教堂

巴西建筑师尼迈耶设计的巴西议会大厦,由参议院、众议院议会大厅和办公楼三部分组成,仰天的"大碗"属于众议院,象征众议院的"民主"和"广开言路",右边的倒扣的较小的"碗",属于参议院,象征参议院的"集中民意"和统帅功能,中间办公大楼呈现"H"形,"H"是葡萄牙语中单词"人"的第一个字母,这两栋办公大楼就象征了联邦议院"一切为了人"的立法宗旨(见图 3-95)。

丹尼尔·里伯斯金设计的英国曼彻斯特帝国战争博物馆由巨大的曲面体块互相交错,呈现"碎片"形象,象征战争对城市的严重破坏,这种破坏的"悲剧"效果表现的就是和平的来之不易,以期使参观者更加珍视和平(见图 3-96)。另外其设计的柏林犹太人纪念馆也采用了同样的方法。其实这种手法并不是里伯斯金独创,早在 1947 年,丹下健三在设计广岛和平中心纪念馆时就采用了这种"悲剧"手法。

图 3-95 巴西议会大厦

图 3-96 英国曼彻斯特帝国战争博物馆

3.3.2 提喻式象征

提喻从修辞学来说是用局部来代替整体或者用整体代替局部，用特殊来代替一般或者用一般代替特殊，简言之就是利用部分相似和联系，在建筑设计中，这种象征手法主要是利用“形性相通”，也就是说主要体现在一种外在的形喻，也可以说是一种具象的象征，即以一个具象形来象征另外一个具象形。这种象征的形式和内容都是大家所熟悉的，大多数人都懂得其所传达的信息，并不像隐喻式象征那样需要具备较高的文化修养，而且这种信息是比较稳定和确定的。在体验建筑时，许多人都会说“这建筑看起来像……”“它令我想起……”。我们在前面谈到的大多数仿生建筑也是这一类。但是同样需要强调的就是提喻式象征是利用形之间的“相似”，换言之，不是用整体代替整体，而是对内容的形象进行一定的提炼和抽象。建筑艺术在某些方面有别于小说、绘画、雕塑等写实艺术，不能以现实生活中典型事物的直观再现方式表现主题，过于具象的建筑形象反而会因为过于媚俗，使建筑的感染力大打折扣。因为，过于具象的形象让参观者失去了发挥想象力的空间，失去了抽象审美可以给予他们的更深层次的审美愉悦。坐落在北京东郊（实际位于河北境内）的天子大酒店，生硬地将一栋高层建筑套到彩塑的“福禄寿”三星的身体内，以表现“福星高照”的意境，但是采用如此具象的建筑设计手法，且不说采光、通风等存在严重功能问题，这种形象就已经流于庸俗，使人索然寡味（见图 3-97）。

图 3-97 北京天子大酒店

1. 抽象符号

符号象征就是将古典或传统建筑的某些元素简化、抽象为一种符号,运用到现代建筑中主要作为装饰同时象征某些问题,它可以折射出一个时代、地区、民族的共同的建筑形象,实际上就是用局部来代替整体。

符号的提取与运用一方面应该注意建筑所处的"环境"或"文脉",即符号的"语境"。换言之,建筑符号的意义不是来自设计者或使用者个人的价值观,而是来自设计者对特定地域人类价值观的总体体验。

另一方面其符号意义的诠释应该简洁明了,并且让大多数人都能够接受,换言之,即要求采用惯用的符号。如中国的大屋顶形式、四合院空间形式、漏窗等都明显具有符号的特征,这些形式经过上百年而固定下来,让人一看便知,沉积的文化内涵突出。要表达意义,可以通过惯用的符号,但这并不一定要使用陈旧古老的符号,因为意义的传达主要与熟悉特征相联系。1978 年约翰逊设计并建造的美国电话电报公司,采用古典隐喻,大厦分为基座、墙身和顶部三段,顶部是一个高约 9 m 的山花,中间开了个圆形缺口(见图 3-98)。大厦底层有一个公共广场,临街中央有一个拱形大门,两边各有三个长方形门,隐喻文艺复兴时期的巴齐小礼拜堂。格雷夫斯设计的波特兰市政大厦,建于 1980—1982 年,采用古典隐喻,从古典建筑元素中取来片段加以变形。整个建筑分为基座、柱身和柱头三部分,象征政府大印,正立面上超乎正常尺度的平拱图案占据了建筑四层高度和一半以上的宽度,其下是两根仿古大型柱。有人赞美它是"以古典建筑的隐喻去替代那种没头没脑的玻璃盒子"(见图 3-99)。同样他在以后设计的休曼那大厦也不自觉地运用了此种设计手法。此外,作为空间过渡节点的圆厅廊柱,也是他爱用的古典符号。丹下健三设计的香川县厅舍,把日本建筑传统的符号高床、庇、缘(日本建筑中架空的平台称为"高床",类似于我国的干阑式

(a)

(b)

图 3-98　美国电话电报公司

建筑；日本的传统住宅的附属空间称为庇；连接内外的中间空间称为“缘”“缘侧”或“廊下”，类似于今天的“灰空间”，它的存在是日本建筑最大的特征）等巧妙地联系起来。使具有象征和记号意义的传统符号形成一种原型，再将其意义附着在现代建筑上（见图 3-100）。

图 3-99　波特兰市政大厦

图 3-100　香川县厅舍

程泰宁先生设计的杭州国际假日酒店，其屋顶处理运用现代手段隐喻了民族传统形式（见图 3-101）；著名华裔建筑师贝聿铭设计的北京香山饭店中，更是引用了大量的建筑符号：传统的院落式空间及小品、白墙青瓦、破屋顶，民居中窗的形式（见图 3-102、图 3-103）；齐康先生设计的武夷山庄（见图 3-104）、吴良镛先生设计的孔子研究院也在很多方面借用了传统建筑符号，他们走出了一条用现代材料和技术演绎传统的新路子。粉墙黛瓦的江南建筑符号被他们用非常现代的表现手法展现出来，既保持了与周边传统建筑环境的协调，又独具创新性。

图 3-101　杭州国际假日酒店

图 3-102　北京香山饭店

图 3-103　北京香山饭店

图 3-104　武夷山庄

但是,在使用符号时必须真正使其承担起传达意义的社会职责,而不能以传达“意义”为名贴上各种符号标签,这样很容易使建筑走向形式主义及各种奇异风格。

2. 具象图形

具象图形在建筑上运用的例子也很多,如四川自贡彩灯博物馆以灯为主题,造型以正方几何形体重叠组合,悬挑宫灯形角窗和镶嵌于墙面的圆形、菱形灯窗,构成了一组大型宫灯形建筑艺术群,构思奇巧(见图 3-105)。辽宁闾山山门由清华大学吴焕加先生指导,汪克、高林设计,为中国 20 世纪 80 年代建筑艺术精品之一,四根悬臂立柱再现了辽代著名建筑的风格。山门中剪影部分为天津蓟县独乐寺山门(辽代)的剪影;山门底部的八幅壁雕,记叙了从禹舜到明清四五千年的闾山文明史。深深凝结在建筑上的虚与实、表与里、阴与阳、正与反、方与圆、点与面、古与今、朴与华等此消彼长、相克相生的信息,折射出中华民族几千年思想文化的根基(见图 3-106)。

图 3-105　四川自贡彩灯博物馆

图 3-106 辽宁闾山山门

3. 特定环境氛围

齐康先生设计的南京大屠杀纪念馆，用低矮的建筑尺度和曲折的序列，营造出一种悲怆的氛围，用卵石、枯树、雕塑象征白骨和屠杀，使人置身其中自然联想起那段不能忘却的历史场景(见图 3-107)。

艾森曼设计的欧洲犹太人大屠杀纪念馆位于柏林，2005 年(反法西斯战争胜利 60 周年)开放，主要由两部分组成，地上部分铺设 2711 块水泥墩，地下部分是系统描述纳粹屠杀欧洲犹太人历史的信息中心。每块水泥墩长 2.38 m，宽 0.95 m，高度则各不相同，最高的一块有 4.7 m；各个水泥墩以不同的角度微微倾斜，其间是高低不平宽约 1 m 的小路。这些水泥墩源于刻有犹太人姓名的墓碑群，它们组成了单调萧瑟的景象，行走其间便会迷失方向，使人感到孤独害怕。有人曾经批判说，它表达得太直白，给人的感觉太痛苦(见图 3-108)。

图 3-107 南京大屠杀纪念馆

图 3-108 欧洲犹太人大屠杀纪念馆

3.3.3 诠释式象征

1. 符号点缀

建筑师将建筑及构筑设施作为一种文化符号,诠释建筑环境的特征及意义。

1983年文丘里(Robert Venturi)为普林斯顿大学设计的胡应湘堂(Gordon Wu Hall),在入口广场上设计了一个大理石的石碑。石碑是中国文化的简化和抽象,隐喻该建筑与中国有关,以此加强建筑的可识别性(见图3-109)。让·努维尔(Jean Nouvel)设计的法国阿拉伯文化中心,外墙结合现代材料,采用装饰性极强的图案隐喻阿拉伯文化,使人产生对地方性建筑文化的联想(见图3-110)。

图3-109 胡应湘堂(Gordon Wu Hall)

图3-110 法国阿拉伯文化中心

2. 时空再现

建筑师经常以历史人物点缀、特殊事件场景还原等方式再现时空。

彭一刚先生设计的甲午海战纪念馆,它的外观宛如几艘相互穿插、撞击的船体,坐落在当年北洋水师旗舰“定远”号搁浅沉没的地方,漂浮于海水之上。宏大的主体建筑上矗立着一尊 15 m 高的北洋海军将领雕像，其身躯挺拔，目光坚毅，手持望远镜凝视着远方，随风扬起的斗篷预示着一场恶战的风暴即将来临。设计者通过建筑与雕塑的结合，将历史场景具象化，将电影情节雕塑化，使参观者悄然在脑海中浮现出甲午海战一系列历史事件的片段(见图 3-111)。

P. 埃森曼设计的韦克斯纳艺术中心于 1989 年建成，它以全新的构图手法、断裂的高低错落的塔楼，再现了场地上原有的一座军火库，该库建于 19 世纪，1958 年毁于大火，对于历史较短的美国来说，这种纪念性的历史诠释就显得格外有意义(见图 3-112)。

图 3-111 甲午海战纪念馆

图 3-112 韦克斯纳艺术中心

【思考与练习】

3-1 简述建筑轮廓与视角、视距的关系。

3-2 简述建筑形体“加法造型”与“减法造型”对建筑体量的影响。

3-3 简述建筑边角处理对建筑形体的影响。

3-4 简述建筑门窗排序的基本方法。

3-5 简述建筑立面构图重点与趣味中心的含义。

3-6 简述建筑材料及装饰材料的视觉特性。

3-7 简述色彩对建筑设计的作用与影响。

3-8 简述光影在建筑中的投影方向及变化。

3-9 简述线条纹样、图形图案、彩绘雕刻对建筑装饰的作用及效果。

3-10 简述建筑及场景设计中的特殊数字、符号、氛围。

图片资料来源：文中所引图片大部分来自 Google 及百度搜索，还有一部分来自 ABBS、FAR2000、自由设计新家园、中国建筑艺术网、视觉同盟等其他国内外互联网。限于篇幅，恕未将每个图片的出处一一列出。

第 2 篇

居住建筑设计原理

4 聚居形态

【本章要点】

本章内容包括聚居含义、聚居形态、聚居模式三个部分。聚居含义部分涉及聚居概念、聚居起源、聚居意义等问题;聚居形态部分涉及聚居类型、聚居系统、聚居演变等问题;聚居模式部分涉及聚居社区、聚居住区、聚居住屋等问题。

聚居含义部分通过分析聚居含义,提出聚居概念、内容及意义;聚居形态部分通过分析聚居类型,阐述聚居形态发展变化;聚居模式部分通过比较传统与现代聚居模式,指示建设及发展聚居形态的意义。

本章以聚居形态为主线,介绍聚居形态的形成与发展变化,力求说明:①聚居是社会生活的一种现象,聚居形态是社会进步与发展的产物,社会文化、技术、经济是影响和推动聚居形态发展的主要因素;②现代社区、住区、住屋由传统聚落发展演变而来,二者具有类比性、类推性,社区、住区、住屋规划设计需要整体把握人、建筑、环境等内容及其关系;③随着社会的进步与发展、人们生活观念及生活方式的改变,人们对居住建筑及环境的要求也随之变化,规划师、建筑师需要关注传统文化问题,利用现代技术设计适居的人居环境。

4.1 聚居含义

4.1.1 聚居概念

聚居的概念是指人群集中居住在一起,强调一种生活状态;"聚落"是指人集中居住的某一地方,强调一种生活环境;二者泛指某一群人集中居住在某一地方。

个人及社会构成聚居生活的内容,自然环境及人工设施构成聚落环境的"容器";"聚居"或"聚落"是内容广泛、形式抽象的概念,与之相对应的"居民点"则更为人们所熟知。"居民点"是一部分社会人群居住的地方,人口与土地规模较小,主要强调的是为居民提供服务的居住生活空间。

希腊学者道萨迪亚斯(C. A. Doxiadis) 于 20 世纪 50 年代提出"人类聚居学(Human Settlement)"理论。道氏认为,人类聚居是"一些独特和复杂的生物个体""动态发展的有机体""协同现象";将聚居划分为自然、人类、社会、建筑和支撑网络 5 种基本要素,以及房间、住所、邻里、城镇、城市、区域、国家、洲际等 15 个居住单元。空间领域已大大超越国家的洲际被称为"普世城(Ecumenopolis)"。

我国清华大学吴良镛院士在《人居环境科学导论》一书中,将人居环境定义为"人类聚居生活的地方”,指出“人类聚居”是人类居住活动的一种现象、过程和形态。其中,过程包含着时间因素,形态主要指居住建筑及居住环境的具体形式表现。吴先生对道氏的“人类聚居学”理论给予高度评价,认为道氏从整体观和系统观考虑问题,认识时代及其所面临的任务,运用交叉科学的观点、引入多学科的理论及方法,初步建立人类聚居学理论框架。

4.1.2 聚居起源

在《史记·五帝纪》一书中,有“一年而居成聚”的记述,它说明时间、地点、过程等是人类聚居的重要因素。如果在某地居住,但居住时间短暂,仍不能形成聚居。可见,我国古代对聚居的理解更强调居住过程。人类聚居的产生和发展大致有以下几个阶段。

人类最初因为能够在某个地方获得稳定食物而定居下来,这便产生了第一个“聚居地”。人类选择聚居地时,总是要选择最有利于生存与发展的地方。这个选择过程一般受到两方面因素的影响:其一是功能因素,即总是要选择对生活和生产最方便、最有利的地方;其二是安全因素,即总是要选择最容易防守的地方。

第一个聚居地建成之后,便会吸引第二批定居者前来定居。如果后来者和首批定居者有同样的习俗,他们会在最佳位置附近选择一个次好位置建立新的聚居地;如果后来者对首批定居者怀有敌意或戒心,便会从安全角度考虑,在远离首批定居者的地方定居,而不去考虑聚居地的功能因素问题。这便产生出两种不同的聚居形态:其一是围绕一个中心(往往就是最早的聚居地中心)聚居并形成聚居系统;其二是分庭抗礼,各聚落在较远的距离同时向外扩展,最终导致定居者之间的冲突出现,其结果使聚居系统产生高低、内外、主次等级,或者形成更大的聚居系统。

4.1.3 聚居意义

人类聚居的产生和发展有其特定的社会历史背景。如我国城市聚居形态的演变,从固定居民点(原始状态)到分散居民点(西周时期)、街坊区(隋唐时期)、大都市(明清时期)等,具有一条明晰的时间线索,而且与当时的社会生产力和经济发展状况等因素密切相关。因此可以说,经济、社会、政治或行政、技术、文化是影响人类聚居的主要因素。

随着社会生产力的发展,城市聚居形态逐渐由分散聚居向集合聚居、复合聚居发展。我国是一个农业大国,农村人口比例大,生产力发展水平相对落后,农村生产方式有待改进。在一段时间内,分散聚居仍然是我国广大农村的主要聚居形态。

近年来,我国政府制定“工业反哺农业”“解决三农问题”等一系列方针和政策,加大农村投入、加强社会主义新农村建设。在这一背景下,规划师和建筑师有必要了解我国广大农村的现状,了解地方聚居形态的形成和发展历史,利用自然与社会资源,综合平衡人、财、物三者的关系,改进农民生产及生活方式,提高农民居住环境质量,建构及促进和谐社会的全面发展。

4.2 聚居形态

4.2.1 聚居类型

聚居类型很多，分类方法也很多，可以按照人、时间、地点、形态等划分。如按照聚居程度划分，有分散居民点、复合社区、集合住区；按照聚居时间划分，有传统型与现代型聚居、临时性与永久性聚居等；按照聚居规模划分，有大型聚居、中型聚居、小型聚居；按照聚居形态可分为点状聚居、线性聚居和面状聚居；按照聚居状况划分，有城市型聚居、城乡融合型聚居和乡村型聚居；按照聚居方式划分，有自然形成的聚居和规划建成的聚居。

我国地域广阔，城乡差别较大，城乡一体化正在逐步推进，因此，根据建筑及环境的地理位置划分，有城市型、城乡融合型和乡村型三种聚居类型。希腊学者道萨迪亚斯根据聚居性质及特点，将聚居分为乡村型和城市型两种聚居类型（见图 4-1）。

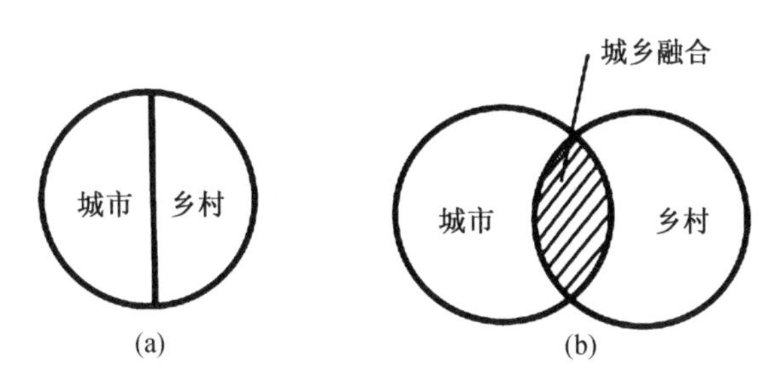

图 4-1 城市、乡村聚居形态

（a）城乡两元静态划分；（b）城乡一体化理论模型

1. 乡村型聚落

乡村生活依赖于自然，居民通常从事种植、养殖或采伐等行业。聚居规模小，而且内向，一般都不经过人工规划，由自然生长及发展而形成。聚居地通常就是一个最简单、最基本的社区。

一个完整的乡村聚居系统类似于一棵大树：所有的道路会聚在一个中心，外围没有环形道路或公路。聚居地中心通常是生产、交换、服务、行政、宗教、娱乐等活动的集聚地，因而最具有特色。

乡村聚居地是乡村居民根据自然条件及特点而逐步建成的。在进行乡村规划时，不应该照搬城市规划的经验，因为乡村聚居地与城市聚居地的居民要求、建设条件等不同。

2. 城市型聚落

城市居民不同于乡村居民，他们属于不同的社会阶层，从业种类繁杂、社会接触面广、接受教育的机会多,对生活的期望和追求也高,但被稠密的建筑所包围,与自然的联系很少。

城市一般靠近江河湖海和交通干线,城市规模越大,这个特征越明显。小城市一般只有一个交通节点,往往是在城市的中心;随着城市规模扩大,节点增加;大中城市往往有3～4个层次的节点。

城市中的建筑具有很多共同特点,城市规模越大,其特点就越国际化,反之越具有地方色彩。这是因为小城市建设投资一般都比较少,而且往往比较闭塞,可以更多地保留下当地的传统文化和习俗。

乡村型聚居与城市型聚居,这两种聚居方式各有其特点(见图4-2)。

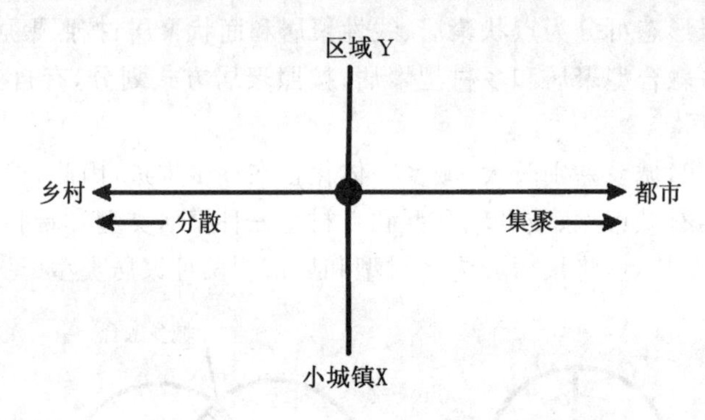

图4-2 "乡村-区域或小城镇-都市"聚集程度

4.2.2 聚居系统

聚居系统由聚居体(即聚落)与聚居结构构成。聚居体在聚居结构的制约及控制下形成,并在时空作用下产生形态变化。

1. 聚居体

在我国传统聚落中,住屋大致上有独立式、合院式、街坊式三种型制。独立式住屋独家独户、二至三层楼、占地面积大,更多分布于乡村。

合院式住屋由院墙及建筑围合而成,院落相对内向、封闭。这种住屋被乡村和城市广泛采用,具有深厚的群众基础。不同地区的合院式住屋形式略有差异,如福建地区的客家土楼、新疆地区的"阿以旺"。总体上看,我国北方地区多为四合院,南方地区则多为三合院。

街坊式住屋是一种沿街道布置的建筑形式。这类住屋经常与居家、商业、手工业相结合,具有"商住合一"特点。一般有"底商楼宅"和"前店后寝"两种建筑形式。

2. 聚居结构

山峦、水体、道路等是聚落结构的骨架。不论是城市型聚居,还是城镇型或乡村型聚居,道路都是聚居系统内力共同作用的结果。不同的作用力,产生不同的聚居结构。一般只有向心力作用的聚居系统,其聚居结构多为放射状,而且聚居形态多为圆形；只有线性力作用的聚居系统，其聚居结构多为线状，而且聚居形态多为带形。

聚居系统在地形、气候等自然力的作用下，会产生不同的聚居结构及形态（见图 4-3）。另外，聚居系统的社会环境、技术经济等人为因素，也会影响聚居结构及形态的形成和发展（见图 4-4）。

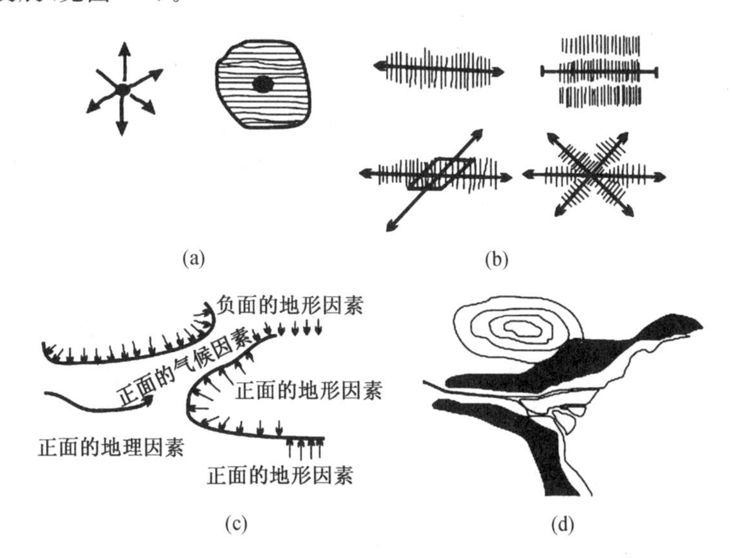

图 4-3　各种作用力下的聚居结构

（a）中心作用力的形态；（b）线性力作用下的形态；（c）各种自然力；（d）由此造成的形态

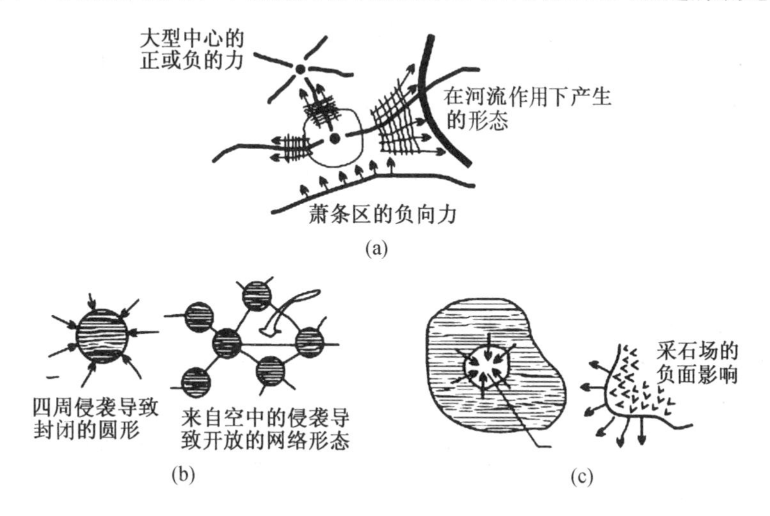

图 4-4　区域外力作用下的聚居结构

（a）区域力作用下的形态；（b）安全因素对形态的影响；（c）人为因素对形态的影响

聚居结构千变万化,但仔细分析就会发现许多聚居结构有着某些共同之处。道萨迪亚斯将其归纳为圆形、规则线形、不规则线形三类基本结构(见图 4-5),这三类基本结构经过发展,又可以产生多种结构及形态变化(见图 4-6)。

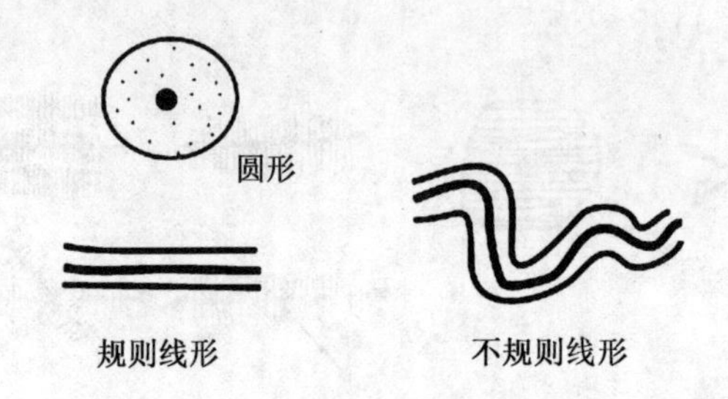

图 4-5　道萨迪亚斯归纳的三种基本结构

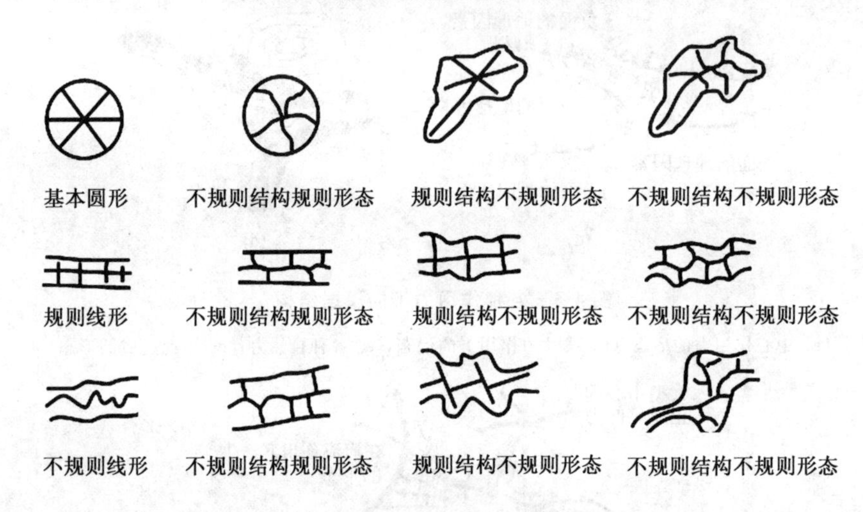

图 4-6　道萨迪亚斯归纳的几种基本结构变化

4.2.3　聚居形态

聚居形态是聚居系统的外在形式及其变化表现。聚居形态的形成、发展与聚居结构有着密切的关系。

聚居形态大致有“圆形聚居”与“带形聚居”两种。这两种聚居形态的主要区别在于:圆形聚居没有明显的发展轴,聚落由中心向四周边缘伸展;带形聚居具有一个明显的发展轴,聚落沿发展轴的两端延续。

现实生活中,单一的聚居形态很少见,一般复杂的聚居形态实际上是若干单一聚居形态合成的结果。纯粹的“圆形聚居”可能会在极少数、小规模的聚居中出现,因为很少有聚居只受到单一外力的作用(见图 4-7)。纯粹的“带形聚居”也只会在数千人的小规模聚居中出现,一旦这一聚居模式开始扩大,它就不再保持原来的单一聚居状态。任何作用于发展轴上的外力,都会改变“带形聚居”的形态,最终使其成为多中心、多方向发展的城市或城镇。另外,“带形聚居”可能会出现在峡谷之中,但世界上没有无限延长的峡谷,所以也就不会有无限延长的“带形城市或城镇”。

判断一个聚居形态的发展,主要依据是其发展方向,而不是其路网形式。同样的方格网道路系统,有可能发展成“带形城市”,也有可能发展成“向心城市”(见图4-8)。因此,聚居形态的形成与发展受到聚居自然条件及社会条件的双重制约。

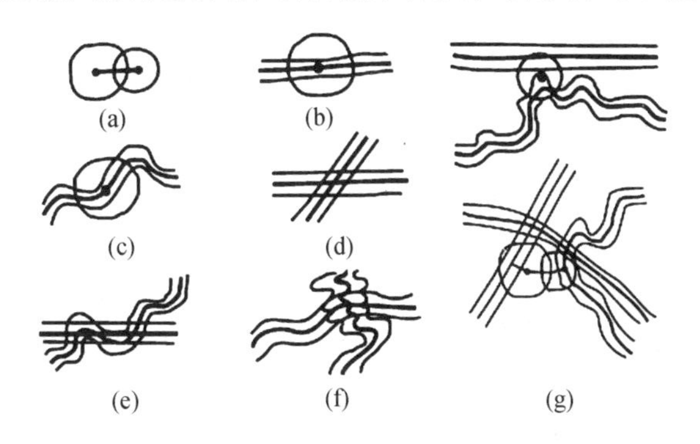

图 4-7　聚居结构与形态的合成

(a) 圆形与圆形;(b) 圆形与规则线形;(c) 圆形与不规则线形;(d) 规则线形与规则线形;(e) 规则线形与不规则线形;(f) 不规则线形与不规则线形;(g) 三种基本形态的合成

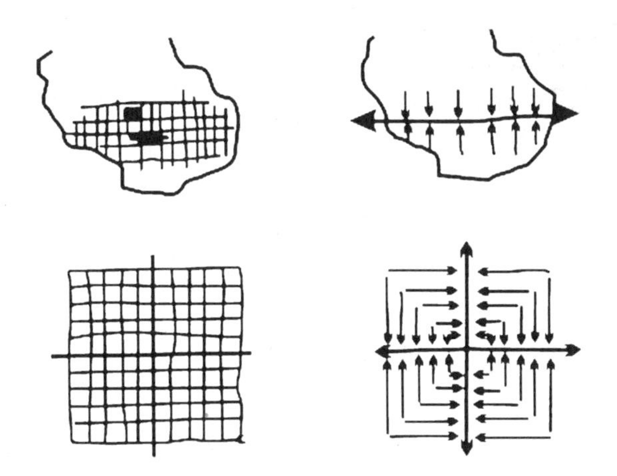

图 4-8　相同的道路结构不同的城市形态

4.2.4　聚居演变

聚居系统发展大致有分散聚居与集合聚居两种模式。

1. 分散聚居

分散聚居最早可追溯到二百多万年前的原始社会,那时的聚居可以称为“无组织聚居”。聚落一般由几个或几十个聚居体组成,人均占地面积较多,人们在聚落的中心居住、在聚落的周边狩猎。聚落分布稀疏,具有一定的随机性,相互之间没有必然联系,往往呈临时性、游离状态,一般由蒿草、树枝、泥土、兽皮等材料建成,平面大都呈圆形。这是聚落演进的第一阶段。这种无组织聚居一直延续了数百万年,直到大约一万年前才发生变化。

一万年以前,人类掌握了农业耕作技术,于是永久型聚落开始出现,这便是聚落演进的第二个阶段。这时期的聚落有了一定组织关系,随着生产与生活联系的不断加强,聚落逐渐靠近,其圆形空间关系显得很别扭。经过不断尝试,人们发现矩形空间比圆形空间更适用,可以使许多空间相互靠贴。这样,矩形空间逐步取代圆形空间而成为聚居形态的主要特征,这是聚落发展的第三个阶段。

随着时间的推移,聚落不断发展,聚落之间的联系也越来越紧密,相互逐渐靠拢、形成多边形的聚居系统,这便是聚落发展的第四个阶段(见图 4-9)。

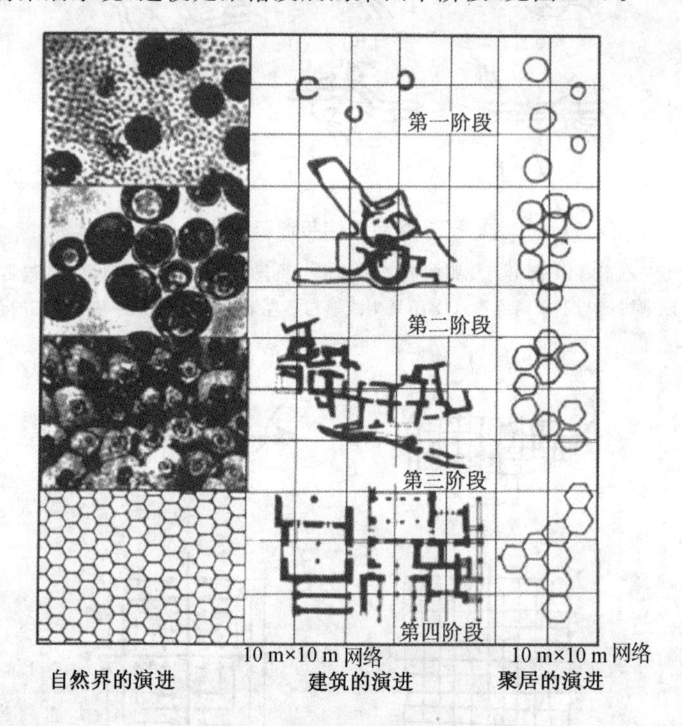

图 4-9　聚落形态的演进过程

2. 集合聚居

人类聚居系统从分散聚居开始逐渐发展成多边形聚居,是分散聚居形态向集合聚居形态转变的开端。

在集合聚居系统中,所有的聚居体呈多边形平面,相互紧挨在一起,多个聚居体围绕一个中心聚居,共同形成一个高级别的聚落;多个这种高级别的聚落再次围绕一个中心聚居,又构成了更高层次的聚落。这样相互集合,最终形成了一个完整的聚居系统(见图 4-10)。

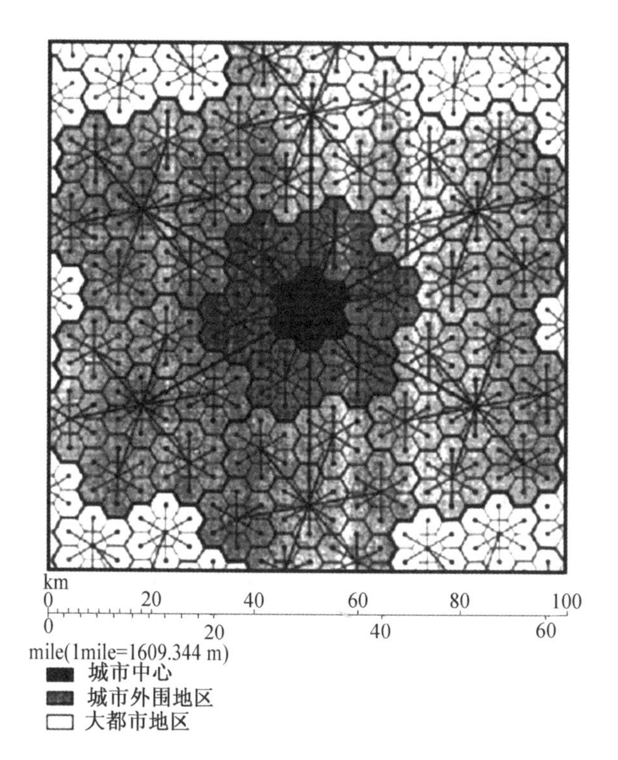

图 4-10 人类聚居的等级组织

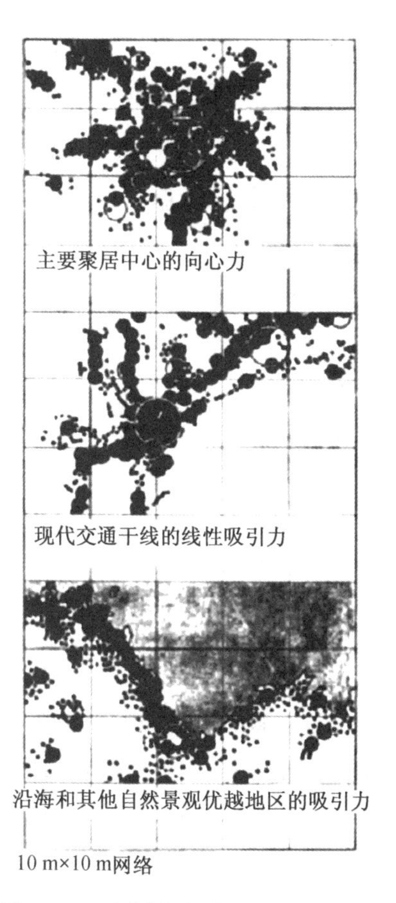

图 4-11 形成"普世城(Ecumenopolis)——洲际城市"的作用力

事实上,集合聚居与分散聚居有着千丝万缕的联系。分散聚居呈放射状结构、圆形形态(见图 4-10);集合聚居呈对角线或放射状结构、多边形形态,与多边形中心等距离的若干小多边形类似于圆形,小多边形之间以边连接,而圆形仅以点相切,这正是多边形聚居系统得以发展的原因。

在具体的地理方位中,多边形聚居系统并非均匀地向外"摊大饼"扩展,而是经常受到地形、地貌、道路、景观、环境等因素的影响,向着有利于改善聚居环境的区域及方向发展,致使多边形聚居系统发生结构及形态变化,并形成某种动态发展模式。这种动态发展模式是自然、技术和经济作用及影响的结果。

聚居进入动态发展阶段后,形成聚居系统的"作用力"也发生变化,新的动态聚居系统和动态区域受到大聚居中心(如城市、城镇)、交通干线、环境景观等"作用力"的影响,同时"作用力"对动态区域的人口分布也产生极大影响,促使聚居向着集合聚居形态方向发展(见图 4-11)。

4.3 聚居模式

4.3.1 聚居社区

1. 社区概念

“社区”最早出现在1887年德国社会学者滕尼斯(F. Tonnies)所著的《社区与社会》一书中。滕尼斯所说的“社区”是一种由亲族血缘关系结成的社会联合。在此社会联合中,情感及自然意志占优势,个人意志被集体共同意志所抑制。与之对应,滕尼斯将人们的理性意志及契约等所结成的联合关系称为“社会”。

中文的“社区”由20世纪30年代中国社会学者翻译英文“community”而来,指社会生活共同体,英文的“社区”指公社、团体、社会、公众及共同体等。根据社区研究专家、美国匹茨堡大学社会学教授杨庆堃统计,社区的定义至少有140多种说法,而且各有侧重。社会学者普遍认为,社区是生活在某一地域、具有近似价值观念及生活方式的人们所组成的“生活共同体”,以及由某种制度及规范建立起来的社会“生活实体”和“基层组织”。

滕尼斯曾经提出形成社区的四个基本条件,即一定的社会关系、相对独立的地域、比较完善的公共服务设施及相近的文化价值认同感。社会关系指社区居民之间的人际关系;地域是社区居民生活的一种反映,影响社会的整体发展;公共服务设施是居民物质与精神生活的保证;文化价值认同感表现为社区居民相互认可的社会公德、宗教信仰及习俗、生活方式等。

城市规划学者认为,社区由社会结构(即人)及空间关系(即物)构成,城市(大)的变迁在一定意义上就是城市社区(小)的变迁;社区既是城市空间及实体的一种存在方式,又是社会结构及关系的一种具体表现;由此引入社区概念,重新界定人与空间环境的关系。

2. 社区分类

在社会学中,社区通常有三种分类:其一,按照社会关系分类,如滕尼斯所划分的“通体社区”和“联体社区”,法国学者迪尔凯姆所划分的具有传统社会特征的“机械团结社区”和具有现代社会特征的“有机团结社区”;其二,按照人口密度及社会活动分类,如城市(或都市)社区、城镇(或集镇)社区和农村社区;其三,按照社会职能分类,如工业社区、商业社区、行政社区、居住社区、文化(或大学)社区等。

在社会地理学中,社区可按照社区的生活主体、地域分布、形态特征等分类。社会统计结果表明,经济地位、生命周期和种族状况等是决定现代居住社区差异的主要因素。据此,结合中国国情可以将居住社区分为高收入阶层社区、中等收入阶层社区、低收入阶层社区;或者老龄社区、中年社区、青年社区;或者单身社区、核心家庭社区和家族型社区等。

居民可以自由选择聚居地。在人文区位学中，不同的聚居地经常表现出具有不同的物质特征、社会特征和文化特征。根据聚居地在城市中所处的区位，可以将社区大致划分为中心区社区、中心外围社区、中心边缘社区等。

除以上各种分类方式外，社区还可以按照"社会-空间"结构关系进行分类，即按照社区的形成历史及空间特征进行分类。

3. 社区组织

按照社会学的观点，群体生活是人类的一种基本属性，体现于社会生活中。社会群体是通过一定互动关系结合形成生活共同体的。社区组织包含社会群体、管理机构及管理制度等方面的组织。

社会学者将社区成员划分为首属群体（primary group）和次属群体（secondary group）。首属群体是指家庭、邻里以及休闲、运动、游戏群体等，由此建立起来的亲密人际关系，对满足个人生活社会化及社会生活多样化、促进社会稳定等发挥着重要作用；次属群体是指为预防或解决社会问题、提高和改善居民生活质量、开展社会服务及管理工作而建立起来的社区组织。

社区组织可分为正式组织和非正式组织。正式组织是指社区自治、文教、生产经营等组织以及各组织部门之间的规章制度等；非正式组织是指社区俱乐部、民间团体等组织，以及各组织部门及成员之间的约定俗成。正式组织维持社区的正常运作、制定及执行决策，非正式组织一般为辅助正式组织而发挥作用。

伴随现代社会的发展，社区组织出现首属群体衰落和次属群体兴起的趋向。为确保社区内群体组织的正常运转，必须有相应的社区组织体系和管理制度，如当今我国许多城市社区实行"两级政府、三级管理"（即市、区两级政府，市、区、街三级管理）及相应的法规与制度。合理高效的社区组织体系和管理制度是城市社区健康、持续发展的重要保证。

4. 社区文化

在社区要素中，地域提供自然及社会资源、提供生活及发展空间；没有一定数量的人口，社区无法承担其一定的社会职能；基础设施是个人及社会生活的保障；组织管理是生活秩序的保证。地域、人口、生产及生活设施等是社区的物质基础，组织及管理制度、文化及心理等是社区的非物质基础；物质基础决定社区的物质环境特征，非物质基础决定社区的非物质环境特征即社区的文化意识形态。

文化意识产生于特定的自然和社会环境。共同、长期生活在一起的人们，相互交往形成一定的邻里关系，对社区产生某种特殊感情，形成相近似的价值观念、信仰风俗、生活方式等，并表现出具有较为一致的空间地域观、领域归属感及文化认同感等。这些实际上就是社区文化意识的一种体现。近年来这种社区文化意识的创建已被策划师、规划师、建筑师所关注。

① 社区与城市的关系。规划师将社区视为城市生活的表现、社会发展的投影；人是社区的主体、社会生活是社区的内容，人与人之间的社会关系是社区的纽带。社

区同时具有物质空间与社会系统特征;城市社会结构与社区空间形态之间有着内在、密切的联系;社区空间形态的发展反映出城市社会结构的演进。

② 社区的功能与形式。规划师、建筑师将社区理解为承载城市居民生活的“容器”,大至城市及地区、小至邻里及居住组团。社区作为城市与建筑之间的一个“邻里单位”,家庭是社区最基本的组织单元,邻里由若干家庭及各种居民生活场所构成。

③ 社区的人口构成。社区人口性质、数量、比例关系是决定社区特征的重要因素。社区人口可根据人的自然属性和社会属性划分两大基本类型,自然属性主要指社区人口的性别和年龄等;社会属性则指社区内人口的民族、文化、职业和社会关系等。社区人口构成尤其是社会阶层分化特征已成为目前中国城市社区研究中的一个重要课题。

5. 当代社区的形态及发展

当代城市社区呈多中心、分散式、规模化等发展趋势,具有以下类型及形态。

1) 中央商务区(CBD)和中央生活区(CLD)

CBD(central business district)即中心商务区、商务中心区或中心商业区等,其概念最早产生于20世纪20年代西方国家。美国城市地理学家伯吉斯(E. W . Burgess)以芝加哥为蓝本,概括城市空间发展为“同心圆圈层模式”;将城市划分为商务区、商务与住宅转换区、职工住宅区、高级住宅区、城市与城市转换区五个圈层;商务区为城市核心区,包含着商业贸易、行政办公、公共娱乐等功能设施。

此后,CBD的概念及内容不断丰富,成为城市、地区乃至国家的经济发展中枢。至今,一个地区的CBD包含着商品营销、金融贸易、会议展览、酒店娱乐等多种功能。其中贸易及行政管理、金融及银行服务、会计及法律服务构成CBD的三大职能,体现现代CBD的内涵和基本特征。

随着CBD的不断拓展,与CBD职能相匹配的公共及居住设施开始出现,如商务会所、高层公寓、广场公园等。CLD(central living district)即中央生活区应运而生。我国的CBD或CLD中,居住建筑大致有高级住宅和单身公寓两种模式。

2) 数字化社区、信息化社区、学院化社区和运动化社区

安全、便利、舒适是信息技术引入社区建设的好处。电子防范技术的使用,实现对社区周界巡更、家庭访客监控、车辆观测分析等方面的全面管理;电话及计算机的普及,使人际交往更为便捷;110、120等特殊电话的应用,更便于及时处理突发事件。

城市的更新、城市郊区便宜的地价及优美的环境、快速交通系统的完善以及私家车的日益普及等因素,促使城市由市区向郊区发展。郊区远离闹市,为人们提供舒适、高品质的居住环境,吸引大批城市居民。郊区住宅与市中心、工作地点的距离最好在30分钟车程以内。此外,还应当避免因郊区人口密度降低而带来的生活标准降低等问题。

远郊社区的形成与大城市的自身发展相互关联。卫星城分担大部分的城市主体功能,减轻人口压力,带动城乡经济发展;如我国经济最活跃的部分是开发区、保税区和高新技术产业园区等，这些园区多数位于城市边缘，为方便员工的工作和生活，居住区应运而生，各种与居住功能配套的生活服务设施也逐步得到完善。

3）城市中心商住楼(SOHO)与城市公寓(Apartment)

SOHO(small office and home office)即小型或家庭型办公室，兼有商务和居住功能，实际上是商住楼的意思。“small office”是一种非主流的商务办公方式，“home office”是介于 home 和 office 之间的中间体及有机混合体。SOHO 所追求的是中间、混合状态，一般采用复式空间组织，即卧室等私密空间布置于二楼，办公室、会议室等交往空间布置于一楼。

国外的 SOHO 源于对工业时代人之异化的反思和对人的再发现。20 世纪工业化发展的同时，现代主义思潮日盛，强调现代建筑与工业化大生产相适应。人是机器，建筑是居住的机器，人们的生活和生产方式像机器一样运转。20 世纪后期，人们开始认识到人不同于机器，人性需要解放，人们的物质生活需要与精神生活共融。

后工业时代，电脑网络及电子通讯等信息技术的发展和普及，提高了人们的工作效率，增加了人们的休闲时间，并使工业时代(大型化、集中式)的工作方式转变为前工业时代(小型化、分散式甚至于家庭化)的工作方式成为可能。正是信息技术的发展，家庭办公或小企业在美国、日本有了很大的发展，美国许多公司已实行“电子通讯上班”。

因而，SOHO 这种商住模式具有鲜明的时代特征，对住宅设计同样具有巨大影响。SOHO 不再以居住为中心，兼顾商务办公需要，住宅设计也不再是传统的“几室几厅”，它需要更多的交往和休闲空间，以前那种邻里之间“老死不相往来”的现象也许会成为历史，因城市人口集中所造成的交通堵塞、资源浪费、环境恶化等问题将有所缓解，还有可能促使城市人口向郊区、村镇转移，改变城乡公共设施配套状况。

4.3.2 聚居住区

聚居住区一般指城市范围以内，为城市居民提供居住生活的空间环境，包括独立居住区、居住小区和居住组团等，也可泛指邻里、街坊、里弄等居住形式。从整体上讲，聚居住区是城市的一个组成部分、城市辖区内的一个行政区域；从空间上来讲，聚居住区是城市空间的一个层次或节点。

聚居住区由社会、自然、人工三类要素构成。社会要素包括个人及社会两方面的因素，如个人生理及心理需求、社会政策法规、经济技术、历史文化等；自然要素包括地形地貌、水文地质、气象、植物等；人工要素包括居住建筑与公共建筑以及市政工程、绿化工程及环境防护工程等构筑设施。其中，社会要素与自然要素是决定居住区(人工要素)建设的主要因素。

聚居住区是居住者物质生活与精神生活的载体。营造高质量、高品位的居住环境是聚居住区建设的主要任务。规划设计是聚居住区建设工作的一部分，应当科学运用各种构成要素，合理利用土地资源，整合及配套设施，建构适宜的人居环境。

1. 我国居住区形态

自新中国成立以来,我国居住区建设突飞猛进。归纳其形态大致有经济节约型、适用经济型、发展转变型、景观舒适型、生态文化型等几种形态。

1) 经济节约型

20 世纪 50—60 年代是我国国民经济的恢复时期,是实施"一五""二五"两个五年计划建设的重要时期。在经济条件有限的情况下,国家用于住宅建设的投资占基建总投资的 1/10,在进行旧区改造的同时,兴建了一批居住区。这一时期居住区规划建设的特点如下。

① 学习和借鉴国外居住区规划设计经验,引进了邻里单位(50 年代初期)、居住街坊(50 年代中期)和居住小区(50 年代后期)等理论,结合国情探索并实践居住区规划设计。

② 以"有利生产、方便生活""节约用地、少占农田"为原则,进行生产工作区与居住区就近配套建设,一些重点工业城市兴建了一批低密度,以 1～5 层住宅为主的"工人村"。

③ 实行"统一投资、统一征地、统一规划、统一建设、统一管理"的统建制度,推进成街成片、成组成团、设施配套的居住区建设。

④ 20 世纪 50 年代初期以行列式布局为主,如上海朝阳新村、北京复兴门外住宅区等公共设施配置简单,布点很少考虑居民出行线路;50 年代中期借鉴前苏联周边式、街坊式布局,如北京百万庄小区、酒仙桥居住区等强调形式构图,沿街住宅整齐,拐角住宅过多,封闭、内向的合院内东西向住宅比例较大,公共服务设施设于街坊中心,服务半径均匀但规模较小而且项目也不齐全;50 年代后期兴建的居住小区,随着公有制确立及福利事业的兴起,提倡集体生活,居住小区设置食堂、商业网点等公共服务设施,居住组团设置托儿所、幼儿园,组团之间以道路、绿化或公共建筑分隔,住宅布局南北向与东西向配合。

总之,20 世纪 50 年代重视城市规划的科学性,勇于实践探索,初步形成居住区规划设计方法体系,积累了一定成功经验,为以后的居住区建设打下了坚实的基础。

2) 适用经济型

20 世纪 60—70 年代是居住区规划建设的停滞及恢复时期。因历史原因,20 世纪 60 年代初期,住宅建设投资比重大幅度下降;住宅建设停滞不前,住宅建设投资和竣工面积远不能适应城市人口增长速度。经过 1977—1980 年调整整顿,住宅建设迅速恢复。这一时期居住区规划建设的特点如下。

① 20 世纪 60 年代初期探讨如何创造安静、优美、生活方便的居住区,在提高建筑密度、继承传统等方面也有不少见解,对当时的居住区规划建设起到一定指导作用,由北京垂杨柳小区、上海蕃瓜弄小区等可见一斑。

② 20 世纪 60 年代中期以后,城市规划被取消,城市建设无章可循,统建体制完全解体,住宅建设采取"见缝插针""占用少量零星农田或城市边角地"等方法,因而出

现散、乱、差的局面，同时受到“先生产、后生活，先治坡、后治窝”等极左思想影响，提倡“干打垒精神”；这一时期建造的居住区，公共配套设施稀少，住宅采用行列式布局，一般建公用厨房和厕所，内外装修简单，追求施工方便简化；如今此类住宅大多数已成危房，被陆续拆除。

③ 20 世纪 70 年代后期调整整顿、拨乱反正，居住区规划建设有所复苏，在一些重点工业企业、三线地区的居住区规划建设中，可以看到不同程度的改进，如多层高密度、点条穿插的住宅群体组合；利用地形创造空间环境的尝试，如北京燕山石化总厂迎风新村一区、四川渡口炳草岗居住综合区等；1976 年河北唐山震后重建的几十个小区及其他城市同期建设的小区中也有过相类似的改进。

总之，由于国家处于动荡年代，十年“文革”夭折了欣欣向荣的城市建设，居住区规划建设也深陷危机，背上了沉重的历史包袱，也留下了深刻的教训和反思。1978 年党的十一届三中全会带来了转机和改革开放的曙光。

3）发展转变型

20 世纪 80 年代我国改革开放政策的实施为居住区建设发展带来了契机。随着计划经济向市场经济的转轨，城镇住房制度及住房建设体制改革充分调动了中央、地方、企业、个人的积极性，使其多层次、多渠道地筹集资金，解决群众住房的问题。

我国被国际公认为“世界头号住宅生产大国”，全国城镇住房紧张状况得到不同程度的缓解，居住水平取得明显的改善，住宅建筑业居于相关产业的龙头地位，并成为我国国民经济的重要支柱产业。

为带动全国城市住宅建设事业的发展，不断提高居住环境的整体水平和综合效益，国家和有关部门组织了有关科研课题、技术交流和设计竞赛活动，从 1986 年开始一直坚持城市实验住宅小区建设试点工作，认真执行“统一规划、合理布局、综合开发、配套建设”方针，使实验小区达到了高起点、高标准、高效率、高科技含量，创出规划、设计、施工、管理的高水平。在不提高造价或略提高造价的情况下，实现“造价不高水平高、标准不高质量高、面积不大功能全、占地不多环境美”的要求。现在实验小区已遍布全国主要省、市、自治区，成为住宅小区建设示范样板，创出我国城市住宅小区新一代水平，产生广泛而深刻的影响。

这一时期属于居住区建设发展与转变时期，居住区规划建设的特点如下。

① 经济体制改革，促使居住区建设机制发生根本性转变，由过去国家包干的福利型转向商品型，住宅作为一种特殊商品走向社会；住宅及居住区规划设计开始由注意数量的粗放型转变为注重质量的小康型，为居住者提供多层次、多样化的选择；住宅及居住区建设由 20 世纪 60—70 年代的分散建设转变为城市规划部门监督和指导下的成片、统一、综合性开发建设。

② 居住区规划向多样化迈进，改变了千篇一律的创作手法。如 1980 年北京塔院小区的规划设计竞赛，其获奖实施方案以高低错落、结构清晰、景观层次丰富的面貌树立了一个新的小区形象。接踵而至的多样化形式，如院落式组团布局的北京富

强西里小区、成都棕北小区等;高、多、低层综合式布局的北京翠微园小区、深圳园岭小区等;依山就势自由式布局的承德馒岭新村西区、广州红岭花园等;人车分流、连廊式布局的广州东湖小区、深圳滨河小区等。这些小区采用了多种布局手法,使每个组团具有明显的个性和特色。丰富多彩的形式,打破了已往条形住宅行列式布局一统天下的沉寂。

③ 居住区结构组织向多元化发展,不拘泥于分级的模式,更加重视人的生活活动规律和空间环境的塑造,如昆明春苑小区采取强化邻里院落,淡化组团设施,提高小区级公共设施结构及质量;北京小营居住四区通过平台组织立体集约型结构;北京方庄新区集就业与居住为一体,形成居住、综合办公、工业、商务、金融、旅馆的综合居住区,等等。

4) 景观舒适型

20 世纪 90 年代为居住区环境创造时期。为适应社会经济建设的大跨度发展、人民物质及精神生活质量的明显提高,以及进一步推动住房建设和科技进步,1994 年 9 月国家科委及有关部门启动“2000 年小康型城乡住宅科技产业工程”,同时制定“2000 年小康型城乡住宅科技产业工程城市示范小区规划设计导则”,要求示范小区的规划设计具备超前性、先导性和示范性,具有创新意识及坚持可持续发展原则,创建具有 21 世纪初叶居住生活水准的文明居住小区。目前,小康型示范小区正在全国范围内创建,预示着我国住宅及居住区规划建设的大好前景。该时期居住区建设特点如下。

① 将居住环境作为居住区建设的重要内容,注意改善和提高住宅室内环境的舒适度,并淘汰一部分对人体有害的建筑及装饰材料,同时注重室外绿化,强调绿化面积所占的比例,以此改善居住区环境质量。

② 更新居住区功能布局观念,商业服务设施由服务型转向经营型,小区级商业服务网点分布由居住区内部转向居住区出入口或主要道路边缘,既方便居民又利于经营,如西安糜家桥小区等。

③ 居住区规划设计思想增强“以人为核心”的意识,注重对社会、文化、心理、生态等深层次环境科学的研究,如北京北潞春绿色生态小区等。

5) 生态文化型

生态文化是一种新型文化——“人与自然和谐共生”取代“以人类为中心”“以人的需求为中心”“以征服自然为目的”的文化,其思想具有生态意识和生态思维,还有生态伦理和生态道德、生态价值等。

低耗能及少废弃物的生态居住区建设,仅靠提高绿化率不能完全解决生态均衡的问题,需要综合社会历史、民俗文化、地理气候等条件,以及城市总体规划、分区规划及详细规划等要求,整合建筑声、光、热,以及风场等科学技术,建立人、建筑、环境的有机生态系统。

20 世纪 90 年代以来,全国许多城市开始探索和实践生态文化型居住区建设。

生态居住区建设在“以人为本”的基础上，根据生态学原理，综合运用建筑学、生态学及其他现代科技手段，坚持“节能、节水、节地、治污”原则，控制自然资源浪费，争取索取自然与回报自然之间的平衡，寻求自然、建筑与人三者和谐共生，为子孙后代营造高效、低耗、无废、无污染、可持续发展的居住环境。生态文化型居住区应当具有的特点如下。

① 贯彻“以人为本”和“可持续发展”原则，考虑生态环境的本质要求，通过合理利用土地和空间组织，实现节地及保护自然景观完整性，营造居住环境与人文环境和谐性，提升土地升值潜力等目标。

② 合理运用生态建筑设计指标，采用绿色建材，尽可能实现就地取材，结构设计选择与本地资源、环境相协调的形式，使建筑施工避免对环境造成影响等。

③ 采用全系统节能、全过程节能的生态能源技术，使居住区及建筑常规能耗量达到生命周期的最低值，供暖、空调及热水供给等系统设计优先采用可再生能源、工业余热，以实现良好的能源利用。

④ 将居住区当作生态园林的重要组成部分，满足居住区对环境功能、休闲活动功能和景观文化功能的需要，同时维护景观设施与周边环境的共融关系，实现居住区景观共享。

⑤ 居住区水资源利用达到安全、卫生、有效供水、污水处理及其回收利用的要求，提高水循环利用率，节约用水，实现水资源的持续利用与发展。

⑥ 控制生活垃圾源头，采用减量化、资源化、无害化等措施，如生活垃圾采用分类收集、袋装收集、密闭运输的做法；严禁暴露、散落垃圾造成环境污染等。

⑦ 利用智能设备及高新技术手段，提供安全与舒适的居住环境，完善物业管理机制，节约并循环利用资源，有效控制物流、信息流、能量流，以达到提高效率的目的。

总之，至20世纪90年代改革开放20年以来，我国住宅及居住区规划建设事业，在正确的政策方针指引下，健康有序地发展，无论在规划设计、科学技术、建设体制、资金来源等各方面都有很多经验，为达到21世纪我国居住小康水平铺设了新路。

2. 我国居住区发展模式

居住区是社会历史的产物。不同历史阶段，居住区发展受到社会制度、社会生产、科学技术、生活方式等因素的影响，与时代同步发展，是社会发展的缩影。我国居住区发展经历了里坊、街巷、邻里单位、居住区、综合小区等过程，并呈现出螺旋发展态势，体现居住区明显的社会属性和物质表征。随着社会发展，居住区将产生适应社会发展的新形态。

居住区是城市发展的结果。作为城市的有机组成部分，居住区被城市道路或自然边界线所围合，为居民提供居住空间和各类生活服务设施，满足居民日常生活的需要。居住区发展与城市发展有着本质上的区别，城市的发展与完善是一个长期过程，而居住区的形成与发展是一个相对短暂的过程，而且一经形成便很难改变。

中华人民共和国成立以来，我国住宅与居住区规划建设取得了令人瞩目的成就，尤其是改革开放20年中住宅与居住区规划建设突飞猛进,1979—1995年间全国新建城镇住宅面积达25.5亿平方米,是前30年的4.5倍以上;已建成建筑面积4万平方米以上的居住区达4 000多个,人民居住水平有了一定的改善和提高。半个世纪以来,我国住宅与居住区规划建设经历了摸索发展、停滞恢复与振兴发展等阶段,从单纯模仿国外模式到结合实际情况,逐渐探索出符合国情的实践道路。分析现有居住区发展特点,大致有以下几种发展模式。

1) 扩大居住区

居住区实际是一个缩小的城市,几乎涵盖了居民生活的各个方面。我国的《城市居住区规划设计规范(2002年版)》(GB 50180—1993)要求,居住区应配备较为完整的公共设施,而且比重为15%~25%。当前,居住区建设重规模、重效益,小规模居住区建设造成大量公共设施重复建设、低水平利用和低效率管理。相比之下,扩大居住区规模或“集约开发”大型居住区,综合配套公共设施,可避免资源浪费,有效利用土地,改善公共设施经营及发展模式,提升居住生活品质。

在经济条件容许的情况下,加强城市道路交通及市政设施建设,可以促进城市的现代化发展,同时也相应扩大居住用地。

在住宅产业现代化方面,大型居住区建设激励技术创新。积极开发和大力推广新材料、新技术、新设备、新工艺,并提高科技成果转化,可以提高住宅建设整体发展水平。

2) 缩小居住区

当城市某一区域的道路交通及市政设施完善、商业服务设施发达时,该区域较为成熟,居住区规模可以缩小成各个独立组团,形成环境安静、管理方便、交通便利的小型居住区。

当前,居住区内部的交通隐患,大部分由人车混行所造成,按照步行距离控制并适当缩小居住区规模,机动车停泊于居住区外围,人步行进入居住区,这样可以保持居住环境安静,还可以促进邻里交往。公共设施沿居住区内外道路布置,经营模式由内向型转变为外向型,可以增加商业效益,而且有可能形成各居住区之间的“资源共享”。

另外,各社会阶层住户并置于同一居住区,可以减少因“房价过滤”所导致的居住模式和区位上的“贫富分化”。这一做法在某些居住小区或组团规划设计中值得借鉴。

3) 生态居住区

人们渴望自然,希望生活在自然环境中,同时也愿意享受城市的便利,所以生态环境与可持续发展是当前人居环境建设的热点问题。在2004年“北京人想要什么样的家”的问卷调查中,51%的被调查者期望滨河而居,68%的被调查者喜欢水景、园林等自然景观。

美国社会学者斯罗尔·利奥认为,“有钱人率先逃离城市,躲到郊区去呼吸新鲜空气……回归自然逐渐成为普遍的潮流”。吴良镛教授在对城市、乡村等人居环境的论述中也表达了这一思想，他认为，“大自然是人居环境的基础，理想的人居环境是人与自然的和谐统一”。人们渴望在自然中得到宁静、健康和内心的陶冶，居住环境的可持续发展是关系到子孙后代的大事情，所以生态成为一切发展的重中之重。

绿化是保证生态平衡的基础，景观是美化环境的必备条件。居住区建设应当以提高环境质量为目的，以地理气候、生活风俗和文化审美等为条件，合理有效地利用有限资源，创造舒适、健康、和谐的人居环境。绿化优先选择本地植物，巧于因借；水景适宜小巧而灵动、亲切而易接触；建筑小品及环境设施配置适宜精制化、人性化和风格多样性。

高效低耗、环保节能、健康舒适、生态平衡的高质量居住环境，成为住宅建筑的发展方向。太阳能是居住区中的清洁能源。住宅的太阳能能耗占其总能耗的 1/5～1/4。目前很多国家都已采用在住宅上设置太阳能集热装置，来解决热水供应及局部供电问题。

住宅节能包括水、电、气、热等能耗的节约，以及各类建材、制品的节约，还有新技术、新工艺、新材料、新能源的应用。所以将“环保、节能住宅”开发建设视为一项系统工程，谋求最大限度地节约能源、最小限度地影响环境，有利于居住环境的可持续发展及缓解城市生态循环的压力。

水资源循环发展包括纯净水入户、分质供水、中水回用等。垃圾处理尽量做到就地消化、分类处理、减轻城市负担。既能保温又能防晒的屋面植被与环境绿化，可以减少能源消耗。

3. 我国居住区发展趋向

随着我国经济的进一步发展和人民生活水平的不断提高，住宅及居住区规划建设成为迈向新世纪更为紧迫的任务。在提高“量”的同时，更需注重“质”的提高。大规模试点和示范小区建设，显示出当今科技发展、我国社会经济增长和居住环境建设整体发展的态势。预计 21 世纪我国住宅与居住区规划设计，将在集约化、社区化、生态化、颐养化、有机化及智能化等方面具有更为明朗的探索。

1）集约化趋向

面对城市化加速推进、人口不断增长、住房压力增加、能源日益紧张等现实问题，住宅及居住区建设将走向集约化的发展道路，居住区像一座巨型建筑，建筑像一个综合型社区，通过公共服务设施与住宅、地下空间和地上空间、建筑和居住区环境等方面的联合协同规划建设，以获得对土地与空间资源的合理、高效利用。

2）社区化趋向

随着经济体制的改革，单位、企业内部的生活服务和社会福利功能将不断削弱，并逐渐转向城市和社区。人们将从计划经济体制下依靠工作单位转向依靠社区，居住区便成为社会结构中最稳定的基本单元。因而居住区需要完善物质生活支撑系统，更需要建立具有凝聚力的精神生活场所，并体现社区精神与社区文化认同。

3）生态化趋向

工业化文明时代，人类创造辉煌的物质文明，同时给自然环境带来了难以弥补的灾难。在危机四伏的困境中，人类开始觉醒并寻求与自然的和谐发展。保护、改善和优化环境已成为21世纪的首要课题。我国在《中国21世纪议程》中将"人类居住区可持续发展"列入重要议程。

对居住区而言，居住区是一个在自然系统基础上建立起来的人工系统，其生态化的关键是正确处理人、自然、技术之间的关系。人应当顺应自然、遵循自然发展规律。居住区除加强环境绿化功能外，还需要重视和利用太阳能、风能，废水和垃圾处理及再生利用等新技术，创造一个自我"排放—转换—吸纳"可持续发展、良性循环的生态系统。

4）颐养化趋向

人口老龄化是社会发展的必然趋势，这在发达国家是早就出现的问题，在我国也悄然逼近。目前，我国60岁以上的老年人已超过1亿，占世界老年人人口的1/5，老年人绝对人口数为世界第一。北京、上海、天津及沿海地区，城市老年人人口比例已超过10％，率先进入了"老龄化"城市之列。

老年人将作为一大特殊社会群体而受到重视。所谓的"银发工程"涉及面甚广，关系到国家住房政策、社会福利政策、退休制度、劳保制度、医疗保健及社会保障等各方面。因而，对城市规划尤其是居住区规划影响深远。

由于伦理传统和社会经济背景不同，在"住宅养老"和"设施养老"两种形式中，我国更注重"住宅养老"，居住区将成为老年人安度晚年、颐养天寿的乐园，增设专门为老年人提供服务的公寓、俱乐部、看护中心、医疗保健中心、户外活动场所及设施。无障碍设计将成为居住区规划设计的一项基本要求。

5）有机化趋向

禁用、限用黏土砖作墙体材料的举措，在保护耕地、节约土地的同时，也改变了住宅结构体系。钢筋混凝土框架轻质围护结构、钢筋混凝土砌体结构、轻质框架结构等形式的采用，不仅为中高层、高层住宅发展创造了条件，同时减少了对墙体的禁锢制约。"七巧板"式的拼接将会被空间有机渗透、合璧、共融所取代，"群体与群体、群体与环境、群体与住区"有机结合将是居住区发展的一个趋向。"禁用、限用黏土砖"政策也许就是一个指示住宅及居住区走向有机发展道路的信号。

6）智能化趋向

科技进步是保证住宅与居住区质量不可缺少的支撑。全国示范小区大力研究和应用"四新"——新技术、新产品、新工艺、新材料，不仅改善了住宅功能质量，同时也带来了经济和环境效益。随着科学技术的发展，"四新"研究和应用将不断推陈出新。

信息社会过渡将会超越时空，计算机网络、双向有线电视、电视终端图像及情报检索将充分普及，智能住宅将会迅速发展，居住区防盗及防灾报警将置于计算机网络的监控之下，人们将会借助于情报终端设施在远离工作单位的家中(即 office station

办公站)工作。这些变化不断冲击和改变人们的日常生活,并影响住宅及居住区的整体营运。

未来出自于过去和现在,研究未来是为了把握未来,主动迎接并促进新事物的发展,让居住区这个生动、多彩的生活舞台奏出21世纪可持续发展的新乐章。

4. 居住区规划

1) 居住区构成

居住区由土地、人口两大要素构成,经常以人口和用地来表述居住区的规模,其中,人口规模是居住区分级的主要依据。如我国现行国家标准《城市居住区规划设计规范(2002年版)》(GB 50180—1993)按照一定的人口规模,将住区划分为“居住区”“居住小区”及“居住组团”三个级别(见表4-1)。

表4-1 居住分级控制规模

项目	居住区	小区	组团
户数/户	10 000～16 000	3 000～5 000	300～1 000
人口/人	30 000～50 000	10 000～15 000	1 000～3 000

(1) 人口规模

居住区按照人口规模划分为居住区级(3万～5万人)、居住小区级(0.7万～1.5万人)、居住组团级(0.1万～0.3万人)。每一级按人口规模配置相应的公建配套设施及行政管理机构,与整个城市行政管理体制相适应,以建立协调一致的城市整体运转机制。居住区的体制结构因城市规模、基地条件及经营管理方式的不同,主要有居住区—居住小区—居住组团(三级结构);居住区—居住小区(二级结构);居住区—居住组团(二级结构)等不同类型。

此外,居住区还有独立居住小区和独立居住组团之分,二者在城市中具有相对的独立性。居住区的这种行政区划,不是一种固定模式,而是随着社会、经济、科技发展而不断变化。现代信息化远程控制管理系统的建设发展,使城市空间在无形缩小,居住区分级管理的某些层次会随之淡化和削减,其居委会等行政管理机构有可能演变为服务性和行政性综合机构。由于地域性经济发展的差距,居住区的体制呈现多元化组织结构和多样化布局方式。

(2) 用地规模

居住区规划总用地包括居住区用地和其他用地两类。居住区用地是住宅用地、公建用地、道路用地和公共绿地四项用地的总称;其他用地则是在规划用地范围内,除居住区用地以外的各种用地,包括非直接为本区居民配建的道路用地、其他单位用地、保留用地及不可建设的土地等。

居住区用地中,住宅用地指住宅建筑基底占地及其周边合理间距内的用地,包含宅旁绿地、宅间小路、院落等。公建用地是与居住区人口规模相匹配的各类建设用地,包括建筑基底占地及其所属专用场院、绿地和配建停车场、回车场等。道路用地是指宅间小路和公建专用道路以外的各级车行道、广场、停车场、回车场等。公共绿地是指满足日照要求、适宜游憩活动、居民共享的绿地,包括居住区公园、居住小区小游园、组团绿地,以及其他具有一定规模的块状、带状公共绿地。

在居住区规划总用地所包含的两类用地中,居住区用地是规划可操作用地,所包含的四项用地,是既相对独立又相互联结的有机整体,每项用地按合理的比例统一平衡,其中"住宅用地"一般占"居住区用地"的45%以上,是居住区比重最大的用地(见表4-2)。

表4-2 居住区用地平衡控制指标 单位:%

用地构成	居住区	小区	组团
住宅用地(R01)	50～60	55～66	60～75
公建用地(R02)	15～25	12～22	6～12
道路用地(R03)	10～18	9～17	7～15
公共绿地(R04)	7.5～18	5～15	3～6

(3) 用地规模与人口规模的关系

居住区用地规模主要与居住人口数量、所在城市规模级别、城市规划对住宅层数的规定和要求等因素有直接关系。一般在同等人口规模要求下,所在城市规模越大或选用住宅层数越高,其用地规模就越小(见表4-3)。另外,城市道路交通网格局、公共服务设施配置、社区管理机制及基地环境条件等,也是影响居住区规模的重要因素。

表4-3 人均居住区用地控制指标 单位:m^2/人

居住规模	层数	建筑气候区划		
		Ⅰ、Ⅱ、Ⅵ、Ⅶ	Ⅲ、Ⅴ	Ⅳ
居住区	低层	33～47	30～43	28～40
	多层	20～28	19～27	18～25
	多层、高层	17～26	17～26	17～26
小区	低层	30～43	28～40	26～37
	多层	20～28	19～26	18～26
	中高层	17～24	15～22	14～20
	高层	10～15	10～15	10～15
组团	低层	25～35	23～32	21～30
	多层	16～23	15～22	14～20
	中高层	14～20	13～18	12～16
	高层	8～11	8～11	8～11

注:本表各项指标按每户3.2人计算。

随着国民经济建设的发展，信息化通讯事业的推进，居住区规模、结构与构成均会相应发生变化。因此，要综合分析具体情况和因素来确定居住区的合理规模。

2）居住区规划理念及实践

（1）“功能区划法”实践

《雅典宪章》指出，城市规划的目的在于综合城市生活、工作、游憩和交通四项基本功能，并解决其相互关系和发展。这就引出了城市功能区划法。实践证明，城市功能区划法存在不利情况，如将建筑当作孤立单元，否认社会活动所需要的流动、连续空间，忽略人与人之间多方面的联系，牺牲城市有机组织，使城市生活患上“贫血症”。

针对现代城市功能问题，新一代规划师、建筑师做了广泛而深入的研究。如1961年简·雅各布斯(Jane Jacobs)发表《美国大城市的生与死》一书，分析功能主义的失败原因，认为霍华德、柯布西耶等人的城市设计具有许多不同，但其实质都是反城市的——摧毁固有城市形态、割裂城市功能，其结果表现为城市生活多样性和丰富性的丧失。她指出，多样性是城市的天性，中心商业区、市郊住宅区、文化密集区等所谓的功能纯粹区实际是机能不良的地区。

就城市规划和城市设计而言，解决城市多样性和丰富性问题，有多种方法和途径，例如：利用城市传统空间，并进行小尺度、弹性改造；保留老建筑为中小企业提供场所；保持较高的居住密度，产生空间复杂性；增设沿街店铺，以增强街道活力；减少街区空间尺度及距离，以增加居民之间的接触、交往机会等。

（2）“有机疏散”理论

为缓解由于城市机能过于集中所产生的弊病，1934年芬兰建筑师伊里尔·沙里宁(Eliel Sarinen)发表《城市——它的成长、衰败与未来》一书，提出有机疏散理论。他认为，城市是一个生命有机体；城市因某种功能作用而具有一种膨胀趋势，当分散离心力大于集中向心力时，城市就会出现有机分散现象；城市有机分散过程如同化学过程，存在着正反应和逆反应，通过这两种作用，城市发展可由紊乱状态逐渐转变为有序状态。因此，他建议分散城市人口及工作岗位，使其到可以合理发展的非中心区域及地段去。

可见，有机疏散理论是城市分散主义与集中主义的折中理论，通过疏散城市人口、控制城市膨胀，引导城市有秩序发展。其理论核心是分解城市中心区功能，实现城市多中心、分散式发展，同时平衡居住与就业关系、减轻交通负担、降低居民生活成本，以道路、绿化及相关设施建立区域之间的联系，缩小城市与大自然之间的距离，满足城市居民接近大自然的美好愿望。

就居住区规划而言，有机疏散理论提供了一种功能集中、形式分散的居住区布局模式，指示我们综合考虑各种居住要素之间的相互影响，为居民创造一个既符合工作与交往需要，又不脱离自然、兼备城市和乡村优点的居住环境。

（3）“邻里单元”实践

20世纪一些发达资本主义国家，由于工业和交通的发展，原有的居住区逐渐不能适应现代生活需要，小型居住区很难为居民设置配套齐全的公共服务设施，儿童上学和居民购物往往要穿越城市交通干道，造成生活不便和交通事故频发，同时道路交叉口过多影响了车辆通行能力和速度，车辆通行所带来的噪声、废气使居住环境质量下降。为此，20 世纪 30 年代美国建筑师西萨·佩里(Cesar Pelli)提出"邻里单位"概念，以其作为城市"组织细胞" 控制居住区人口规模，改善居住区组织形式——城市干道不穿越居住区，以保证幼儿上学及老年人出行安全；居住区内设置小学、商店、公共活动中心等，以方便居民生活(见图 4-12)。

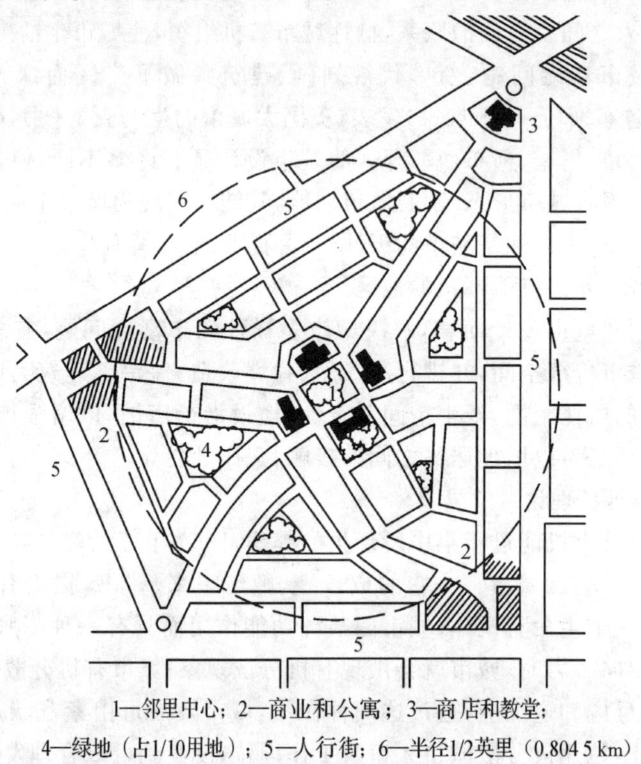

1—邻里中心；2—商业和公寓；3—商店和教堂；
4—绿地（占1/10用地）；5—人行街；6—半径1/2英里（0.804 5 km）

图 4-12 佩里提出的"邻里单位"模式图

第二次世界大战以后，世界各国开始实践"邻里单位"规划，如 20 世纪 40 年代末英国伦敦郊区的哈罗新城(第一批卫星城)建设、50 年代初我国上海的曹阳新村建设等。与此同时，前苏联等国家开始实践与"邻里单位"相似的"扩大街坊"规划，如我国 50 年代北京百万庄居住区即采用"扩大街坊"规划模式，与"邻里单位"规划相比，"扩大街坊"规划更强调空间环境的轴线构图与自由布局。

此后，各国总结居住区或新村(Housing Estate)组织模式，使"邻里单位"和"扩大街坊"理论及实践得到进一步充实和完善，如 1958 年前苏联在其"城市规划和修建规范"中规定居住小区是城市的基本单位，并对居住小区规模、密度、公共服务设施内容等做出详细规定；我国 50 年代开始以小学最小规模为下限、以小学最大服务半径控制规模为上限，建设居住小区。

4.3.3 聚居住屋

聚居住屋即居住建筑，包括住宅、宿舍、公寓、别墅等。我国的传统民居类型多样，有合院式民居、街坊式住宅等形式。目前，我国的居住建筑包括有集合式住宅和独立式别墅等形式。

1）合院式民居

我国地域广阔、民族众多、民居形式多样。在汉族分布最广的地区，合院式民居是我国传统民居的主流形式。从北纬45°上下地区（吉林等）、北纬40°一线（北京及山西等）、北纬35°左右（陕西和青海等）、北纬30°地区（江苏、浙江、安徽、湖南、湖北和四川等）到北纬25°地区（福建、广东、云南、贵州等），合院式民居形态各异（见图4-13）。

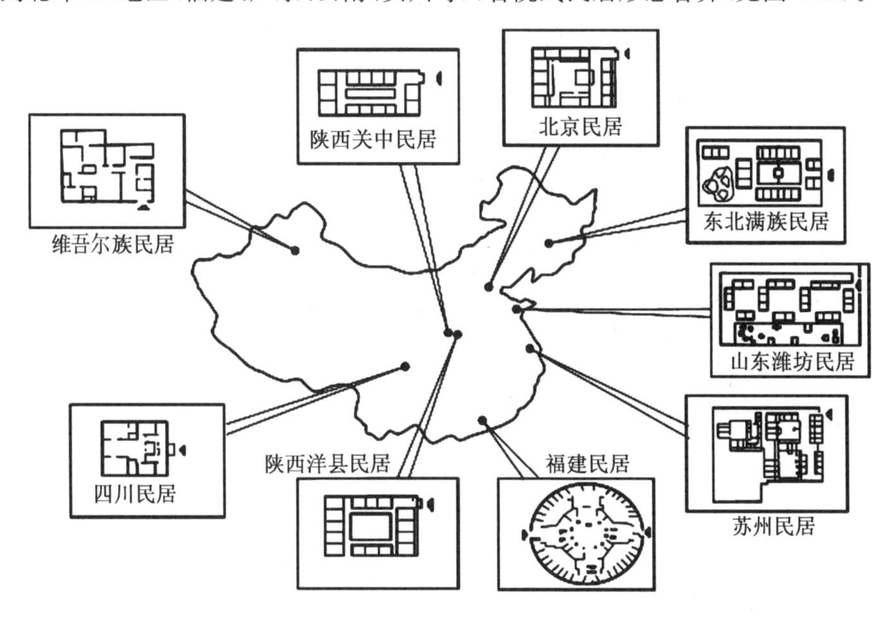

图4-13 我国合院式民居分布图

从地理环境上看，合院式民居有平原型、山地型、沿河型等类型；而从建筑结构上看，合院式民居有穿斗式与抬梁式等类型。刘致平先生在《中国建筑简史》一书中，从空间关系的角度，将我国合院式民居分为"相离式（住房相互分离）"和"相连式（住房相互连接）"两大类型。

"相离式"民居主要分布在北方地区，覆盖东北、华北，以及黄河中上游的山西、陕西、宁夏等地区。以北京四合院为典型代表（见图4-14），其平面多为纵向矩形，呈三进院或四进院形态格局，有明显的对称轴线；一般大门朝南；前院南部是倒座，设置东西厢房；前后院之间立二门或厅堂；内院北部是正房；东西两侧置厢房；正房、厢房、倒座之间以连廊接接。屋顶形式有硬山、单坡、平顶等，屋面出挑较小；房屋支撑结构多采用抬梁式，柱间围护结构以砖砌筑或夯土夯实，墙体较厚。

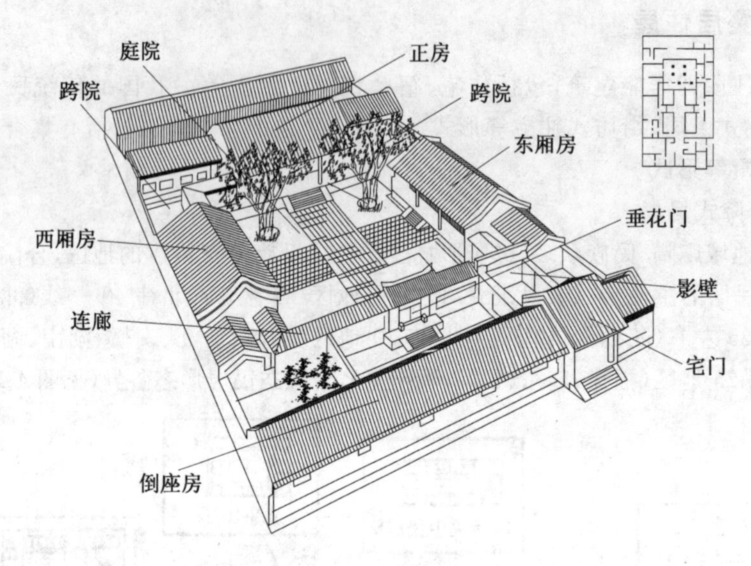

图 4-14 北京四合院

“相连式”民居主要分布在我国南方平原地区、河湖及丘陵地带。西南地区的“一颗印”民居和东南地区的“天井式”民居等是此类民居的代表。“一颗印”民居主要分布在我国的云南、贵州、四川山区以及湖南西部、西藏、青海等地区;“天井式”民居覆盖范围包括长江中下游以及福建、台湾、广东、四川等地区。另外,客家土楼民居大体上分布于福建、广东、江西三省及其接壤地区,以及广西、台湾、海南等地区(见图4-15)。

此类民居与“相离式”相比,建筑与院落一般较小,人可以在连廊屋檐下行走,以适应多雨气候特点。

有许多地区的民居兼有“相离式”民居和“相连式”民居的双重特征,可用“互动理论”加以解释。远离聚居中心的住宅,形态上表现出较大的变异,住宅变异程度与距离聚居中心的远近关系成正比;各体系相交接的地区,住宅具有复合、融合特征;交通便利程度制约着住宅形态的交流、互动程度;住宅体系的变化受到人口迁移、文化传播等因素的影响。

2) 街坊式住宅

街坊式住宅有不同的定义。如《中国大百科全书》将居住街坊(housing block)定义为城市中由街道包围、面积比居住区小、供居住生活的地段。《居住区规划设计资料集》将街坊定义为城市干道或居住区道路划分的地块;地块面积一般为 4～6 hm^2,用于建造住房、公共服务设施等。在一些城市街区,街坊用于建造住宅及商业设施,其规模介于居住小区和居住组团之间,居住户数为 800～2 000 户、居住人数为 2 500～6 000 人。

街坊式住宅在我国可追溯到周代。随着当时城市的出现,城市居民聚居地的基

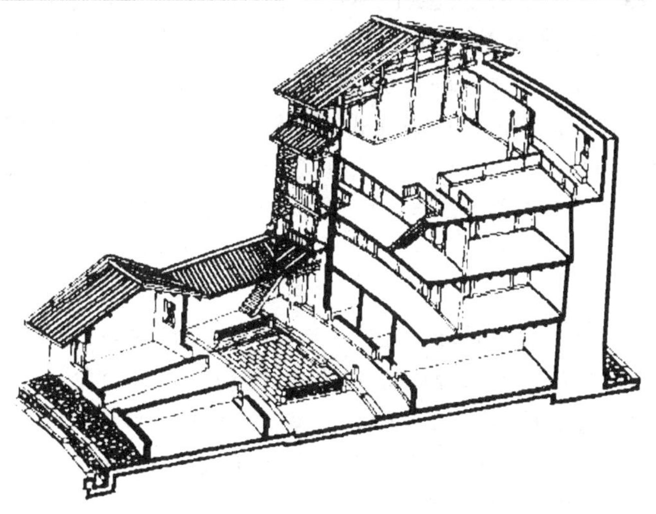

图 4-15 福建夯土而筑的客家土楼

本单位是“里”——规模小、功能单一的居住地。封建社会，城市居民聚居地扩大，名称也有所不同，如秦汉时期的“闾里”面积约为 17 hm^2，三国时期的“里”面积约为 30 hm^2，唐代时期的“坊”面积大约为80 hm^2。综上所述，古代街坊是由经纬路网所划分的地盘——“里坊”，其平面呈方形或矩形，四周设围墙及里门，内部排列着整齐有序的民宅，民宅的规模、形式与经纬路网有关；街坊式住宅一般沿街设置，底层为商业设施、楼层为住宅。

随着时代的变迁，城市发展日新月异，街坊被赋予新的内容。现在街坊通常是指由城市道路或居住区道路划分、用地大小不定、无固定规模的住宅建设地块。街坊式住宅有些地方也称为街区住宅，通常由多幢住宅楼沿周边道路连续围合形成，具有一定的高度和公共院落空间。

3）集合式住宅

集合式住宅是指城市中大批量开发建设的住宅。我国的集合式住宅有多层住宅、中高层住宅、高层住宅等形式。随着社会生活观念及生活方式的改变，我国的集合式住宅更趋向于居住功能与其他功能的复合。与国外相比，我国的集合住宅发展有如下特点。

我国地大物博、人口众多,但建设用地相对紧缺,因而集合式住宅在一段时期内仍然是城市居住区建设的主流。我国小康居住区建设要求“用地不多、环境美”——在重重制约中,尽可能利用土地资源,创建适宜的人居环境。

居住环境美及住宅形象美的创造需要综合处理人、建筑、环境三者的和谐关系。就建筑、环境而言,主要是建筑形体要素(如点、线、面、体等)、视觉要素(如材料、质感、肌理、色彩等)、关系要素(如位置、方向、间距等)的综合处理。

集合式住宅主要有“行列式”“周边式”和“独立式”三种布局方式。“行列式”布局有利于住宅日照、通风,以及管线敷设和建筑工业化施工,但住宅群整体形象单调、识别性也差,容易产生交通穿越;“周边式”布局有利于节约用地、防风防寒、环境绿化,可形成便于邻里交往的院落空间,但东西向住宅比例较大、转角住宅单元具有涡流风、噪声、视线干扰等不利因素;“独立式”布局利用零星用地,对地形的适应能力较强,可以创造较好的日照和通风条件,但建筑外墙面积大、受到太阳辐射热影响也较大,还有视线干扰,识别性差等缺点。此三种布局方式各有利弊,需要在规划设计中加以完善和处理。

4) 独立式别墅

独立式别墅最初的含义是城市之外的别墅,供休闲、娱乐、健身的住宅。西方的别墅是少数特权或富有阶层的奢侈品,是身份、地位和财富的象征。目前,我国将独立式别墅界定为单家独院、建筑 2～3 层、占据大量土地资源的居住建筑。

追溯别墅的发展脉络,我们可以看到居住建筑设计思想的演进。从赖特的草原式住宅及流水别墅、柯布西耶的萨伏伊别墅、密斯的范斯沃斯住宅等,直到后现代主义、解构主义、新理性主义及晚期现代主义等设计作品,可以看到别墅规模、内容及形式的变化。随着社会生活观念及生活方式的变化,别墅功能及形式在不断完善,由大型化逐渐向小型化方向发展,内容小而全,讲求舒适方便、环境优美、风格突出,反映居住者的个性追求。

无论是国内还是国外,别墅设计及评价一般采用国际惯用的 5S 标准,即景观(scenery)——依山傍水,设置私家花园,建筑与环境融为一体;逸事(story)——别墅周边环境具有浓厚的人文气息或悠远的历史沉淀,体现人杰地灵的底蕴;阳光(sun)——上有天下有地,与大自然相得益彰,有阳光相伴;运动(sport)——室内外有充足的活动空间;溪流(steram)——靠水而居,有溪流相伴。可见,别墅设计不仅有居住功能的要求,还有环境审美的要求。

我国人口众多、土地资源紧缺。与之对照,别墅占地面积大、建筑密度小,集合建设不利于土地集约利用,因而别墅尤其是独立别墅建设受到土地资源、经济条件、建设规模等因素的制约,不应成为未来居住建筑发展的主流形式。

【思考与练习】

4-1 比较“聚居”与“聚落”的概念。

4-2 试阐述“乡村型聚居”与“城市型聚居”的联系及各自特点。

4-3 分析“聚居结构”与“聚居模式”的关系。

4-4 试阐述“分散聚居模式”与“集合聚居模式”的产生过程。

4-5 举例说明“分离式民居”与“相连式民居”的特点。

4-6 分析当代社区发展形态是如何体现社区的基本特征和组织模式的。

4-7 简述我国居住区发展历史及其发展趋向。

4-8 举例说明独立式别墅、街坊式住宅和集合式住宅三种形式的特点。

5 集合模式

【本章要点】

本章包括居住建筑套型设计、单元组合、群体布局三部分内容。居住空间构成及组合是本章的核心内容与主要线索。

套型设计部分通过分析居住空间的类型及关系，说明居住空间的构成方式；单元组合部分通过分析套型空间的组合方式，说明单体空间的构成规律；群体布局部分通过分析单体空间的布局方式，指示群体空间的组织及变化规律。

本章介绍居住空间构成及组合规律，力求说明：①居住建筑与公共建筑具有类比性和类推性，如居住对象与居住空间的关系更具体，居住空间的私密性、集约化、个性化等使用要求更突出等；②空间构成及组合作为居住建筑设计的关键，涉及居住空间类型及关系、构成及组合、形态及变化等知识内容；③“集合”包含多样化、复合性空间设计以及集约化、规模化空间建设两方面的含义，“模式”一般指标准形式或可以具体参照实施的图纸、模型等标准样式，就居住建筑而言，“集合模式”意味着可以理性把握的居住空间设计方法及规律。

5.1 套型设计

居住建筑有住宅、宿舍或公寓、别墅等类型，居住对象及居住生活方式不同，但居住空间类型、居住空间构成及组合方式基本相同。以住宅为例，其空间构成及组合过程为：由一个或多个“居室”组合形成“套型”（有时又称为“户型”），再由一个或多个“套型”组合形成“单元”，最后由一个或多个“单元”组合形成一幢或多幢“住宅”。

“居室”是居住建筑的基本单位，“套型”反映家庭人口结构、居家生活方式、空间建构方式等，“单元”反映居住人口规模、聚居生活方式及邻里关系等。

套型设计是单元组合、群体布局的基础。

5.1.1 居住空间组成

居住建筑一般由居室空间、辅助空间、室外活动空间和交通联系空间构成。各类空间具有不同的使用要求、使用方式和使用特点，同时相互之间存在着内在联系，共同构成居住建筑有机整体。因此，居住空间组合是居住建筑设计的一个重要内容。

居室空间是居住建筑的核心。平时所说的“两居室”或“三居室”住宅指此住宅有一间卧室和一间起居室，或者有两间卧室和一间起居室。

辅助空间包括厨房、贮藏室、厕所及卫生间等。此类空间设计随着社会生活方式的变化而日益突出。如高级别墅同时设置中餐和西餐两套厨房;产权式、酒店式公寓设置壁橱式厨房;普通住宅厕所与卫生间分开设置,贮藏室、厕所及卫生间一个也不能缺少。

交通联系空间包括门厅、过道、过厅、楼电梯间等。此类空间设置为邻里交往提供机会,因此被建筑师重视。另外,楼电梯设置可以提高人群活动的可达性、便捷性、舒适性,但会改变空间组合方式、提高建筑投资造价。

室外活动空间包括底层露台、楼层阳台、屋顶平台或天台等。随着社会生活方式的变化,此类空间设计变化日益突出,如有底层庭院、屋顶花园的住宅经常被居住者所关注,过去被铁丝网封闭的阳台现已成为居住建筑的亮点。

1. 居室空间

从居住者及其居住生活方式分析,居室空间满足居住者聚会、娱乐、交往等集中和动态活动,以及睡眠、学习、工作等分散和静态活动而设置。居室空间可分为起居室、卧室、书房、卧室兼作起居室、卧室兼作书房等空间类型。

居室空间设计需要考虑地区气候风向、文化习俗,居住者家庭人口结构、生活要求及其方式,居室空间形状及其组合关系等,居室门窗、家具陈设布置等因素。总之,需要综合考虑居室空间的量(面积、层高等)、形(形状、形式等)、质(采光通风、保温隔热等)三方面的因素。

1) 卧室

卧室是一种私密性空间,为满足居住者睡眠、休息等活动需要而设置,有时兼作学习、交往空间。一般要求安静,与其他空间有所分隔,互不串通、互不干扰。此外,卧室还应具有自然采光、自然通风条件,避免夏季阳光直射,保证冬季日照时间和保温性能。

卧室分为主卧室和次卧室。主卧室是家庭主要成员的居室,配置双人床或单人床、衣柜衣橱、梳妆台等家具;兼作学习用房的卧室还要布置书桌、书架等家具。次要卧室是家庭其他人员的居室,一般设置单人床、衣柜、书桌等家具。

卧室开间由床位长度加门窗宽度再加墙体厚度来确定;一般主卧室开间不小于3.6 m,中卧室开间为2.7～3.3 m,小卧室开间常采用2.4～2.7 m。进深尺寸多为开间尺寸的1～1.5倍;开间、进深尺寸定位与人体活动尺度、卧室使用要求及家具陈设配置等因素有关,一般要求符合建筑模数制度。一般住宅大卧室面积12.5～15 m^2、中卧室面积8.5～10.5 m^2、小卧室面积5～8.5 m^2;双人卧室面积不小于9 m^2、单人卧室面积不小于5 m^2。

我国南方地区与北方地区的卧室床位布置有所不同。南方地区的床位一般不设置于窗口之下,防止小孩爬窗发生危险,避免冬季寒流及夏天飘雨,同时方便蚊帐挂设;床位一般布置于光线暗淡的位置,书桌布置于光线明亮的窗口。北方地区的床位是“火炕”,一般设置于窗口之下,可以方便卧室采光通风。不论南方地区还是北方地区,卧室床位适宜靠墙角布置,留足其他活动空间面积;当卧室面积较大时,双人床可以三面临空布置,以方便上床、下床活动。

卧室平面设计除了应当保持空间形态完整,扣除家具陈设占据的使用面积之外,还应尽量减少通行交通面积、增加其他活动空间面积。门窗靠近空间边角设置,保留相对完整的墙面、布置家具陈设(见图 5-1)。

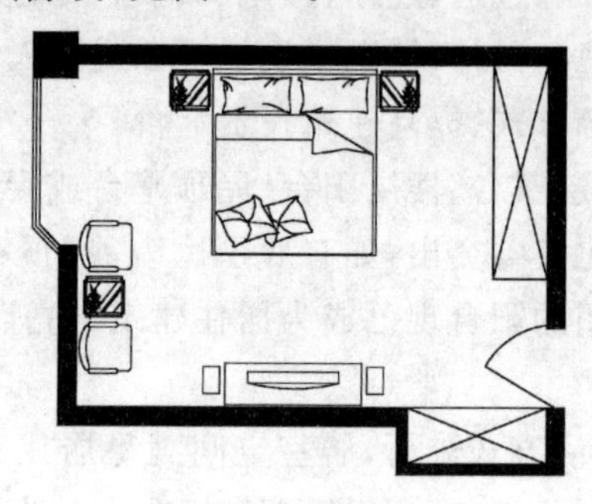

图 5-1　卧室空间

两个以上的卧室组合,由于空间组合及流线组织等方面的原因,可能出现左右穿套或前后穿套。左右穿套不容易组织穿堂风,前后穿套可以形成穿堂风。套间卧室设计应当注意门窗的位置设置,保证空间采光通风要求。交叉活动干扰大的套间卧室,应当尽量避免交叉活动干扰、减少穿越距离,保证卧室的安静及私密性要求,防止"一穿到底"的空间组合方式。

2) 客厅与起居室

客厅与起居室是家庭生活的中心,客厅满足家庭成员的对外交流,起居室满足家庭成员的内部交流。高级别墅的客厅与起居室分开设置,一户两间甚至于一户多间,面积 21～30 m^2。普通住宅的客厅与起居室合二为一,一户一间,面积 10～15 m^2,除满足会客、娱乐、进餐等活动需要外,有时还兼作交通枢纽空间。

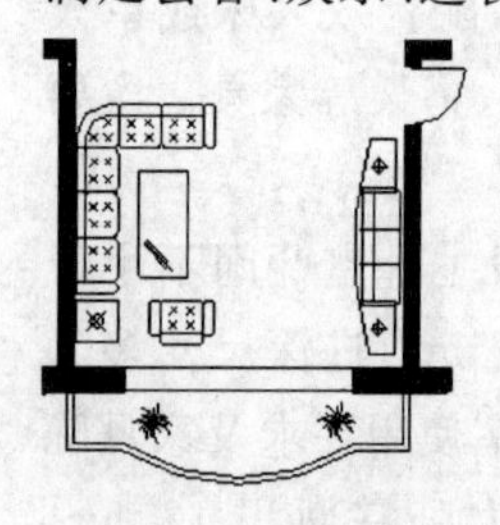

图 5-2　起居室

理想的客厅或起居室应具备适宜交往活动的条件:① 有直接采光、自然通风和景观观赏等条件,开设较大的窗户(见图 5-2);② 与厨房、餐厅、生活阳台等用房联系方便,并避免过多的直接穿越,入户门与分室门尽量集中设置;③ 提供安静、稳定、舒适的活动场所,沙发、茶几、组合柜或矮柜等家具陈设不宜选用太多,适宜低密度布置,保证活动空间充足。面积较大的客厅或起居室,可以利用家具设备,灵活分隔起居空间及活动区域。

随着社会生活观念及方式的变化,客厅与起居室的使用及设计在某些经济发达地区也产生了转变,如户外活动的增加、电脑网络的发展等,使客厅与起居室不再是家庭交往活动的唯一场所,人们对家庭客厅与起居室的依赖性在逐步降低。另外,餐室与起居室的分离、等离子超薄型电视机的出现等,使客厅与起居室空间尺寸进一步缩小,追求"大客厅、小卧室"的时代在慢慢退潮。

2. 辅助空间

1) 餐室

餐饮活动是家庭团聚、感情交流的一种活动。过去由于经济条件制约，家庭就餐没有固定场所，多在厨房或卧室中进行，没有形成独立、专门的餐室之前，主要与起居室兼用。餐室是半公共空间，使用方式上不宜与卧室、起居室合用，卫生条件上也不宜与厨房合用，各类用房合用容易造成“公”与“私”的矛盾冲突。

餐室作为家庭活动用房之一，应当与其他居室一样整洁、美观、明亮，为使用者提供一个整洁、安静、舒适、温馨、优雅的就餐环境及气氛，具有充足的就餐及储物空间，可适应家庭进餐和举行宴会。所以，餐室是客厅、起居室的补充或连续，作为“第二共享空间”，餐室应当独立并靠近厨房与起居室设置。

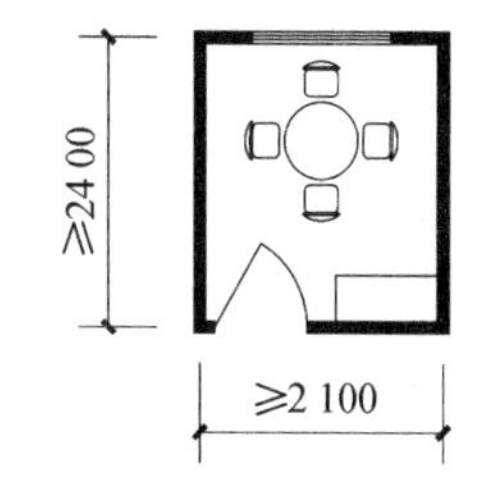

图 5-3 餐室

餐室面积与家庭人口结构、家具陈设数量、人体活动尺度等因素有关。一般餐室面积为 6 ～10 m^2，空间净宽尺寸在 2.4～3.0 m 以上(见图 5-3)。

2) 厨卫空间

厨房及卫生间是居所中的重要辅助用房。就厨房而言，厨房不仅是一个烹饪工作间，还是一个家人交流情感的场所。随着现代生活节奏的加快，保健食品与功能食品的发展，厨房使用及设计出现“集约化”发展趋势。另外，现代生活中人际关系的隔膜和冷淡，使人们更注重家庭生活，将烹饪当作一种生活乐趣，在烹饪和进餐过程中交流信息、融洽感情、消除孤独。厨房是居室空间的延伸与扩展，厨房使用及设计存在“衍生化”发展趋势。

就卫生间而言，当前的卫生间使用及设计有两个发展趋向：一个趋向是 100 m^2 以上的居所设置双卫生间，通常一间为主卧室专用，一间为主卧室以外的其他用房公用；另一个趋向是公共卫生间“浴”与“厕”分离，卫生间外侧设置“沐浴间”，里侧设置“厕所”。这两种发展趋向说明现代人生活方式的转变，人们追求健康生活方式、注重卫生间的洁具和其他设备的配置，同时将卫生间视为消除疲劳、恢复体能的保健场所。

(1) 厨房

居家生活中的大部分家务劳动都是在厨房中进行的。厨房一般具有烹饪和贮存两种功能，需要设置炉灶、洗涤池、案台等烹饪设施，配置壁柜、吊柜、搁板等贮存空间。不占用过多面积、争取空间利用，是厨房设计的重点和难点。

厨房大致有独立式、穿过式和壁龛式三种形式。其中，独立式厨房最为常见，穿过式厨房兼有交通和贮存功能，壁龛式厨房占地面积最为经济。此外，厨房还有开敞式与封闭式两种形态，由于食品烹饪方式、排油烟设备等不同，国外多采用开敞式厨房、我国多采用封闭式厨房。在实际生活中开敞式厨房与封闭式厨房各有千秋，如开敞式厨房经常是一种大厨房，厨房兼作餐室，可以展示烹饪与就餐的互动过程，同时便于就餐环境的清洁卫生;封闭式厨房可以屏蔽一些琐碎的家务事,因而有些家庭主妇更喜欢选择封闭式厨房。

厨房面积根据设备配置、燃料堆放和操作空间距离等因素确定。一般厨房面积要求3A级住宅厨房面积不小于8 m^2、净宽不小于2.1 m、操作台长度不小于3 m;2A级住宅厨房面积不小于6 m^2、净宽不小于1.8 m、操作台长度不小于2.7 m;1A级住宅厨房面积不小于5 m^2、净宽不小于1.8 m、操作台长度不小于2.4 m。现代生活方式、设备设施配置等,对厨房面积及标准提出了更高的要求。

厨房设计需要考虑:① 按照食品加工洗、切、烧的操作顺序,布置设备设施;② 以设备设施位置,确定门窗位置,满足厨房通风采光要求;③ 考虑地面材料及其排水、墙面材料及其清洁、顶棚材料及其清洁;④ 考虑厨房防排烟设备及其管线出入、灯具照明、电气插座等(见图5-4,表5-1)。

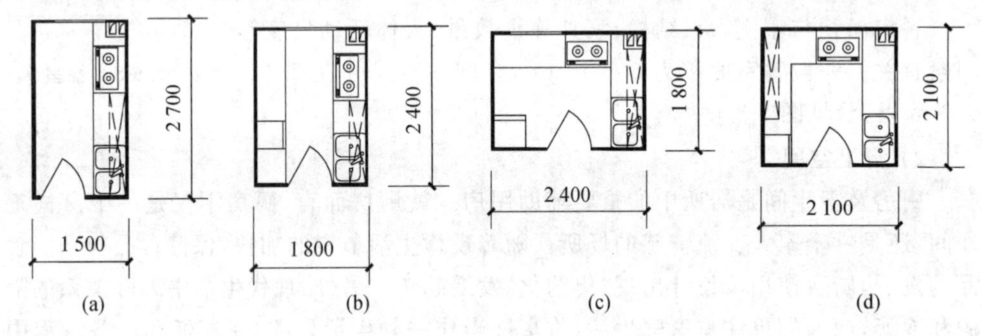

图5-4 厨房布置

(a) 一字形;(b) 并列型;(c) 曲尺型;(d) 围合型

表5-1 厨房及设备布置

布置方式	厨房及设备使用特点
一字形	单面布置;便于操作,设备按照操作顺序布置;一般开间净宽不小于1.4 m;适用于空间小、设备少的厨房
并列型	双面布置;干作业(煤气、电器操作)与湿作业(清洁、洗涤操作)分离,操作距离长、往返转身次数多;一般开间净宽不小于1.7 m;适用于空间大、设备多的厨房
曲尺型	L形布置;墙面利用充分、操作方便有利,适用于墙面长、设备多的厨房;一般洗a、切b、烧c三个作业区操作距离应满足$\sum L=a+b+c=3\times(1.2\sim2.4)$ m$=3.6\sim7.2$ m
围合型	U形布置;实际上是双面布置与L形布置的结合,适用于空间面积大的厨房

厨房外侧一般带有2 m^2左右的阳台,内侧通过门、过道与餐厅相联系。“好的厨房”适宜阳台(物品贮存)、厨房(食品加工)、餐室(家庭就餐)“三位一体化”设计,以发

挥功能配套及“规模效益”作用，提供“从容不迫”的食品加工及就餐环境。

(2) 厕所与卫生间

厕所满足便溺功能；卫生间除满足便溺功能之外，还要满足漱洗、沐浴、洗涤、梳妆等功能。居住者生活要求、生活方式及生活习惯不同，相应的厕所与卫生间设置要求、卫生洁具配置标准也有所不同。低标准住宅厕所与卫生间合用、高标准住宅厕所与卫生间分开设置；普通住宅的卫生间一般设置坐便器或蹲坑、淋浴喷头或移动式浴盆两件卫生洁具，漱洗多在厨房中进行；高级住宅的卫生间一般设置坐便器、浴盆、脸盆三件卫生洁具。

我国对住宅厕所、卫生间设计有许多要求。例如：① 厕所、卫生间不宜设置于卧室、起居室和厨房上层，如必须设置时，其下水管及存水管不得外露，并有安全可靠的防火、隔声和检修措施；② 厕所面积为 1.10 ～1.30 m^2、卫生间面积为 1.80 ～2.00 m^2；③ 厕所、卫生间地面宜做水泥砂浆、水磨石、马赛克和面砖等防水材料，墙面材料与地面相似，并做高度为 0.90～1.20 m 的墙裙；④ 为防止地面水流流淌，厕所、卫生间应当设置门槛或地面低于其周边房间 30～60 mm；⑤ 厕所、卫生间设施及管线适宜集中设置等。

厕所、卫生间最好能直接采光和自然通风。直接采光不需要占据东、南、西较好的方位及朝向；“明厕明卫”可由窗户获得通风采光条件，“暗厕暗卫”应当采取人工照明设施，并通过机械通风设备(通风口、通风井道)组织房间“进风”和“换气”。

根据我国目前的实际情况，住宅需要适当增加卫生间面积，设置洗衣机及电源插座、壁龛式肥皂盒、固定式手纸盒及挂衣钩等。另外，还需要考虑老年人、残疾人的使用问题，如厕所内设置扶手，将厕所尺寸由 0.80 m×1.25 m 扩大到 1.00 m ×1.50 m(见图 5-5)。

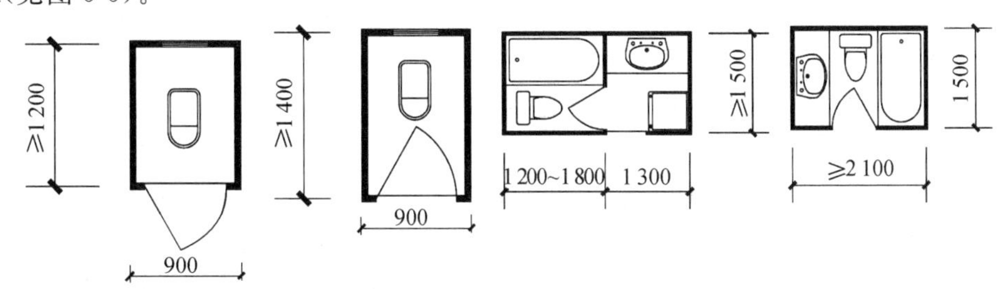

图 5-5　厕所布置

(3) 贮藏室或储存间

随着物质生活水平的提高，住户的各种贮藏物品越来越多，人们都希望住宅的贮藏空间越来越大。

住宅内部贮藏空间除专用贮藏室以外，主要有壁龛、壁柜、吊柜、搁板等家具陈设(见表 5-2)。一般情况下，包含家具陈设在内的贮藏空间占住宅空间的 9%左右。贮藏空间分配需要照顾卧室、起居室、餐室、厨房、卫生间等各类用房。从使用情况看，住户比较喜欢壁柜和小型专用贮藏室。

贮藏空间设计应当遵循少占建筑面积、存取方便、有利于家具陈设布置、不影响室内环境美观等原则。贮藏室可以是暗室,但要注意防潮问题,同时适宜于在隐蔽处设置,空间尺寸应当结合贮存物品的大小综合考虑。

壁柜尺寸 0.45 m×0.80 m～0.60 m×1.20 m,内置搁板或抬板间距不小于 0.35 m/层。吊顶贮物时其空间净高不小于 2 m。过厅兼有贮物、保温功能,面积不小于 5 m^2。高标准住宅可单独设置贮藏室。空间容量按照 0.5 m^3/人设计。

表 5-2　贮存方式及特点

方式	贮存特点
壁龛	在墙上留出空间,空间深度 0.10～0.20 m 左右,多用作碗柜、书架等,不占用地、使用方便;位置设定须考虑家具布置及使用,同时注意墙体结构安全问题
壁柜	卧室壁柜用于存放衣服、被褥等,厨房、卫生间、过道壁柜用于存放杂物、食品、炊具等;壁柜深度一般大于 0.45 m,内部空间分格视贮存物品而定,一般多设柜门、简易布帘
吊柜	利用墙侧或墙顶隐蔽空间存放不经常存取的物品,空间距离地面高度不小于 2 m,保证人流通行,空间深度视贮藏用途而定,一般在 600 mm 左右
隔板	悬挑墙体之外或嵌入墙体以内;用于存放书籍、饮具、食品、鞋子等物品,净空高度不小于 0.35 m、深度一般在 0.30 m 左右,一般不做封闭处理

3. 室外活动空间

住宅中的室外活动空间包括底层庭院、楼层阳台、屋顶露台或天台等,是室内活动空间的延伸及拓展部分,对于完善住宅空间功能与形式,具有不可缺少的积极作用。

庭院是东西方传统居住建筑的精髓。阳台实际上是居室空间的一种延伸,人们对阳台的认知已不局限于晾晒衣物、摆放花草。露台或天台没有顶盖遮挡,通常覆盖土层、种植绿化,被做成空中花园。总之,随着城市居住条件的改善和现代家庭生活的多样化,住宅室外活动空间已不再是居住建筑设计的盲点。下面将以住宅阳台为例,解析室外活动空间的设计问题。

从功能上讲,阳台有生活阳台和服务阳台之分。生活阳台是居室空间的扩展,一般以落地窗、透空护栏使居室获得良好的采光、通风和景观视野等;服务阳台与厨房相连,需要设置洗衣机安放位置、给水排水管线、电源开关及插座、晾晒衣物设施等。阳光室是住宅阳台设计的一种发展趋向;阳光室凸出外墙、多面采光,与居室直接相连,去掉了以往的分隔墙,为住户提供一种窗前喝茶、享受阳光、看风景、听音乐的生活情趣。

从形式上讲,阳台有凸阳台与凹阳台、开敞阳台与封闭阳台等不同形式(见图 5-6)。凸阳台采用悬挑结构凸出建筑外墙,可开阔视野并形成良好的通风条件,但隐蔽性较差,户与户之间视线干扰大,而且容易飘雨;凹阳台三面靠墙一面临空,不占或少占用地面积、防雨及隐蔽性能好,但视野不够开阔;半凸半凹阳台兼有凸阳台和凹阳台的优点。各种阳台除具有遮阳、防雨作用外，还有丰富住宅立面造型的作用，经常是居住建筑的特征标志。

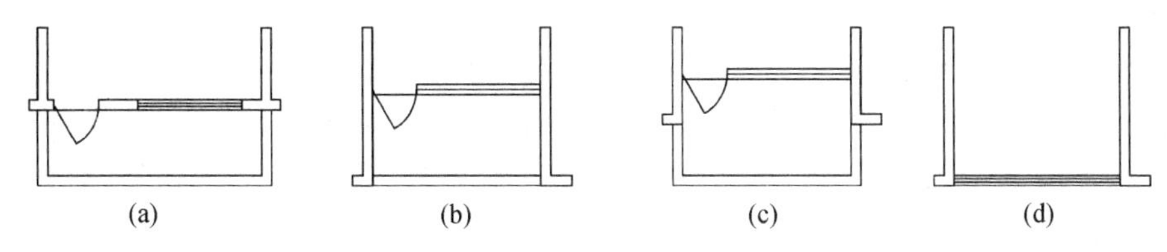

图 5-6 常用阳台形式

(a) 挑阳台；(b) 凹阳台；(c) 半凹半凸阳台；(d) 封闭阳台

阳台设计一般要求：① 生活阳台靠近居室，深度不小于 1.2 m；服务阳台靠近厨房，深度为 0.9～1.0 m。② 凸阳台的拖梁长度 L 与悬挑梁长度 L' 关系控制为：$L=1.5\sim2L'$。③开敞阳台地坪标高低于室内地面、楼面地坪 0.03～0.06 m，并设置排水坡、泄水管等。④ 阳台护栏高度为 1.05～1.20 m、栏杆竖杆间距不大于 0.11 m。⑤ 阳台雨篷、隔板、晾晒衣物设施等，构造措施应当安全稳定。

4. 交通联系空间

住宅中的交通联系空间包括门厅、过厅、过道、楼梯间及电梯间等，形成室内空间交通流线或网络。

交通联系空间设计是否合理，直接影响到建筑安全性、舒适性、经济性和形象性。交通系统设计应当有高度的安全意识，确保人流通行和疏散；应当保证充足的使用空间，并尽量控制和减少交通联系空间；应当提供良好的通风和保温条件、合理的采光照度等。总之，要达到建筑功能、技术和艺术的完美统一。

门厅和过厅除具有交通联系作用外，还可以调整室内小气候和隔绝噪声干扰。其隐蔽部位及上部空间可以挂衣、存放鞋具和雨具等，应当加以利用。门厅防盗门尺寸不宜小于 1.20 m，入户门或分户门尺寸不宜小于 1.00 m，户内分室门尺寸一般为 0.70～0.90 m。

户外过道宽度不宜小于 1.20 m，户内过道宽度不宜小于 1.00 m。公共楼梯梯段宽度不宜小于 1.20 m；户内楼梯一边临空时净宽不应小于 0.75 m，两边为墙时净宽不应小于 0.90 m。

5.1.2 居住空间关系

空间关系包括功能关系与形式关系两个方面。功能关系需要考虑生理分室及功能分室问题，形式关系涉及空间建构、形态认知等问题。功能与形式相互关联，二者是空间构成及组合的依据。

空间组合的本质就是空间秩序的组织，需要考虑家庭人口结构、居家生活方式、居住空间配置等问题。

以住宅为例，一般住宅的卧室、专用卫生间、书房等是独用的空间；餐厅、起居室、客厅等是合用的空间;同一空间还有单一的和重叠的之分,如单人卧室兼书房。居住空间质量的高低很大程度上取决于居住空间的重叠使用次数,即单一功能的空间愈多,居住质量愈高。

住宅经历了“小过道—过厅—小厅—大厅—双厅”的演变过程,也是功能由简单到更为齐备的过程。一套住宅供一个家庭使用,应作为一个整体来考虑。不同的空间性质、经济条件、家庭状况、生活条件、生活习惯、地理环境和气候条件等,均会对户内各组成部分之间及其内部的组织和设计产生影响(见图 5-7)。

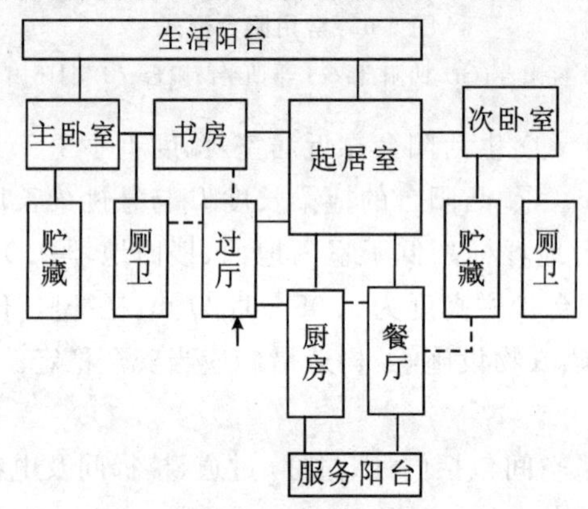

图 5-7 住宅功能关系

1)生理分室与功能分室

人们的欲望依次发展,拥有一个遮风挡雨的住所后便期望拥有一个属于个人的私密空间。现代信息社会中,家庭与家庭、家庭与社会之间的交往活动日益频繁,居家活动的范围日益扩大,居室空间使用的矛盾冲突日益突出,需要对居室空间进行“动与静”“公共与私密”重构——生理分室与功能分室。

生理分室指按照家庭成员的性别、年龄等特点,划分相对独立的睡眠、学习、起居等空间,保证居家生活的私密性和交往性,提高居住环境质量。

功能分室指按照居家生活的时序、关系等特点,组合居住空间;包括食寝(就餐与睡眠活动)分离、居寝(起居与睡眠活动)分离、餐居(就餐与起居活动)分离等空间组合方式;要求区分公与私、洁与污、干与湿、动与静等关系,独立设置卧室、起居室、餐厅、厕所与卫生间等。

居住建筑设计应以人为本,综合考虑居家生活的适居性、舒适性和可变性等。随着社会生活的发展变化,居室空间呈现由单一型向复合型发展的趋势。如当前住宅设计中,双卧、双厅、双卫等普遍存在,影音室、工作室、娱乐室、观景阳台、庭院、屋顶花园等成为流行时尚。

2)通行疏散与采光通风

居住空间组合要按照使用功能要求来确定空间位置及相互关系。各居室空间应保持独立、避免套穿相互干扰。利用户内过道或楼梯联系各居室空间,应提高过道或楼梯的空间利用率；利用客厅、起居室兼作过厅，应扩大客厅、起居室面积，减少穿行时带来的不便和干扰。

采光通风设计影响居住空间的使用质量和舒适程度，套型设计应让每间居室都设置窗户，实现明厅、明卧、明厨、明卫。客厅、起居室有直接采光并保证良好的通风；餐厅可通过客厅、起居室间接采光；卧室应避免其他居室或周围邻居的视线干扰，以保证空间私密性。在有条件的情况下，衣帽间、储藏室也应考虑设置窗户，以改善通风条件、避免湿气产生。

门窗、阳台等设计应考虑居住空间的采光通风要求及外围环境条件。居住空间的采光通风效果取决于居住空间的位置、朝向及空间组合方式等。一般有以下几种情况。

① 每户只有一个朝向时，应避免居室面对不利朝向，如北方寒冷地区应避免北向，南方炎热地区应避免西向。单一朝向住宅，套内所有房间均面临一个方向，可以获得套内采光，但很难组织套内通风。

② 每户具有相对或相邻两个朝向时，应保证居室占据有利的日照方位（如南向、东向或西向）、厨房具有有利的通风条件（如厨房与餐厅、起居室贯通）；居室占据南北或东西两个朝向会产生不利朝向的居室，但容易形成自然通风系统。居室、厨房各自组织自然通风系统时，空间采光通风效果较好，但往往造成建筑面宽过大、进深过小，建设用地不经济。

③ 每户有多个朝向或位于建筑端部时，居室采光条件优越，但通风条件不利；利用建筑凹凸平面或内部天井形成“风道”，可以改善建筑通风条件。建筑设置内部天井时，需要加大建筑进深，可以提高土地利用率，但天井卫生条件不容易保持；建筑层数过多时，天井采光效果会降低。

3）景观渗透与空间拓展

建筑与自然是两个独立存在的景观要素，建筑界面经常是隔绝或融合建筑与自然关系的屏障。景观渗透需要开敞建筑界面、消解室内外空间界限，加强场所的关联性和视觉的连续性。

改变门厅、走道、楼梯间、门窗、阳台、屋面等固有形式，经常是加强建筑与自然关系的有效措施。例如：客厅、起居室设置落地玻璃窗或降低窗台高度，可以将室外环境景观引入室内、扩大室内空间感，使枯燥的室内空间充满生机；阳台与起居室连接在一起，有助于增强起居室延伸感、扩大空间视野；开敞楼梯、架空底层、设置屋顶花园等，可以扩大活动空间、丰富空间内容和情趣。

此外，通过室内装修也可以改善居住空间环境。例如：小面积、低净高居室设计中，设置隔断或镜面玻璃墙面、调配冷色调墙面和顶棚、设置吊柜或降低家具布置密度等，可以使空间产生深远、扩大的感觉。

5.1.3 套型空间组合

1. 套型空间组合类型

就住宅而言,不同的居住者对套型有不同的要求,与地区气候、经济、文化等因素有关。套型设计需要研究居住空间的功能配套、面积分配、形式转化等方面的问题。例如:我国北方地区气候寒冷,住宅套型设计应设置过厅、封闭阳台、预留储藏空间等。

住宅套型空间组合应顺应时代要求。例如:随着社会发展的需要,卧室由睡眠兼起居空间演变为独立、分散设置的私密空间;电器家庭化后起居室逐渐扩大;现代炊具取代传统炊具后厨房显得狭小;洗衣机、热水器、浴缸、坐便器、电话机等进入卫生间后,卫生间显得闭塞。

居室由集中变分散是一种社会发展必然趋势,“大厅小室”“三大一小”(即大起居室、大厨房、大卫生间、小卧室)的住宅套型设计被广泛接受。

1) 餐厨 DK 型

(注:D——餐厅、K——厨房、B——卧室、L——起居室)

DK 型住宅即“厨房兼餐厅”住宅。此类住宅适用于家庭人口少、建筑面积小的“实用型住宅”。DK 型住宅的主要特征是餐厅与厨房合一。

与之相比,D·K 型住宅的主要特征则是餐厅与厨房分离。根据调查,过去人们一般习惯在狭小的厨房里烹饪、就餐,因此 DK 型住宅得以普及和推广。随着居家生活方式的改变,人们更青睐于“餐居分离”“食寝分离”的住宅,D·K 型住宅设计成为一种发展趋向(见图 5-8、图 5-9)。

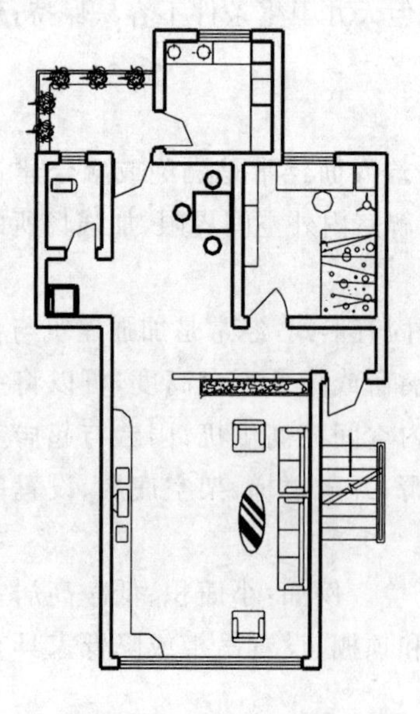

图 5-8 餐厨 D·K 型

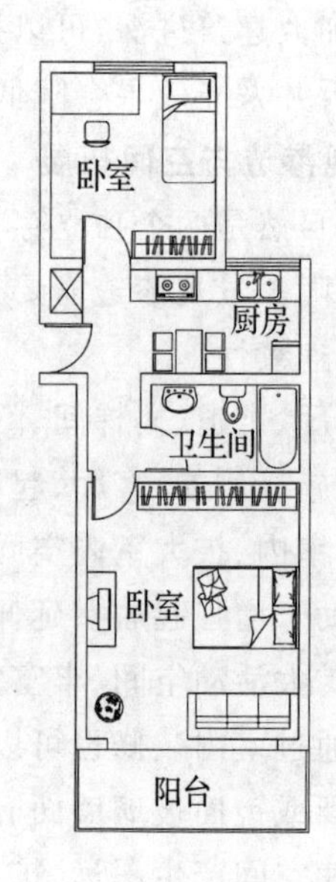

图 5-9 餐厨 DK 型

2）过厅 B·D 型

过厅也被称为方厅，是住宅套型内部的交通空间。通过过厅可以组织居家活动；过厅具有保温、隔声和储藏等功能，因此我国北方地区的住宅设计经常设置过厅。

B·D 型住宅实际上就是卧室与餐厅分离型住宅。基于“餐居分离”“餐寝分离”“居寝分离”的设计思想，过厅在联系起居室、餐厅、卧室等居室空间的同时，还需要解决空间采光通风的问题。B·D 型住宅适用于家庭人口多、居室多、生活标准相对较高的“温饱型住宅”（见图 5-10）。

3）起居 LBD 型

LBD 型住宅即起居室独立型住宅。此类空间组合具有三种方式：起居室与卧室或者餐厅分离即 L·BD 型；起居室、卧室、餐厅三者分离即 L·B·D 型（见图 5-11）；起居室与餐厅合一、与卧室分离即起居 B·LD 型。

LBD 型住宅的主要特征是起居室与卧室分离。起居室作为居家活动的中心，设计要求：① 空间位置居中、相对独立，与睡眠、学习等静态空间有所隔离；② 空间尺度宽大，以满足聚会、娱乐、就餐等交往活动需要；③ 空间具有直接采光通风、开阔景观视野等条件。此类住宅适用于建筑面积大、生活标准高的“小康型住宅”（见图 5-12）。

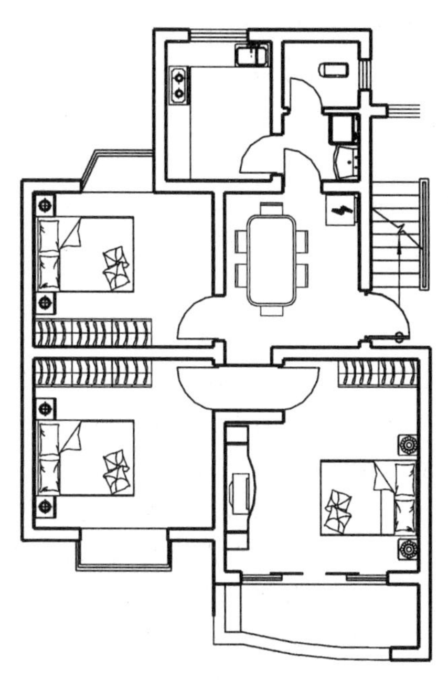

图 5-10　过厅 B·D 型

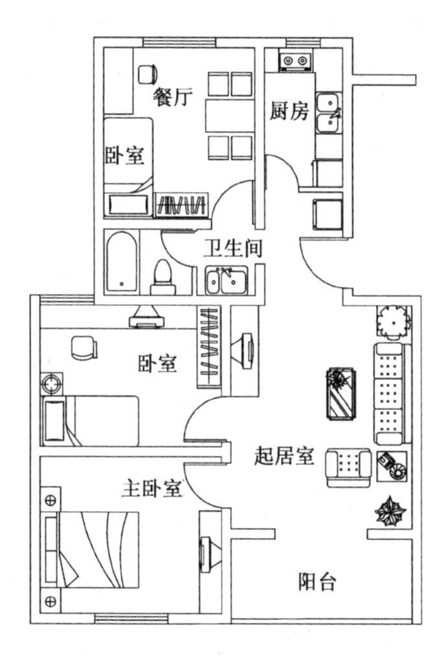

图 5-11　起居室独立 L·BD 型

4）大空间 LDK 型

LDK 型住宅即起居室、餐厅、厨房合一型住宅。此类住宅在 DK 型及 LBD 型住宅设计基础上，以起居室为居家活动中心，分隔和组合交往活动空间与私密活动空间（见图 5-13）。

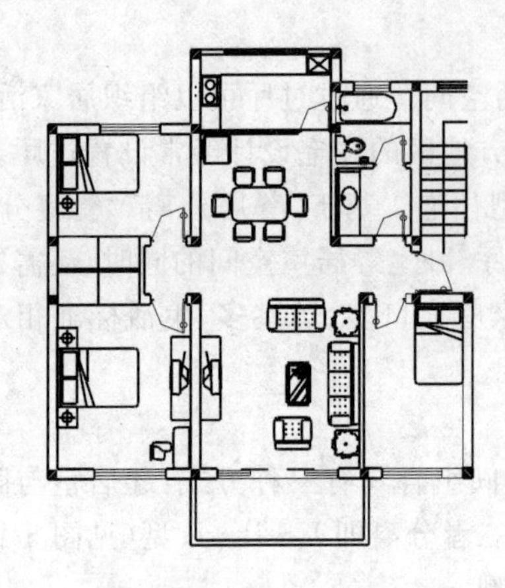

图 5-12　起居 L·B·D 型

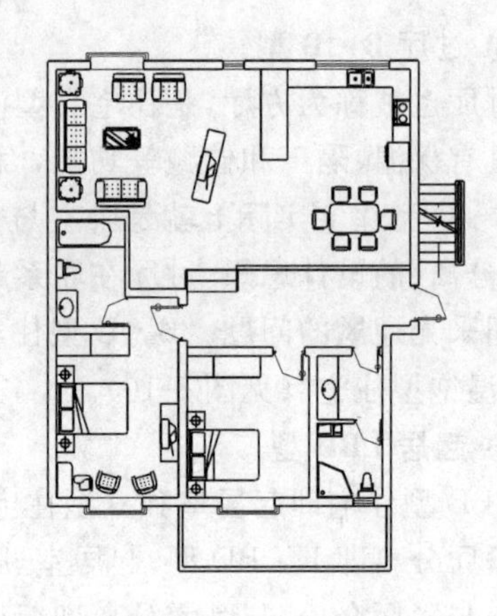

图 5-13　大空间 LDK 型

DK 型住宅中,中餐加工与西餐加工不同,厨房油烟大且容易影响起居室,我国倾向于 D·K 型(厨房与餐厅分离型)住宅设计。随着厨具设备及厨房卫生条件的改善,人们逐渐开始接受边烹饪、边就餐、边叙家常的居家生活方式,LDK 型住宅也逐渐被人们所接受。具有个性的 LDK 型住宅被称为“舒适型住宅”。

LDK 型住宅中,常见的空间组合有 LD·K 型(厨房独立)、L·DK 型(起居室独立)、L·LDK 型(划分客厅与起居室)、LD·K·L 型(划分客厅与起居室,保持厨房独立)等形式。

5) 空间变化型

住宅设计由“实用型”向“温饱型”“小康型”“舒适型”方向发展。住宅空间变化体现在二维平面及三维立体组合上,呈现出错层住宅、复式住宅、跃层住宅。

(1) 错层住宅

错层住宅在相对统一的层高内,以不同地面标高划分不同功能区域(见图 5-14)。一般客厅、餐厅、厨房等交往空间(动态区域)设置于较低的地面上,卧室、书房、卫生间等私密空间(静态区域)设置于较高的地面上,二者地面标高差 0.30 ～0.60 m(或 3～7 步台阶),通过台阶、楼梯相联系。二者地面标高差大于人体高度时,可以形成跃层住宅,提高居住空间使用面积及利用率。

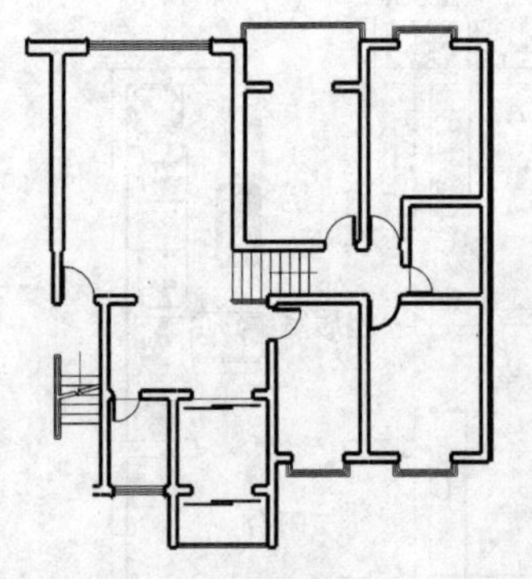

图 5-14　错层住宅

错层住宅介于平层住宅与跃层住宅之间,比平层住宅更具空间变化感,比跃层住宅更具适应性和经济性。因此,100～300 m^2 住宅经常采用此形式。

(2) 复式住宅

复式住宅根据人体尺度和人体活动所需要的空间尺寸设置夹层空间,不同的活动空间地面标高不同、层高也不同,不具备完整的两层空间。复式住宅层高一般为平层住宅层高的 1.5 倍，客厅等交往空间采用“大厅”设计手法，卧室等私密空间则采用“小室”设计手法。

复式住宅空间组合该高则高、该低则低、高低结合，利用夹层空间形成“复合体住宅”，在有限的建筑面积中获得更多的使用面积，具有提高空间利用效率、降低建筑投资造价、节约城市建设用地等优点(见图 5-15)，但建筑空间的采光通风、保温隔热、结构构造等技术问题尚需要改进。

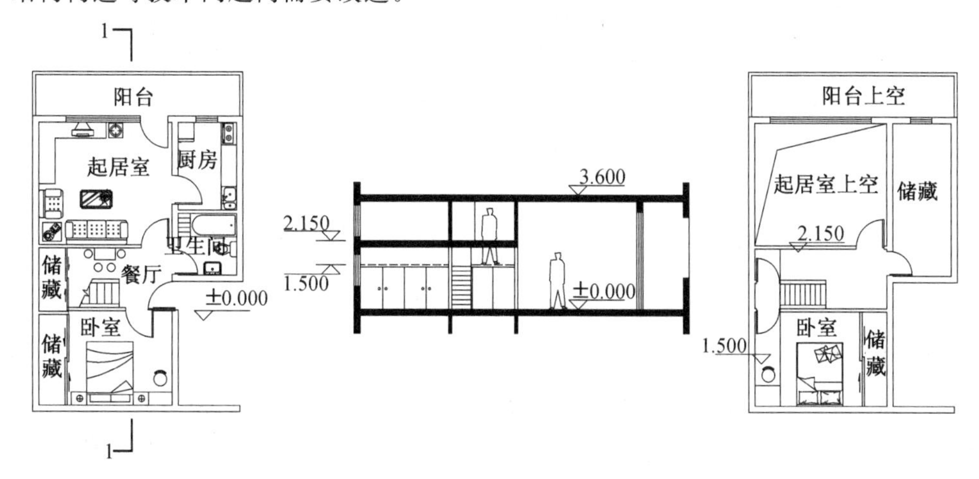

图 5-15 复式住宅

(3) 跃层住宅

跃层住宅一户占据两层空间，由户内楼梯联系上下楼层(见图 5-16)。一般跃层住宅建筑面积 120～200 m^2，底层设置客厅、餐厅、厨房、厕所等，楼层设置卧室、储藏室、起居室、卫生间等；起居室与客厅上下贯通、卫生间与厕所上下对位；户内楼梯不小于 0.90 m 宽、踏步不大于 0.20 m 高。

跃层住宅的最大特点是分层设置交往空间和私密空间，保证居家活动互不干扰，提供一种类似于欧美别墅的生活方式，因而被我国一些沿海开放城市、经济发达地区普遍接受。但是楼层空间的存在会给老年人和儿童日常生活带来不便，狭窄的楼梯会给大型家具搬运带来困难。起居室与客厅的挑空空间(或称“吹拔”)可改善居室空间的采光通风性能，应当注意挑空空间的位置和大小，并采取适当的噪声屏蔽措施。

综合上述，与平层住宅相比，错层住宅、复式住宅与跃层住宅空间形式多样、个性突出，建筑造价相对较高，反映出社会生活观念与生活方式的转变。随着社会经济、文化、技术的全面发展，新型住宅将会不断出现，建筑师还应当关注社会人口老龄化、建筑及环境无障碍通行、建筑节能化及智能化设计等问题，推进居住建筑的发展。

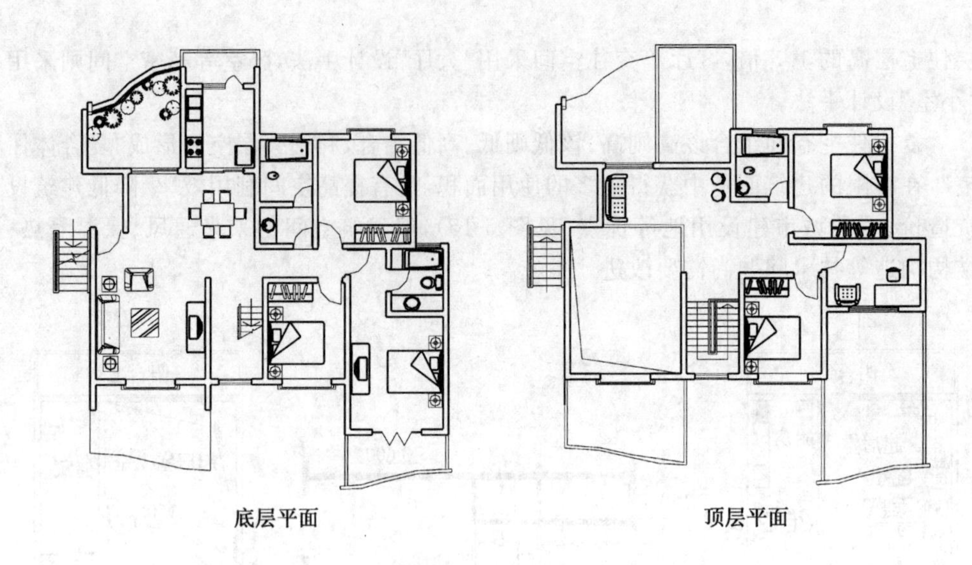

图 5-16　跃层住宅

2. 当代居住建筑的探索

20 世纪 60 年代荷兰建筑师开始研究“SAR(stichting architeten research)支撑体住宅”,探索居住空间的可变性。该住宅以固定的结构骨架作为空间支撑体,以通用、可拆装的构件设施作为空间填充体,住户可以根据自己的需要自己动手组装空间。

20 世纪 70 年代德国建筑师提出“新家乡住宅体系”,探索居住空间的集约性。该体系将一较大的居住空间划分为干区和湿区,干区内设置家具陈设可变的卧室与起居室,湿区内设置设备、管道相对固定的厨房与卫生间;干区和湿区相互融合。“新家乡体系住宅”实际上是“SAR 支撑体住宅”的一种延伸和发展。

20 世纪 80 年代美国建筑师格雷夫斯等人在日本尝试“α 室”住宅设计,研究居住空间的功能复合性。“α 室”实际上是一种预留、未经建筑师功能定义的居住空间。在住宅建成之后的使用调查中,“α 室”被使用者当作小商店、小餐馆、小休息亭等非居住功能空间使用。

20 世纪 90 年代以来,我国建筑师开始尝试“商住楼(SOHO)”“空中花园”“顶层阁楼(LOFT)”等居住建筑设计,研究居住空间的功能复合性,探索居住空间的景观渗透性。改变走廊、阳台及屋顶等概念设计,强调阳光、空气和景观视线与居住空间的关系,构筑新型居住建筑及环境形态。

5.2　单元组合

当代居住建筑具有独立别墅、低层联排屋、多层景观洋房、高层公寓等多种形态,其发展过程凝聚着建筑师的创新精神与设计才华。

单元组合大致有独立单元组合、水平单元组合、垂直单元组合三种方式。独立单元组合运用于低层别墅、多层点式住宅、高层塔式住宅；水平单元组合运用于双拼别墅、联排屋(即联排住宅)、叠层住宅；垂直单元组合运用于高层住宅、高层公寓。

单元组合对建筑形象及环境形态的建构具有重要影响。如市郊和城郊结合部土地资源相对宽裕、地价相对便宜，居住建筑可以采取独立单元组合、水平单元组合；城市中心区土地资源紧缺、地价昂贵，居住建筑适宜采取垂直单元组合，垂直单元组合是降低建设成本、节约土地资源的一种有效措施。

5.2.1 独立单元

1）低层独立式别墅

一般别墅的特点是：① 注重建筑与环境关系，强调空间流动与景观渗透，配置环境活动设施；② 建筑及环境占地面积大，对地形的适应性强，结构形式相对简单；③ 建筑以空间组合及形体造型等塑造个性；④ 道路、水暖电、燃气等基础设施投资较高，因此建筑及环境造价也相对较高。

低层独立式别墅单家独院，建筑空间组合与院落方位关系密切；结构根据空间跨度、层高选择形式；建筑通过屋顶、门厅、楼梯间、阳台及门窗等构件设施进行造型及构图等(见图 5-17)。

2）多层点式住宅

多层点式住宅四面临空、外形独立，适用于零星、小地块用地建造；楼层住户一般有 2～6 户，围绕楼梯间布置，不同套型可以从不同方位获得采光通风条件。此类建筑占地面积相对较少，单元组合可分为楼梯联系层间、走廊联系楼层两种方式(见图 5-18)。

(1) 梯间式组合

梯间式住宅通过垂直楼梯间组合单元空间。按照楼梯间的分布位置划分，梯间式住宅有“南梯北厨”和“北梯北厨”两种空间组合方式。

“南梯北厨”住宅的单元出入口与楼梯间位于南向、套型内部厨房位于北向，南向居室位置被楼梯间占据。由此，可以形成有利于节约建设用地的“小面宽、大进深”住宅形态。

“北梯北厨”住宅的单元出入口与楼梯间位于北向，套型内部厨房位于北向，南向通常设置主卧室、起居室等，北向设置次卧室、书房、餐厅等。由此，可以形成有利于采光通风的“大面宽、小进深”住宅形态。

梯间式住宅具有套型空间紧凑、私密性强、户间干扰少、公共交通空间面积少等优点，但缺少邻里交往空间。因此，提高单元出入口的识别性、提供邻里交往机会等，成为建筑师的工作重点。

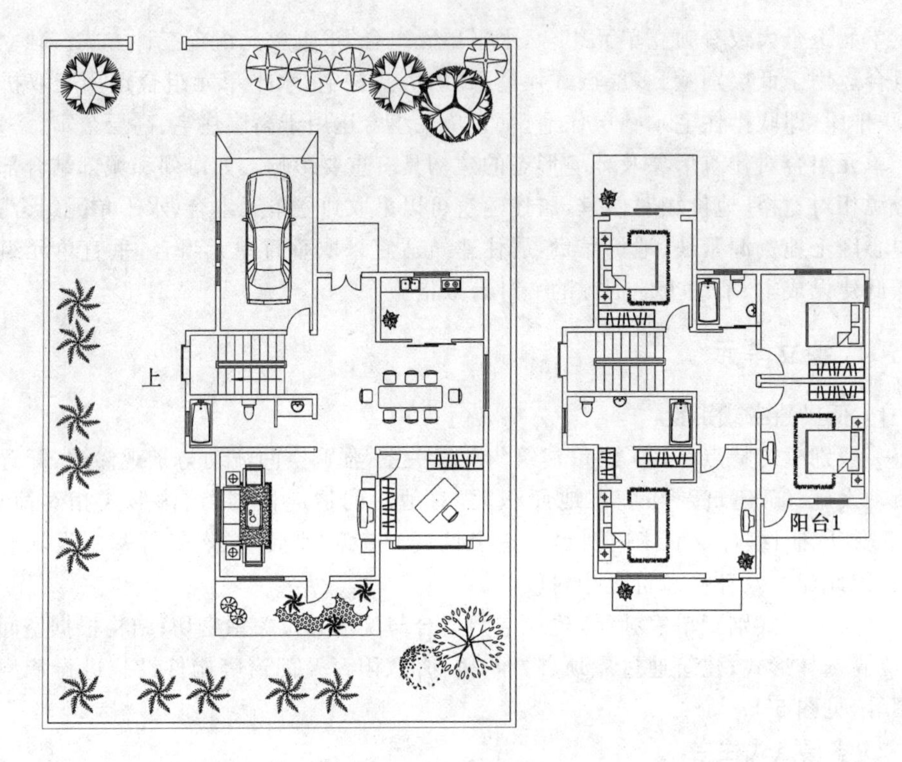

图 5-17　低层别墅

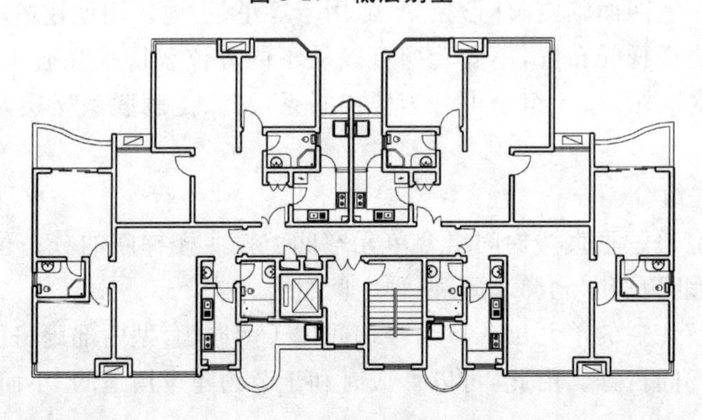

图 5-18　多层点式住宅

(2) 走廊式组合

与梯间式住宅相比,走廊式住宅以水平走道组合单元空间。按照走廊的分布位置划分,走廊式住宅有“内走廊”与“外走廊”两种空间组合方式。一般“内走廊”住宅出入迂回、采光通风间接,基于结构形式考虑,高层建筑多采用此组合方式;“外走廊”住宅出入便捷、采光通风直接,多用于多层建筑。

走廊式住宅为邻里交往提供机会,但住户面向走廊开设窗户,降低了居住空间的私密性。走廊式住宅设计需要控制走廊的长度和宽度,均匀分布楼梯的位置,改善交通空间的采光通风条件。此外,走廊式住宅的形体呈单一线型(被称为“板楼”),应通过形体凹凸变化、阳台或走廊造型丰富建筑形象。

3）高层塔式住宅

一般高层塔式住宅设置门厅与门斗、封闭楼梯与防烟楼梯、疏散电梯与消防电梯等，通过垂直交通空间提高人流可达性、组合套型空间水平（见图 5-19）。常有以下几种布置方式。

① 设置“交通核心筒”，以“交通核心筒”组合空间。此类住宅使用空间紧凑，使用空间与公共交通空间关系简明，结构形式稳定，但“交通核心筒”不直接对外，部分住户位居北向。因此，配合结构形式、人流疏散、空间采光通风设计尤为重要。

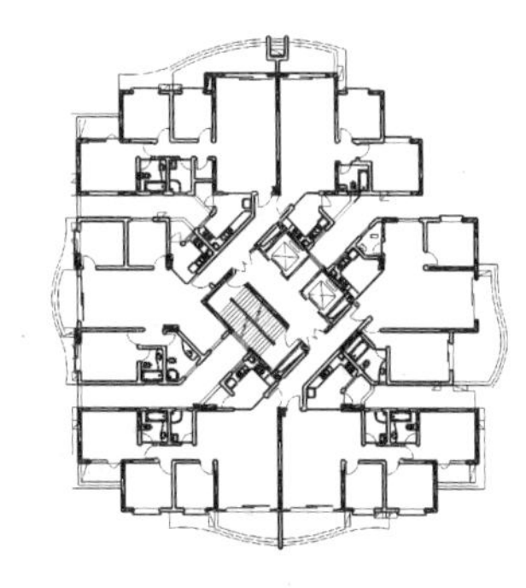

图 5-19 高层塔式住宅

② 设置“共享中庭”，以“共享中庭”组合空间、改善空间采光通风条件。此类住宅可布置较多的小型住户，所以应控制“共享中庭”及周边走廊的尺度。

③ L 型、U 型、Y 型等高层建筑属于“交通核心筒”和“共享中庭”的开放形式，可以增加住户数量、提高南向住户比例、改善空间采光通风条件，同时还要考虑两端住户的通行疏散、安全避难问题，如设置两部避难楼梯，避难楼梯附近设置消防电梯和开敞阳台等。

从开发建设与使用管理的角度看，当前高层住宅存在的主要问题有：一是建设成本高，一般为多层住宅（黏土砌块体系）的 2～3 倍，建筑售价也高；二是建设周期长，一般为多层住宅的 2～3 倍；三是公共交通空间面积大，一般占建筑面积的 20%～30%，每户公摊公共交通空间面积增加；四是电梯管理运营费用高。由此，在进行集合建设过程的中、高层住宅包括高层建筑，应注意节地、节能设计。

5.2.2 组合单元

单元组合的目的在于满足快速设计、集合建设需要。单元组合方式可为单一套型组合，也可为多样套型组合，其空间开间、进深、层高等尺度以及结构形式等应当相对一致。提高单元组合效率即节约建设用地、提高建筑面积，应当充分利用公共交通空间。

1）双拼式别墅

双拼式别墅由两户独立式别墅拼接而成。套型空间三面临空，因而采光通风条件良好（见图 5-20）。与独立式别墅相比，双拼别墅节约建设用地、减少市政基础设施投资。

2）联排式住宅

联排式住宅由三户以上独立式别墅拼接而成，单元住户 3～10 户、单元层数 2～3 层、单元长度 50～60 m（见图 5-21）。单元组合有横向拼接、纵向拼接、斜向或错位拼接等方式；单元组合过长不利于人流通行疏散、空间采光通风、建筑保温隔热等；单元组合过短则不利于节约建设用地。

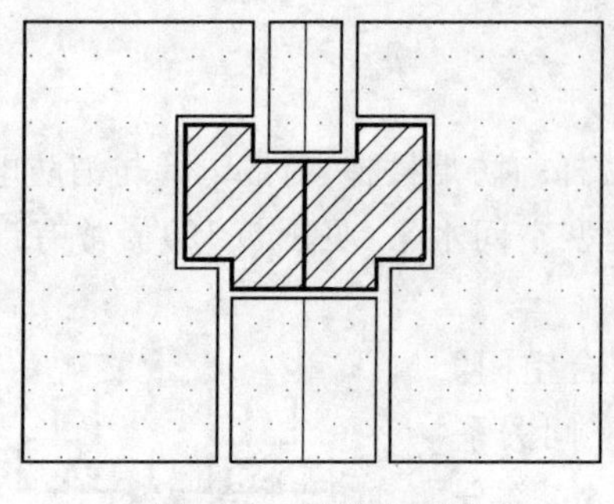

图 5-20 双拼式别墅

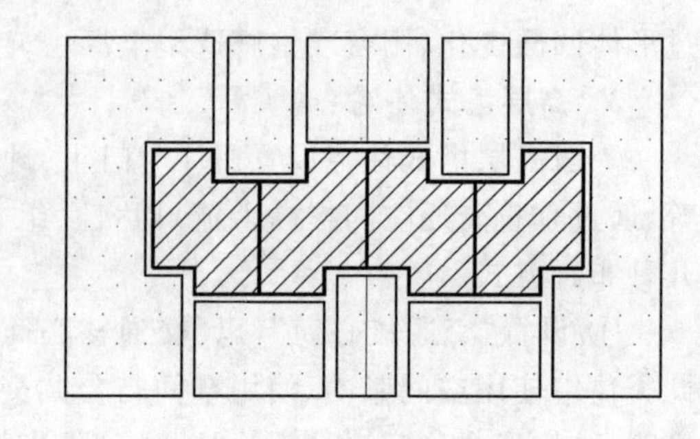

图 5-21 联排式住宅

与独立式、双拼式别墅相比,联排式住宅居住标准相对较低,日照及通风要求较高,建筑密度有所提高,建设用地及市政基础设施投资成本有所降低。为进一步提高土地利用率,联排住宅经常采用“小面宽、大进深”建筑形式,同时设置“内庭院”改善“小面宽、大进深”建筑形式所带来的采光通风不利问题。

3) 叠层式住宅

叠层式住宅可分为多层板式住宅和高层板式住宅两种类型:多层板式住宅设置楼梯、高层板式住宅配置电梯。与双拼式别墅、联排式住宅相比,叠层式住宅的规模化、集合化程度有所提高,但对建设用地的适应性却有所降低。

叠层式住宅由多个单元组合而成,每个单元设置楼梯或走廊,服务 2～6 户。一般单元面宽 8～12 m、单元进深 10～15 m。单元组合有平直组合、错位组合、转角组合、多向组合等方式,与多层点式住宅和高层塔式住宅的空间组合方式类似。

(1) 梯间式组合

单元通过楼梯、电梯联系层间住户。常见形式除一字形以外,还有 X 型、T 型及 Y 型等。按照楼梯间的分布位置划分,有“北入口”“南入口”两种单元组合方式。

一般一梯两户住宅的住户少,居家生活较安静,套型优劣差距较小;一梯三户住宅的楼梯利用率较高,边端套型有两个朝向、中间套型只有单一朝向,因此中间套型较难组织采光通风;一梯四户的楼梯利用率高,每一套型有可能争取到一个朝向,一般将“少室户”布置于单元中间、“多室户”布置于单元两侧(见图 5-22)。

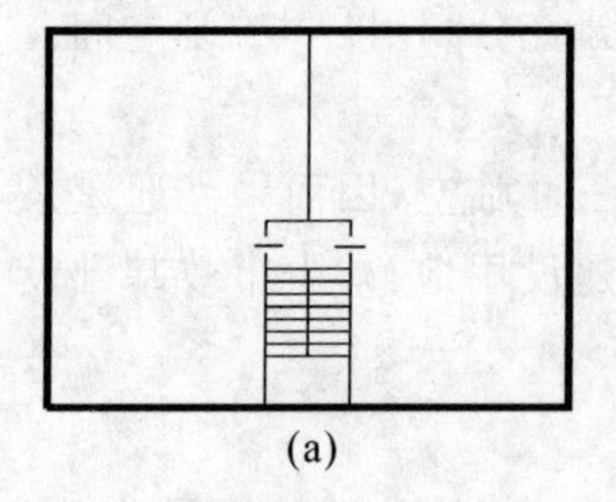

(a)

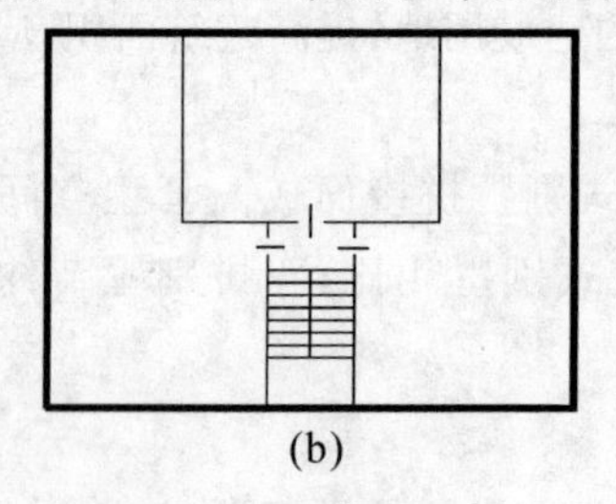

(b)

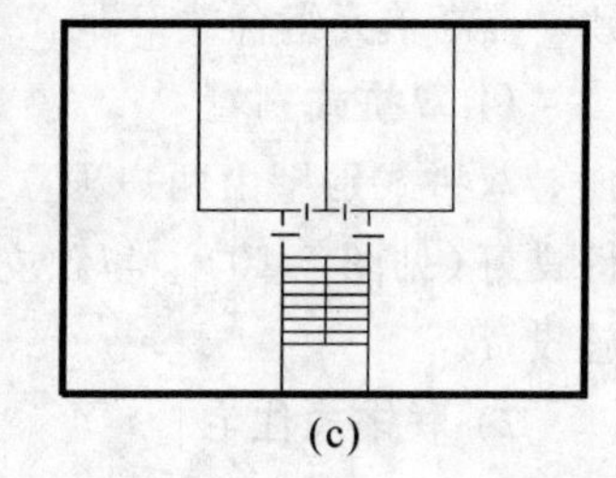

(c)

图 5-22 梯间式

(a) 一梯两户;(b) 一梯三户;(c) 一梯四户

(2) 走廊式组合

单元通过走廊、楼梯联系层间住户。走廊开敞程度无法规要求，且与楼层面积无关，但应考虑走廊一侧或两侧住户的私密性。按照走廊的分布位置划分，有“外廊式”“内廊式”两种单元组合方式。

“外廊式”组合有长外廊和短外廊两种形式，长外廊服务住户多、短外廊服务住户少(见图 5-23)。“外廊式”组合一般将居室空间(套型)设置于南侧，将交通空间(外廊)设置于北侧。炎热地区的“外廊式”住宅可获得有利的采光通风条件，寒冷地区的“外廊式”住宅不容易保温防寒。

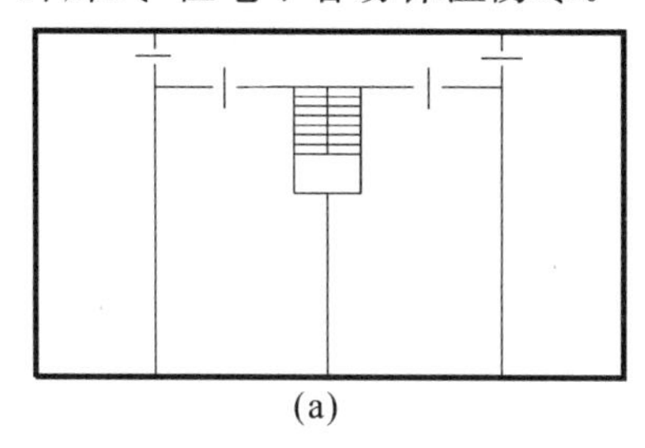

(a)

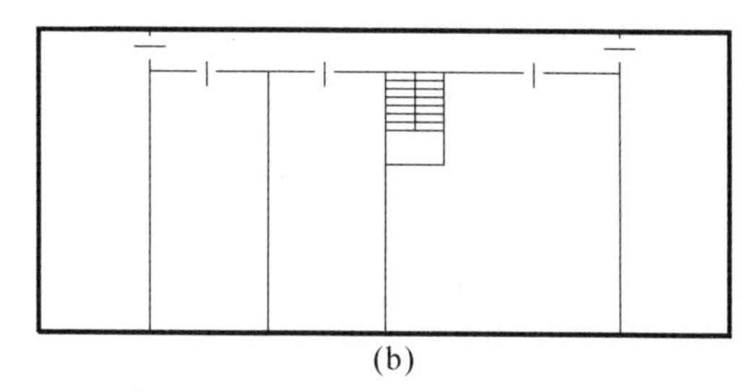

(b)

图 5-23　外廊式

(a) 长外廊；(b) 短外廊

“内廊式”组合有长内廊和短内廊两种形式，长内廊服务住户多、短内廊服务住户少(见图 5-24)。“内廊式”组合套型朝向单一、南北或东西好坏各半，交通空间利用率高，节约建设用地，但还需要改善居室空间(套型)的采光通风条件，解决交通空间(内廊)的防火排烟问题。

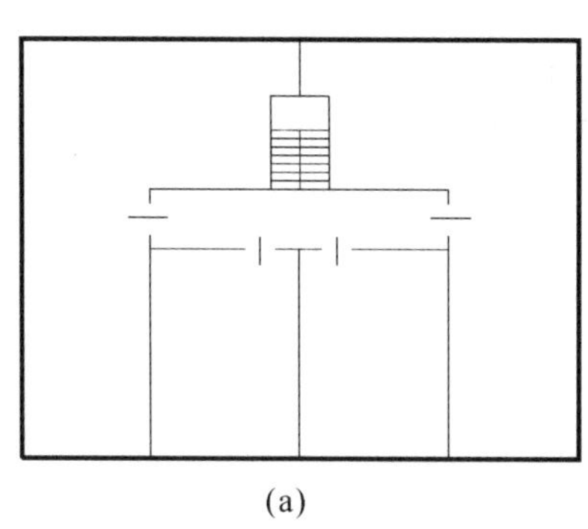

(a)

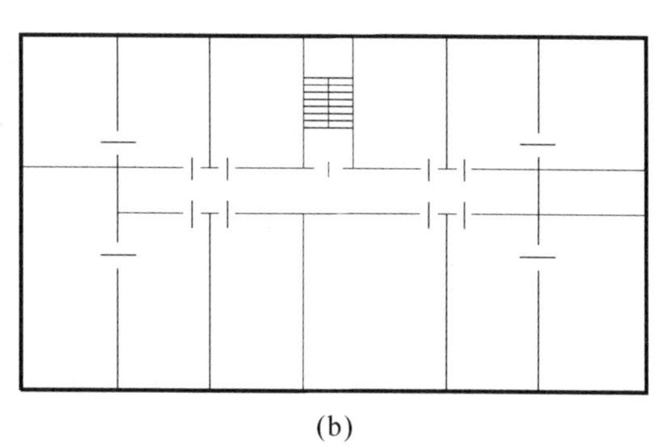

(b)

图 5-24　内廊式

(a) 长内廊；(b) 短内廊

(3) 跃廊式组合

单元于一层、三层、五层……或二层、四层、六层……隔层设置公共走廊、楼梯间、电梯停靠站。住户由公共走廊进入户内，再由户内楼梯进入上层或下层居室。每个住户占据上下两层空间。跃廊式组合增加住户数量和居室面积，减少公共交通空间面积，提高建筑规模化、集合化程度。柯布西耶设计的马赛公寓就是跃廊式住宅的一个典型例子。

(4) 双走廊组合

单元由两个外廊式住宅拼接而成,相当于"内庭院"住宅。此形式曾被大型集合住宅所采用,近年来在城市高层建筑、超高层建筑中得到运用和发展。"内庭院"可调节和改善环境小气候,营造共享空间特有的环境氛围。在实际运用中,还应控制"内庭院"的长宽高尺度。

5.2.3 变化单元

随着人们生活观念及生活方式的改变、居住标准及质量的提高,居住建筑呈现人性化、景观化、立体化发展趋向。建筑师从不同方向、以不同途径探索居住建筑形态,利用底层空间特点设置庭院、发挥楼层空间优势设置景观阳台、拓展顶层空间特点设置屋顶花园等。除平层住宅以外,错层住宅、复式住宅、跃层住宅等随着时代的发展应运而生。

1) 底层变化——一跃二住宅

在多层住宅中,底层为"跃层式"套型、楼层为"平层式"套型,底层与楼层住户分别入户,可以产生新的多层住宅形态。"跃层式"套型一层部分设置独家院落和交往活动空间、二层部分设置开敞阳台和私密活动空间,住户可以享有入住别墅、联排屋的感受。当一层空间高度大于 3 m 时,还可以局部设置错层空间(如厨房、餐厅、储藏室、洗衣房、卫生间等),使套型空间富有变化。此类住宅建筑面积通常在 200 m^2 以上。

2) 楼层变化——错层住宅

错层住宅有套型错层和单元错层两种方式。单元错层利用楼梯平台地坪标高错层,住户分别由不同的平台入户,一般一梯两户,围绕楼梯平台各错半层。此类住宅套型独立性强、户间干扰小、楼梯间利用率高,因而坡地住宅中被广泛采用(见图 5-25)。

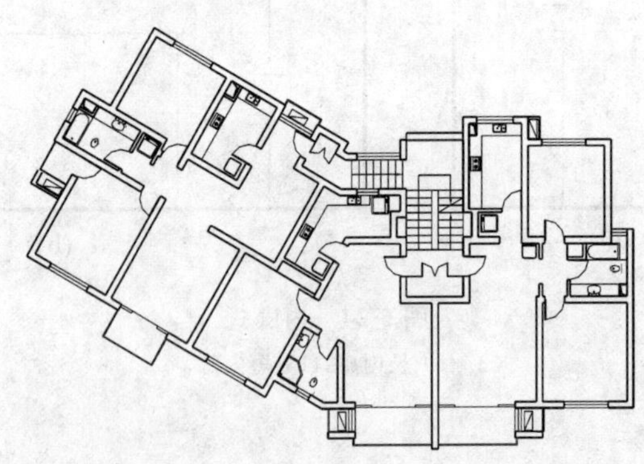

图 5-25 错层住宅

错层单元组合有单元横向组合、单元旋转组合、楼梯间插入组合等方式,可利用地形高差设置单元出入口,也可将楼梯间附贴于单元外侧,还可将楼梯间作为插入体插入单元，因地制宜、灵活错移。

3）顶层变化——六跃七住宅

我国《住宅设计规范》(GB 50096—2011)要求7层及其以上住宅必须设置电梯。由此，多层住宅设置6层，6层部分设置“跃层式”套型，可以在不设置电梯的情况下形成“六跃七住宅”(见图5-26)。

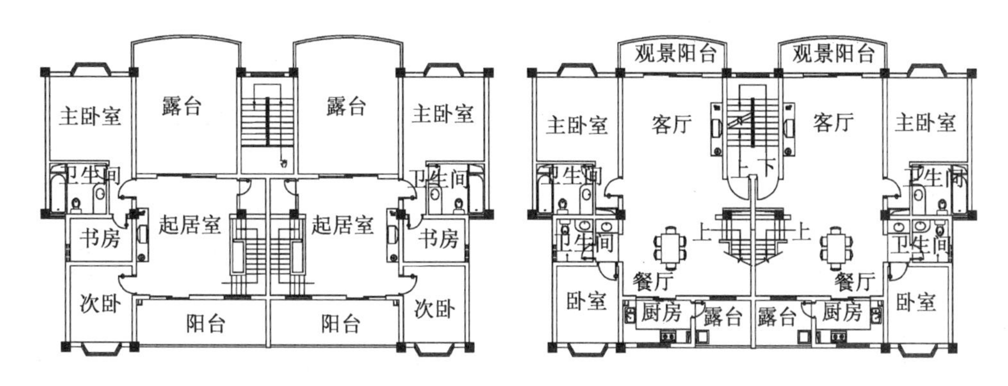

图5-26 六跃七式住宅

“跃层式”套型实际上是“平层式”套型的发展演变。“跃层式”套型运用于多层住宅的顶层，还可作不同变化，如结合建筑方位设计“北向退台”、结合建筑功能设置“空中花园”，结合建筑造型设计“坡屋顶”等。传统的“阁楼(LOFT)”不再是储藏空间，它之所以被现代社会普遍认可，其原因是“阁楼(LOFT)”还可用作家庭起居、聚会、会客、娱乐的场所。

5.3 群体布局

就居住建筑而言，群体布局即居住区、小区或组团规划设计。规划设计的本质是合理利用土地资源、综合配套生活及服务设施、营造适居人居环境等；规划设计的条件和依据是居住建筑规模、公共服务设施配套要求，以及建设用地条件、地区气象条件、国家地区法律法规要求等；规划设计的步骤和方法包括场地设计、功能分区、交通组织、建筑布局、环境绿化及活动设施配套等。建构人与自然和谐发展的人居环境，是居住区、小区或组团规划设计的宗旨目标。

5.3.1 公共服务设施

居住区、小区或组团规划中，公共服务设施按照一级、二级或三级进行布局：一级即居住区级，公共服务设施包括文化活动中心、医院、菜市场、综合百货商店、旅店、银行、邮局、派出所、街道办事处、房管所、工商及税务管理所等服务机构；二级即居住小区级，公共服务设施主要包括中小学、托幼所、文化活动站、粮油店、菜站、小吃部、小百货店、储蓄所、邮政所等服务设施；三级为居住组团级，公共服务设施主要包括卫生站、青少年及老年人活动室、综合基层店、服务点、居委会等服务设施。

公共服务设施布局大致有三种方式:一是线性布局,公共服务设施沿道路布局形成“步行街”形态格局,可获得显著的服务效益,应注意人车分流;二是片状布局,公共服务设施集中布局形成“便民服务中心”形态格局,有利于获得综合效益,应注意功能配套;三是线性与片状相结合布局,此布局方式兼有前两者的优点和缺点。三种布局方式应根据建设用地及建筑规模、居民生活习惯、地区气候条件等因素综合考虑。

1. 商业设施

商业是城市、居住区中最具有活力的部分。商业设施包括商场、超市、菜市场、粮油店、饮食店、理发店、报刊零售店等。一般大型规模的商业设施应当集中布置,以发挥“规模效应”;中小型规模的商业设施应当分散布置,以发挥“边界效应”。

在居住区规划中,商业设施布局应考虑人流可达性、驻留性、安全性等问题。一般沿城市公共交通站点,以及居住区主要出入口、道路中心地段布局,设置集散广场、停车场、建筑及构筑设施等,并以绿地及绿化设施屏蔽噪声、气味、视线干扰。

商业设施可独立设置也可与住宅联合设置,形成“前店后寝”“底商楼宅”形态格局,以综合发挥社会、经济、环境效益。

2. 公共服务设施

公共服务设施包括幼儿园、中小学校、邮政储蓄所、医疗卫生所、健民康体中心等。公共服务设施按照其服务人口及服务半径配置内容及规模。一般居住区 30 000~50 000 人,公共服务设施服务半径 800~1 000 m;居住小区 7 000~150 000 人,公共服务设施服务半径 400~500 m;居住组团 1 000~3 000 人,公共服务设施服务半径 150~200 m。

我国《城市居住区规划设计规范(2002 年版)》(GB 50180—1993)要求:居住人口 10 000~15 000 人的居住小区,应当设置一所中小学校;中小学校服务半径 500 ~ 1 000 m。中小学校应有足够的建设用地,方便的出入口和道路,有利于校舍及运动场布置的地形,良好的日照通风条件,远离铁路和城市交通干道、物流密集地段的干扰。其选址有三种方式。

① 选址于居住区或小区中心,其服务半径较小,但对居民生活的干扰较大。

② 选址于居住区或小区边缘,其服务半径较大,但对居民生活的干扰较小。

③ 选址于居住区边缘、小区中心,其服务半径较小,对居民生活干扰也较小。一般中学建筑 3~5 层,小学建筑 2~3 层,可通过“统一规划、一次建成”及“预留用地、分期建设”两种方式进行建设。

此外,医疗卫生所、健民康体中心、游戏运动场等也是居民日常生活的必备设施,应考虑社会生活的发展变化,关爱老年人、儿童、残疾人的实际需求,与居住建筑及环境功能配套、控制合理的服务半径。

3. 配套服务设施

配套服务设施包括变配电站、公共厕所、垃圾站、中水处理站以及物业管理中心等。

变配电站一般布置于城市及居住区道路的一侧，方便城市电力、电讯管网的转换和接入；设置电气室、发电机房、配电室等用房；根据工作方式与特点，变配电站应独立设置，具备一定的疏散、消防条件及设施。

公共厕所通常布置于城市及居住区道路的一侧、地区常年主导风向的下方位。

日常生活垃圾的收集、处理程序是：垃圾由分散设置的垃圾筒收集，经过分装处理后，被送往集中设置的垃圾站进行初步处理，再送往城市郊外的垃圾场进行最终处理。多数情况下，居住区中垃圾站实际上是垃圾收集与处理中转站，应当均匀分布于垃圾收集车容易进出的地方、避免对周边环境产生污染，设置具有通风换气条件的垃圾处理、清扫及管理用房，配置垃圾收集车出入场地、垃圾清洗场地及清洗设备等。

中水处理站通常布置于城市及居住区外围、地坪标高较低的地段，设置水池、水箱、水泵房等。水池可设置于建筑室内或室外，周边大于 0.50 m 范围应有保护、维修空间；水箱设置于建筑顶层，存储经过处理的生活和消防用水；水泵传送水池与水箱之间的生活和消防用水，或向各用水点直接供水。

5.3.2 公共活动中心

随着物质生活水平的提高，人们越来越重视精神生活的发展，娱乐、健身、养生成为社会活动的一个组成部分。当前的居住区、居住小区普遍设置文化站、健身康体中心、会所等公共活动设施。公共活动场所及设施的配置体现了社会的文明发展水平。

1. 公共活动中心类型

1）文化站

居住区或小区文化站是提高居民文化素质的“基地”。根据调查，居住区或小区文化站如同一所“文艺大学”；参与各种文艺活动的成员有老年人、青少年和儿童；具有文化特色的文化站更容易被居民接受。文化站规划设计应有机组合教学、娱乐、服务等设施，创造具有人文氛围的建筑环境。

2）健身康体中心

居住区或小区健身康体中心是提高居民体能素质的“基地”。使用者主要是中青年人。一般设置乒乓球、台球、网球、羽毛球、健身操、游泳等健身康体运动场和运动馆。开发建设健身康体设施，可以提高居住环境的附加价值。健身康体设施布局应当根据居住区或小区的区位条件、人口规模、基础设施分布状况等，进行综合配置。

3）会所

居住区或小区会所是居民生活的“管理中心”，经常承担物业管理、设施维修、治安检查等工作；有的会所在寒暑假期间，还为幼儿、中小学生提供素质教育服务。目前的会所设置还没有统一标准；根据实际情况需要，一个居住区应当配置一个会所。作为居住区或小区的“管理中心”，会所布置可独立布置，也可与其他建筑联合布置。

5.3.3 住宅群

住宅群布局的目的在于充分利用土地、水利、气候等资源,建构和谐、优美、绿色的居住环境。住宅群布局需要综合考虑建筑与场地、建筑与道路、建筑与建筑之间的关系。场地地形、建筑日照、地区风向、道路结构、建筑防火间距等是住宅群布局的基本条件。住宅群布局大致有以下几种方式。

1) 独立式

利用零星建设用地设置多层点式住宅或高层塔式住宅。道路是住宅布局的“结构控制线”。住宅单体容易形成标志性建筑,住宅群体通过道路(实线)、景观视廊(虚线)建立联系。绿地、水面、活动场地及设施、自然植被等构成公共活动场所。此布局方式可获得生动活泼的空间构图,适用于地形复杂、地段不规整的建设用地。实际运用应因地制宜,根据地区地理、气象、法律法规等条件,组织住宅群。

2) 行列式

住宅群平行或垂直于地形等高线、建筑日照线、道路结构线等布局,呈规整空间形态。此布局方式可以使建筑群获得良好的日照和通风条件,有利于建筑及环境集合建设,但容易使居住区形成单调、呆板的视觉感受。突破“兵营式”形态格局,可以采用建筑间距变化、山墙错位、单元错接等措施,改变建筑及环境景观效果。

在我国的地理版图中,行列式布局最适合于南北向住宅、南偏东或南偏西 5°~15°住宅布局。一般以建筑单元 3~4 个、建筑长度 50~60 m 分段。建筑山墙面的防火间距 6 m(多层与多层建筑之间)、9 m(多层与高层建筑之间)、13 m(高层与高层建筑之间);建筑采光面的日照间距、通风间距按照建筑高距比 1∶0.8(南方地区)~1∶1.5(北方地区)控制;建筑山墙面与另一建筑采光面转角组合时,形成“山墙对大面”形态,此时建筑间距按照建筑高距比的 1/2 控制。

山墙错位、单元错接可打破住宅群的“平整关系”,使住宅群产生“凹凸变化”,在改变住宅群整体形象的同时,使建设用地有所空缺,不利于有效利用土地。

3) 周边式

住宅群沿场地或道路四周布局,呈封闭空间形态。此布局方式可有效利用土地,区分内外空间,但很难解决东西向住宅的日照与通风问题。因此,此布局方式适用于寒冷、多风沙地区,不适用于炎热、少风雨地区。

周边式布局有单层周边式布局、多层周边式布局和自由周边式布局三种方式。单层周边式布局容易形成较大的院落空间;多层周边式布局容易形成从中心到边缘的“层圈空间模式”;自由周边式布局强调依山就势、因地制宜。

周边式布局所产生的院落,经常被居民当作“小型开放式公园”,设置水池、绿地、植被及亭台楼榭等公共活动设施。

4) 混合式

混合式布局包括组团式、街坊式、院落式等布局方式。

大规模的住宅群规划适宜采用组团式布局。控制居住人口规模，划分功能区域，采取独立式、行列式、周边式相结合的布局方式，通过地脉肌理与文脉秩序的协调，营造既统一又有变化的居住环境。

我国的传统聚落实际上是“商住混合区”，住宅群具有“前店后寝”和“底商楼宅”两种形态。现代居住区规划中，沿区域外围边界（周边式）布局公共服务设施、沿区域内侧及中心（行列式）布局住宅群，可产生新型“街坊式”空间格局、营造新型邻里关系。

“院落式”空间形态是我国传统居住建筑的精髓。住宅群采用周边式布局，强调的是院落空间的围合感、凝聚力、私密性与交流性等，可以由此突破行列式布局概念，传承传统空间布局精华，为人们提供一个舒适、安全、人性化的居住环境，并形成和谐的邻里关系。目前此布局方式还需要进一步控制院落空间的适宜尺度。

从城市空间的角度来讲，居住区是城市空间的重要层次与结点，上通城市下达居住小区和住宅。居住区布局应与城市规划协调一致。当代我国居住区规划布局主要有以下几种形式。

片块式布局——按照“居住区-居住小区”二级结构或“居住区-居住小区-居住组团”三级结构模式，划分用地、组织道路、布局住宅及公共设施。

轴线式布局——以道路、绿化带、水面等作为景观视廊和空间轴线，建构居住建筑与居住环境。

向心式布局——道路呈环绕状或放射状，建筑依山就势或向心围合。

围合式布局——住宅及公共设施沿用地周边布局，形成由若干次要空间围绕一个主导空间的形态格局。

集约式布局——住宅及公共设施集中布局，立体开发空间，并使地上地下空间贯通、室内室外空间渗透，形成功能完善、形式集约的居住环境。

隐喻式布局——以几何图案、生物细胞、历史画卷等事物为原型，并概括、提炼、物化为建筑形态语言，使人产生视觉领悟和心理联想，增强环境感染力，构成“意在象外”的境界升华。

【思考与练习】

5-1 简述住宅空间构成及其关系。

5-2 简述当今厨卫空间的发展趋势及其原因。

5-3 简述错层式住宅、复式住宅和跃层式住宅的特点。

5-4 简述居住空间组合方式及其特点。

5-5 简述高层塔式住宅的布置方式及其适用条件。

5-6 简述居住区商业服务设施的布置原则。

5-7 简述住宅群体的布置方式及其特点。

6 环境构成

【本章要点】

本章内容包括环境类型、环境形态、环境建构三个部分。环境类型部分涉及环境概念、分类、作用及意义等问题;环境形态部分涉及环境类型形态、功能形式、构成要素等问题;环境建构部分涉及环境构成要素及关系、构成原理及方法等问题。

环境类型部分提出环境概念,分别从系统论、景观学、工程学角度,概述环境类型、环境作用及意义;环境形态部分在把握环境类型的基础上,比较园林与公园、步行街与广场、庭园与庭院三类公共环境特点,概述环境构成要素及关系;环境建构部分在总结前文内容的基础上,分析人、空间环境、构件设施的特点及相互关系,指示环境构成的基本原则和方法。

本章的编写目的在于说明:①环境是一个客观、独立存在的大系统,其存在时间比人类长久,其系统内容涉及天文地理、风土民情、工程技术等知识;②当环境被作为一种社会资源而加以利用时,建筑师、景观建筑师应善待环境,征服和掠夺环境最终要受到环境的惩罚和报复;③各种环境景观是一种物质表象,其设计技法中隐含着设计理念,“心比法高”“法比手高”,建筑师、景观建筑师应善于学习前人的理念、善于借鉴前人的方法。

6.1 环境类型

环境是人类生活的“物质载体”、客观存在的“视觉景观”、社会文化发展与经济建设的“外在影响力”。环境包括物质环境与非物质环境两大类型。环境建设的目的在于使用环境,需要把握人、建筑、环境的整体关系。

6.1.1 环境概念

在社会学中,环境一般指作用于有机生命体的外界影响力的总和,也是人们认知、体验和反映的外界事物的总体。日本学者相马一郎说过“环境可以说就是围绕着某种生物,并对这种生物的行为产生某些影响的外界事物”。美国学者沙蒙(H. A. Sirrorr)也曾说过“环境与有机体的感觉器官、要求和行为活动相依存”。

各种学者对环境的定义各有不同。为便于理解,我们以日常生活为例说明环境概念。

人们选购住所时,除考虑房价和房型结构之外,更关注住所位置、交通条件,以及商业、医疗、文教、休闲娱乐等公共服务设施配置等问题,这些问题影响着人们的日常生活;人们离家外出时,一般都会考虑目的地、交通方式、出行时间及天气状况等问题,这些问题同样影响人们的日常生活。

人类创造环境、环境影响人类生活,环境与个人、社会具有密切关系。美国社会生态学教授伊文思(G. Evans)在《环境应力》一书中阐明了人与环境的关系,同时指出了其表现形式:一方面,我们的行为影响着环境质量,我们消耗的能量、购买的产品和支持的经济与政治政策等影响着环境构成条件;另一方面,我们的环境影响着我们的生理和心理健康,长期生活在衰败、肮脏环境里的人们做出的酗酒、斗殴、凶杀等暴力行为受其环境的直接影响。因此,环境对个人、社会的影响不容忽视和低估。

6.1.2 环境分类

环境分类的目的在于掌握环境的静态特征与动态规律,其分类依据主要是环境的共性、环境与其他事物的差异等,其分类方法主要是环境的内容组成与形式表现。

1) 环境系统

环境是一个客观存在的系统。从广义上讲,环境包括物质环境与非物质环境两大类型。自然环境、人工环境为物质环境,政治环境、经济环境、文化环境等为非物质环境。从狭义上讲,环境有生态环境、生活环境、心理环境三种类型。

生态环境是生物所需要的生存条件,包括自然生态及人工生态。自然界的空气、阳光、水体、土地及原生植物等构成自然生态;自然状态下的气候、土地、水体、绿地等经过人工改造,形成人工生态,并被人们肉眼所视。

生活环境即人类的物质生活环境,包括居住环境、经济环境(如商业网点)、文化教育环境(如中小学校、幼儿园、文艺活动中心等)、基础设施环境(如给水排水、电力电信、煤气、垃圾及污水处理等)、游憩环境(园林公园、健身康体中心等)、治安环境等。

心理环境是人们在视觉作用下的精神生活环境。阴暗、肮脏、不安全的环境没有人喜欢;安宁、卫生、舒适、优美的环境被人们普遍接受,启发人们对"田园风光""世外桃源"等景象的遐想和憧憬。

各种环境一般均具有自然性、社会性、人工性(或人为性)特性。自然性指环境的地理方位、起源发展、自然形态特征等;社会性指环境系统组织及其相互关系等;人工性指人为划定的环境使用性质、内容、范围以及开发建设计划、使用经营方式、服务管理要求等。

2) 环境景观

环境是一种视觉景观。从景观形态学的角度讲,环境大致有自然景观、人文景观、人造景观三种形态。

(1) 自然景观

未加以人工修饰的自然环境经常构成一种自然景观。

山岳是大地景观的"骨架"。山峰、岩崖、洞府、溪涧、峡谷等,构成山岳雄、险、奇、秀、幽、旷、深、奥等形态特征。山岳一般以地质地貌划分类型,如岩石、岩溶及丹霞地貌、历史名胜山川等。随着地质地貌的变迁,这些山岳各具景观特色和美学意义(见图 6-1、图6-2)。

图 6-1 山岳一

图 6-2 山岳二

水体是大地景观的“血脉”、生物繁衍的“条件”。江河、湖泊、池潭、溪流、瀑布等水体给人以亲近感,构成广义的水景资源(见图 6-3、图 6-4)。

图 6-3 瀑布

图 6-4 湖泊

日出、晚霞、云雾、海市蜃楼等天文气象现象也是一种自然景观,大多定时、定点出现,给人以视觉美的体验和享受(见图 6-5、图 6-6)。

图 6-5 戈壁日出

图 6-6 戈壁日落

植物、动物、微生物是保持生态平衡的“主体”，也是环境形态的“构成要素”。所说的植物景观包括森林、草原、花卉等植物，动物景观包括鱼类、昆虫类、两栖爬行类、鸟类、哺乳类等动物(见图 6-7、图 6-8)。

图 6-7 蒙古草原

图 6-8 森林

(2) 人文景观

在一定的社会环境中，各种文物古迹以及各种文艺创作、民俗风情、节日庆典等社会活动，综合构成一种人文景观(见图 6-9、图 6-10)。

图 6-9 蒙古族歌舞

图 6-10 傣族泼水节

名胜古迹(如古城池、古建筑、古园林、古工程等)是人类社会发展的“见证”、特殊工艺品(如石窟壁画、碑牌题咏、字画雕刻等)是人类社会文明的“载体”，具有历史纪念意义和艺术观赏价值，需要给予保留和保护(见图 6-11 至图 6-14)。

民俗风情是人类社会物质与精神文明的一个重要组成部分。我国地域广博、民族众多，不同地区的民族歌舞、逸闻传说、地方节庆、宗教礼仪、生活习俗、民间工艺、饮食服饰、庙会集市等，构成地域风情，成为发展旅游事业的社会资源。

图 6-11　嘉峪关

图 6-12　月牙泉

图 6-13　麦积山石窟

图 6-14　麦积山佛像

社会文化历来与社会经济、人民生活紧密相关。目前,我国各地的生产性旅游观光项目有果木园艺、名贵动物饲养、水产养殖及捕捞等。风味特产有茶酒、地方风味食品以及苏、粤、鲁、川四大名菜系;陶瓷、刺绣、漆器、雕刻等工艺美术品;人参、鹿茸、麝香等名贵药品;纺织、丝绸、皮具等土特产品。地方经济产业、名特优工艺品及风味食品也是地域人文景观的重要组成部分。

(3) 人造景观

道路、广场、建筑及构筑设施是城市、乡村中的人造景观。在城市、社区、居住区中,广场、道路、建筑及构筑设施分别以“点”或“面”“线”“体”的形式存在;这些“点”“线”“面”“体”是环境形态的构成要素,可标识环境的“量(即面积、体积、容量)”“形(即形状、形式、形态)”“质(即性能、功能、品质)”,因此被称为环境的“地标”,而其中的广场与建筑及构筑设施被称为“景观节点”、道路被称为“景观视廊”。

3) 环境工程

环境建设是一个系统工程,包括道路桥梁工程、建筑设施工程、园林绿化工程等。

(1) 道路桥梁

道路是环境的"骨架"、桥梁是道路的"脉络延伸",二者是空间环境的"联系纽带"。

道路有主次、宽窄之分,还有土草路、砖石路、水泥路、混凝土路、沥青柏油路、沥青砂混凝土路等形式。桥梁有水桥、旱桥(或过街桥)之分,还有直桥、拱桥、折桥、曲桥、悬桥、浮桥等形式。

各种道路和桥梁具有划分空间、组织交通、引导视线、构筑景观等作用。在风景园林区中,道路和桥梁不仅是交通构筑设施,还是景观点和景观驻足点(见图 6-15 至图 6-18)。

图 6-15 颐和园玉带桥

图 6-16 赵州桥

图 6-17 瘦西湖五亭桥

图 6-18 长江上的大桥

(2) 建筑设施

风景园林中的建筑被称为园林建筑,可以供人们休憩、游览和交往,还能与环境共同构成景观。按照使用功能划分,园林建筑有游憩类、服务类、公用类和管理类四大类。

游憩类建筑设施包括亭、廊、榭、舫、殿、厅、堂、楼、阁、斋、馆、轩等,为科普展览、文体娱乐、旅游观光等活动提供服务(见图 6-19 至图 6-24)。

图 6-19　亭

图 6-20　廊

图 6-21　榭

图 6-22　舫

图 6-23　殿

图 6-24　斋

服务类建筑设施包括售票房、接待室、小卖部、摄影部、餐厅、茶室、宾馆等。这类建筑体量不大,但与人群关系密切,融使用功能与形式艺术为一体,在园林中起着重要的作用。

公用类建筑设施包括停车场、电话亭、饮水站、卫生间、果皮箱、路标标志牌、市政基础设施等。

管理类建筑设施包括办公室、广播站、医疗卫生站、治安执勤站、变配电室、垃圾站、污水处理站、门卫室等，为公园、风景园林区管理提供服务。

(3) 园林绿化

改造自然，创造优美的环境及意境，是人类造园、造景的目的。园林绿化工程可划分为山水工程、山石工程、水景工程、绿化种植工程、灯光音响工程等。

① 山水工程。陆地和水体是自然环境的“基底”和“骨架”。

陆地有平地、坡地、山地三类地形。自然平地有土地、草地、砂石地等形式；经过人工改造后有绿地、砖石地、混凝土地等形式，一般排水坡度0.5%～2%。坡地分缓坡地(坡度3%～8%)、中坡坡地(坡度8%～25%)和陡坡地(坡度25%～50%)三类。山地有土山、石山与土石混合山等形式，坡度一般不小于50%。造园、造景必须先相地和立基，方可造型。

水体有河流、湖泊、溪涧、泉水、瀑布等各种形态；静态水体给人明净、安宁、开朗或幽深的感受，动态水体给人欢快、清新、多变的感受。自然水体经过人工改造后呈自然型、规则型、自然与规则混合型三种形态，与自然水体一样可发挥调节气候、养殖水生物、构景造景等作用。

② 山石工程。我国传统园林以山水造园。造园活动始于秦汉时期。从古代山石堆叠及孤置赏石，到近代土泥灰塑山、现代水泥塑石，山水园林注重“以卷代山，以勺代水”。叠假山、置奇石已成为我国“山水园林”的特色之一。

假山可大致分为土包石、石包土、土石相间三种类型，模仿彩云、山峦、生物、器皿等造型；奇石选材标准是“透”“漏”“瘦”“皱”“丑”。叠假山和置奇石讲求因地制宜、就地选取。假山奇石造景，讲求文化意境，不同于日本“枯山水园林”的山水意境象征，更不同于欧洲“几何园林”的山水视觉构图(见图6-25、图6-26)。

图6-25 苏州冠云峰

图6-26 湖中堆叠石景

③ 水景工程。水景工程包括驳岸、闸坝、落水、喷泉等工程。

驳岸是水景的组成部分。开辟水面需要设置驳岸,以防止陆地被水体淹没,维持陆地与水体的稳定关系。一般驳岸有土基草坪护坡、砂砾卵石护坡、自然山石驳岸、条石砌筑驳岸、钢筋混凝土驳岸等,应在实用、经济的前提下注意驳岸的形式要求,使之与周围景色相协调。

闸坝可以蓄水、泄洪、控制水流。水坝有土坝、石坝、橡皮坝(即可充水、放水的坝)等;水闸可分为进出水闸、节制水闸、分水闸、排洪闸等,设置于水体进出口处。园林中的闸坝多与建筑、假山奇石配合,形成园林景观。

落水由水体高差引起;有直落、分落、断落、滑落等形式,产生如同溪流、山涧、跌水、瀑布、漫水等一样的动态景观。喷泉又叫喷水,有直射、半球、花卉等涌泉形式,常与水池、雕塑等结为一体,装饰和点缀园景、广场。落水、喷泉造景,还可控制其时间、声音、灯光效果等(见图 6-27、图 6-28)。

图 6-27 落水

图 6-28 喷泉

④ 绿化工程。绿化工程包括水体营造、绿地铺设、植物配置等工程。环境绿化对于净化空气、改善小气候、降低噪声、美化环境等,具有重要作用。例如:有绿化的地方往往冬暖夏凉,这与绿化植物和水体有关。树林内外的气温一般相差 3～5 ℃,比建筑群集中地区低 10 ℃左右;大面积水域对气温的调节作用也很大,如杭州西湖、南京玄武湖附近的气温就比市区低 2～4 ℃;空气湿度过低会使人感到不舒适,树木可阻挡冬季寒风,使环境变得暖和一些。

一般绿色植物可吸收人体呼出的二氧化碳、释放氧气。据调查,1 hm^2 柳杉林每年可吸收二氧化硫 720 kg;枝叶粗糙或具有茸毛的植被可吸附烟灰粉尘,使黏附在灰尘上的病菌难以扩散;有些植物(如柠檬桉、悬铃木、桧柏等)还能分泌挥发性杀菌素,具有杀菌作用。

另外,声音凭借空气波动而传播,茂密的树林与围墙一样,可以屏蔽气流和噪声;因此,街道两侧经常种植行道树。

6.1.3 环境作用及意义

人们体验环境、评价环境,从而认知环境存在的价值及其建设意义。

1. 环境作用

环境有大小之分。就大环境而言，空气、阳光、水是人类生存的基本条件。大自然中的水体、草地、植被经过合理利用及规划布局后，可改善环境质量及聚居条件，积极发挥调节气温、湿润空气、净化和过滤空气尘埃、美化环境等作用。未经开发的土地，经过合理开发建设后，可转化土地使用功能、提升土地价值、推进社会经济建设与发展。

就小环境而言，道路、广场、建筑与构筑设施是容纳社会活动的“容器”。道路承载和传递物流及信息流；广场为人群交往提供机会；建筑为社会生活提供庇护，并以其形象标识其功能及形式；构筑设施限定和围合环境。不同的环境为人们提供不同的生活选择。

2. 环境建设意义

环境存在的时间比人类长久。环境可独立存在，也可与人、建筑融合为有机整体。环境承载人类社会生活，维持生态系统平衡，以及推进社会文化建设、经济与技术发展等建设必要性。

利用、改造、创造环境是人类的本能。人们建设环境的目的在于使用环境，通过体验和评价环境，从而认知环境的存在价值及其建设意义。

据调查，城市中某些生活密度大、建筑层数低、交通条件好的环境，是人们愿意聚居的地方；建筑密度高、容积率大、交通繁忙、建筑设施杂乱的环境，只见建筑和汽车而很少见人。环境大而内容设置不当，令人索然无味；环境功能配套齐全、尺度宜人，使人乐而忘返。

另外，美国、英国和日本等国家的社会学者发现，社区居民乔迁新居后的首要工作是以围墙、栅栏界定住所范围，之后再以花草、树木美化家园环境，以此向外宣告自己的存在；投入时间、精力美化家园的住户，入住社区的时间更长久、更关爱社区的建设和发展。可见，空间领域行为是人们建设环境的开始。

社区的公共广场、花园、水池等是居民熟悉和经常使用的交往空间，居民在此相互认识和交往，建立起“远亲不如近邻”的邻里关系，并将维护环境卫生、社会治安等视为自己的责任和义务，社区意识或社区文化由此逐步形成。可见，环境建设对促进邻里交往、和谐和稳定社会人际关系具有积极作用。

环境影响人类生活，同时反映社会时代文明。环境品质建构是环境建设的核心。当前的人居环境建设正向着“回归自然”“回归历史”“高技术与高情感相结合”方向发展，环境建设工作者需要整体把握人、建筑、环境三者关系，综合运用文化、技术和经济手段，建构高品质人居环境。

6.2 环境形态

环境是一种视觉景观。从社会发展的时空角度看，环境形态是环境形式的一种时空状态表现。道路、广场、建筑及构筑设施等是人工环境的主要形式。园林与公园、步行街与广场、庭园与庭院等属于公共环境、公共交往空间，分析此类空间环境的特点，对于环境建构具有指示意义。

6.2.1 园林与公园

园林是种植花草树木供人游赏休息的风景区，公园是供公众游览休息的园林；园林与公园具有一定的共性与差异，园林以塑造自然景观为主，公园兼顾自然景观与人造景观塑造。

1. 园林特点

世界上的园林，大致有中国园林、欧洲园林、伊斯兰园林三大体系。三大园林体系各有其特点。中国园林起源于3000多年前的商周时期，由“文人园林”“寺庙园林”兴起，满足少数文人雅士“远离世俗喧嚣”的生活意趣。中国园林以自然山水为主题，通过山、石、水、植被，以及园路、小桥、亭台楼榭等营造园艺景观和园林意境，追求中国诗画般情趣及情境。中国园林具有环境布局自由、空间层次渗透、景观藏露对比等特点(见图6-29)。

欧洲园林包括意大利园林、法国园林、英国园林。意大利园林继承古罗马时期造园艺术、发扬文艺复兴和巴洛克造园艺术，强调对称式空间秩序，采用几何式空间构图和造型。法国园林与意大利园林一脉相承，但其规模更大、中心控制轴线更明显、王权统治思想更突出。18世纪前英国园林与意大利园林、法国园林基本一致，18世纪后英国园林开始由几何园林向自然浪漫主义园林方向发展，以自然景观、人文景观营造环境景观，体现“自由、平等、博爱”思想(见图6-30)。

阿拉伯国家多处于炎热干燥地区。伊斯兰园林基本上属于绿化庭院，讲求简单、精致、花木繁密，引涓涓细水入园，灌溉花木、滋润空气(见图6-31)。

图6-29 中国园林

图6-30 欧洲园林

图 6-31 伊斯兰园林

2. 公园特点

与传统园林相比，现代公园满足社会大众休息、娱乐、交往等活动，具有社会时代气息。

当今国内外的公园，规模有大有小，一般大中型规模的郊野公园集中设置于城市郊区，中小型规模的城市公园分散设置于城市市区。

公园内容综合、形式多样，有动物园、植物园、水上游乐园等类型。一般划分游览区、游乐区、附属区(即公共服务及管理区)等功能区域，设置游憩类建筑设施(如亭台楼榭等)、服务类建筑设施(如售票室、小卖部、摄影部、餐厅、茶室等)、公用类建筑设施(如停车场、电话亭、卫生间等)、管理类建筑设施(如办公室、广播站、医疗卫生站、治安执勤站等)，实行开放使用、封闭管理。

3. 园林与公园规划设计要点

现代园林与公园属于规模和容量相对较大、内容和形式相对复杂的公共开放环境，此类空间环境规划设计可借鉴古今中外园林范例，需要把握和控制以下基本问题。

其一，满足使用对象需求，如根据使用对象的活动需求、方式及特点，选择园林和公园的地点，并控制活动地点与活动时间、活动距离之间的关系。

其二，综合配套服务设施，如根据环境活动内容安排及周边服务设施配置，设置活动场地、建筑小品、环境小品，以及水体、草坪、植被等环境绿化设施。

其三，控制空间环境形态，即控制建筑密度、容积率、建筑面积、绿地率等。

6.2.2 步行街与广场

街道是城市空间节点的连接线，承担组织人流、车流的功能。在缺少户外活动场地的情况下，街道经常被人们用作购物、餐饮、娱乐等活动场所。广场是城市空间的节点，也是城市、城镇居民进行集会、游行、娱乐等活动的场所。街道与广场是城市、城镇居民必不可少的户外活动空间。

1. 步行街特点

步行街功能的转变具有较长的发展历史。从某种角度和意义上讲，步行街的兴起说明人们生活观念及生活方式的转变、城镇公共开放环境的匮乏。

步行街与一般道路、公路不同，空间由街道两侧的建筑及构筑设施限定围合而成，空间呈直线、折线、曲线等结构形态，可容纳较多的集聚人群；在有玻璃遮蔽空间顶盖的情况下，步行街成为一种风雨无阻的交往空间。

人们的购物、餐饮、娱乐等活动经常在室内进行，人们对步行街有行、坐、看等要求。因此，步行街舒适性、识别性、观赏性等是评价步行街好坏的基本尺度。满足步行街舒适性要求，应设计和控制街道空间的长度、宽度、高度等；满足步行街识别性要求，应设立路牌、标识牌、广告牌等；满足步行街观赏性要求，可通过人群、空间、环境构件设施组织，形成“人看人”“人看物”的环境氛围。

2. 广场特点

广场是城市、城镇公众社会生活的中心。古代城堡、城市中，广场是人们进行商品交易的集市、集会游行和休息娱乐的场所，也是国家统治、宗教集权的一种象征。现代城市中，广场作为开放使用、社会管理的公共空间，有集散广场、休闲广场、文化广场等类型，大致有“物质型”“精神型”“审美型”三种形态。

商业广场、休闲广场等属于“物质型”广场。此类广场强调“功能配置”，通过广场与周边环境的“功能配套”发挥“规模效应”，设置人体坐、站、靠、行等活动设施。

市政广场、纪念广场等属于“精神型”广场。此类广场强调“形象设计”，设置水面、草坪、雕塑、纪念碑等小品设施，营造场所气氛(见图 6-32)。

音乐广场、民俗广场等属于“审美型”广场。此类广场强调“秩序组织”，由自然环境、人造环境、社会环境要素，创造环境视觉美感，创造人、建筑、环境的和谐关系(见图 6-33)。

图 6-32　某城市市政广场

图 6-33　青岛音乐广场

3. 步行街与广场规划设计要点

步行街与广场由道路、建筑及构筑设施、绿化设施等限定围合形成，其内容组织与结构形态多样，其地理位置与园林、公园也有所不同，其服务半径一般为 300～500 m。此类空间环境规划设计可借鉴国内外相关案例，需要把握和控制以下基本问题。

就步行街而言，步行街属于线性空间，有地面步行街、地下步行街、高架步行街等各种形态，可独立设置，也可与车行道、滨河、绿地等并置。步行街设计应控制街道的长度、宽度、高度，均匀分布人流通行疏散出入口，综合配套购物、餐饮、娱乐等功能设施，设置行、坐、看等活动器械。

就广场而言，广场属于面性空间，有规则式、自由式、规则与自由混合式三种布置方式。在保证空间环境面积和容量的同时，需要控制边界、建立中心，以大门、纪念碑、标志塔等构件设施标识空间环境功能，以地面地坪标高变化及其材料铺装变化（如水面、草坪、砖石、混凝土等）划分空间环境功能区域。人车分流、无障碍通行、宜人的空间及构件设施尺度等，是衡量人性化广场的主要依据。

6.2.3 庭园与庭院

庭园是附属于建筑、种植花草树木的花园，庭院是单独使用、封闭管理的花园。二者空间环境规模小、内容组织与结构形态相对简单，多属于居住区、学校、企事业机关单位的内部花园。

1. 庭园特点

庭园一般呈规则型和自然型两种空间形态。地面铺装以绿地、水面、泥土等软质铺地为主，以砖石、砂砾、混凝土等硬质铺地为辅。

绿地可吸收空气尘埃、柔化空间边界、美化环境景观。绿地有草坪型、园林型、园艺型三种类型。草坪型绿地开敞，绿地中央设置水池、山石、植被等，具有一种草原风情；园林型绿地半开敞半封闭，绿地周边和中央设置园路、水池、小桥、亭廊、座椅、雕塑、灯具等；园艺型绿地封闭，绿地中央或周边种植蔬菜、果树，以此展示园艺水平、表现某种田园风情。绿地布局有规则式、自由式、混合式三种方式，讲求因地制宜。

水池可湿润空气、调节环境小气候、营造园景气氛。水池有大有小，呈自然型与规则型两种布局形态，水池通过水面、驳岸线、出水口等造型，周边设置景观驻足点等。

植被可释放氧气，分隔空间，屏蔽寒流、噪声，点缀景色。植被有多种类型，可孤置观赏树（点）、排列行道树（线）、墙面垂直绿化与屋面覆盖绿化（面）、阵列树林（体）。植被造景需要选择树种与树形，植被布置需要控制植被与建筑、构筑设施的间隔距离。

2. 庭院特点

与庭园相比，庭院规模小、内容与形式相对简单。庭院空间以篱笆、栅栏、矮墙或高墙围合；地面铺装以软质铺地和硬质铺地为主；设置水池、花池、座椅、雕塑、庭院灯等环境小品；通过水箱养殖、盆栽种植等表现生活情趣。

水池与花池有大有小、有自然型有规则型，一般控制水池与花池的形状、轮廓。

3. 庭园与庭院规划设计要点

庭园与庭院以塑造自然景观为主。此类空间环境规划设计可借鉴园林案例，需要把握以下几点问题。

① 空间环境形态讲求以小见大、小巧玲珑;以篱笆、栅栏、围墙等限定围合空间,以地面地坪标高变化及材料铺装变化划分空间,以直线或曲线园路组织空间及环境景观。

② 空间环境内容与形式讲求以少胜多、个性突出;根据空间形态大小,设置建筑小品(如亭台楼榭)及环境小品(如座椅、路灯、雕塑、游戏运动器械等),通过水池、草坪、花草树木等表现空间环境个性。

③ 空间环境应注意对绿地、水体、植被的管理和养护等。

6.3 环境建构

建构环境的目的在于建立人、空间环境、构件设施的整体关系,即环境秩序。

影响环境构成的主要因素有动态、静态、影响、控制等各种因素或要素。人、动植物、交通工具等为动态要素;山岳湖泊、地形地貌、绿地植被以及建筑和环境小品等为静态要素;季节、气候、文化、技术经济等为影响要素;环境面积、材料、色彩、灯光以及环境与周边环境、建筑的关系等为控制要素。

只有把握各种环境构成要素的特点及其关系,才可能建构环境(见图 6-34 至图 6-39)。

图 6-34 休息座椅

图 6-35 开敞凉亭

图 6-36 居住区景观标志

图 6-37 居住区景观

图 6-38 环境条件与心理感受

图 6-39 水、石、植物构成

6.3.1 人群活动

环境是承载社会生活的“载体”和容纳人群活动的“空间容器”。人类建构环境的目的在于满足社会生活的需要。人的活动是环境构成的第一要素。

1. 人群活动及行为特点

在社会生活中，人群活动大致有必要性活动、自发性活动、社会性活动三种类型。必要性活动是指具有任务性质及特点的活动，如工作、学习等活动；自发性活动是指在人们自愿参与，以及具有时间、地点、天气、场所等适宜条件情况下发生的活动，如餐饮、购物、聚会、娱乐等活动；社会性活动是指依赖于他人参与的各种活动，如集体舞、下棋、交谈等活动。

在公共环境中，人群活动有小坐、观看、闲逛、驻留、凝视等行为方式。小坐是人的正常生理需求，一般步行 300～500 m 就需要设置一个合适的歇息场所。观看是一种主动参与活动的表现，需要具有一定的视线角度和距离。闲逛不受时间、地点的限制，需要提供一定的步行距离和环境景观。驻留包括短时间驻足和长时间停留。驻足与小坐活动相比，是一种动态行为；停留是动态行为向静态行为的一种过渡，需要设置具有吸引力的环境景观及服务设施（一般 30 m 内设置）。凝视也是人的一种基本习性，期望寻求安静的空间环境。

在公共交往空间中，人群交往大致有线性交往、网性交往两种类型及方式。线性交往是指熟人、同事、同学之间的礼节性交谈或单线信息传递，此类交往活动时间短、基本不停留，属于动态交往；网性交往是指聚会、演讲、文艺演出等公众交往，此类交往活动需要开阔的空间环境，并借助一定的环境景观吸引人群视线（见图 6-40 至图 6-43）。

图 6-40 宜人的环境小品

图 6-41 驻留空间

图 6-42 自由聚集场所的图形

图 6-43 交往空间尺度及设施

2. 各种人群活动特点及行为规律

不同的人群在性别、年龄、文化、社会阶层、环境情境等方面，表现出不同的行为活动差异。

儿童(1～6 岁)认知能力有限，知识往往通过游戏获得；游戏活动以自我为中心，没有年龄和性别意识，经常由家长监护，同时受到季节、时间、地点等限制。

青少年(7～18 岁)进入学习阶段，学习任务繁重、业余时间较少，户外必要性活动占有一定比例；由于性别、年龄、兴趣的差异，青少年活动表现出"同性集聚""同龄集聚""同学集聚"等行为特点。

成年人(18～60 岁)人生观、世界观已基本形成；未婚成年人在繁忙的工作之余，渴望人际交往，需要私密性空间；已婚成年人，由于家庭、工作等压力，业余时间较少，健身、娱乐活动时间和地点相对固定，自发性活动一般以散步、陪伴小孩游戏为主。

中老年人(60 岁以上)体能衰减、视力下降、行动及反应缓慢。有充足的时间享受户外活动的乐趣，活动主要有喝茶聊天、下棋打牌、吹拉弹唱、锻炼身体等形式。

3. 人群活动与活动场所的关系

在一定公共环境及公共交往空间中，人们首先关心的是活动问题，其次才是活动场所问题。

一般必要性活动不受环境条件的制约，较正式的社交活动通常在较正式的场合出现。在时间、地点、气候等条件适宜的情况下，散步、观景、小憩、晒太阳等自发性活动会自发产生，而且经常伴随娱乐、游戏活动出现。大部分娱乐、游戏活动依赖环境所提供的条件，并随着环境条件的好坏而增减活动时间。社会性活动多发生于步行、驻留条件较好的地方，在环境条件恶劣的情况下，人们很少在户外活动，下班、放学后会匆匆赶路回家。

此外，人群活动具有“抄近路”“逆时针转向方位”“依靠边界”“围观”等行为习性，对空间环境组织具有影响，因此需要特别关注这些人群行为规律。

6.3.2 构件设施

建筑及构筑设施是限定、围合外部环境的“实体构件”，也是标识、识别外部环境的“景观构件”。

1. 构件设施类型

在园林环境中，环境构件设施有建筑小品与环境小品两大类型。桥、塔、大门、亭廊等属于建筑小品；座椅、邮筒、电话亭、饮水器、垃圾箱、消防栓、雕塑、灯具、广告标志牌等属于环境小品。

1）建筑小品

桥功能上有过街桥与水桥两类，形式上有直桥、拱桥（见图 6-44）、折桥、曲桥、悬桥、浮桥等。各种桥与道路、水面、绿地等结合，除满足人流行走、休息、驻足观景等需要外，还可成为环境组景的重要手段（见图 6-45）。

图 6-44　拱桥

图 6-45　组景桥

塔有古代的寺塔，有现代的广播电视塔、导航监测塔、游览观光塔、广告装饰塔等。在一定空间范围内，各种高塔是人们的视觉焦点、环境的标志物，具有控制空间环境的作用（见图 6-46、图 6-47）。

大门是限定围合空间环境的实体构件、连接内外空间环境的出入口。大门有“院门”和“标志性大门”两种类型，进入工厂、学校、机关、公园的大门属于“院门”，与建筑、围墙、绿篱等结合，划分内外空间环境、限制人车出入。“标志性大门”一般位于空间环境的中心或空间序列的起止点，没有管理作用，但有“地标”作用。

亭廊满足人们休息、避雨的需要,呈点状、条形带状。传统亭子有正方形、六边形、三角形、圆形等形式,构成区域标志。现代亭子有书报亭、售货亭、问询处、快餐点等形式,一般分布在人流集中的地方。

图 6-46 东方明珠电视塔

图 6-47 日本某通讯塔

2)环境小品

游乐设施包括游戏设施和娱乐设施。游戏设施为儿童设置,大多布置于幼儿园、小学校、居住区及公园中,包括沙坑、水池、绿地和硬地等游戏场地,以及秋千、木马、滑梯、压板、攀登架、旋转座椅等游戏器械。娱乐设施为儿童、青少年、成人共同参与活动而设置,一般设置于儿童公园和大型公园中,有迷宫、观光缆车、空中吊篮、回转器械、运行器械、游艺用房等。游乐设施内容多、占地大,容易产生噪声;大型游乐设施应单独设置,中小型游乐设施可设置于公共建筑内部。

休息设施主要是座椅。座椅为人们娱乐、交谈、休息、观赏等提供方便,适宜分散布局,与桌子、树木、花坛、水池等结合成组(一般 3~5 人/组)。有时候小环境中的台阶、矮墙、花坛、栏杆等也可充当座椅。

服务设施有邮筒、电话亭、饮水器、健身器、自行车架、垃圾箱、消防栓等。服务设施体量小、占地小、数量多、分布面广。造型别致、色彩鲜明的服务设施可以提高环境景观的视觉效果(见图 6-48、图 6-49)。

雕塑可分为纪念性雕塑和装饰性雕塑两类。纪念性雕塑大多设置于重要性广场或纪念性建筑前沿,表达某种特定意义;装饰性雕塑可美化空间环境。雕塑选题应具有地方文化特点,或体现社会时代精神;雕塑布局应注意雕塑方位,并与周边环境相互协调;雕塑设计应注意选材,并控制体量尺度、色彩质感等(见图 6-50、图 6-51)。

图 6-48 休息亭

图 6-49 水龙头

图 6-50 纪念性雕塑

图 6-51 装饰性雕塑

计时器兼有报时和装饰功能，是空间环境中的一种标志性设施。计时器可单独设置，也可与建筑、大门、雕塑等结合。计时器设计可运用新材料及视听技术，反映人文精神与时代精神，并注意自身形象与整体环境的协调统一。

灯具主要是路灯及庭园灯。空间环境照明有表露照明和隐蔽照明两种方式。表露照明以观赏灯光效果为主，灯具可由单体孤置和群体组合布置，形成夜间灯光景观；隐蔽照明主要用于照明建筑外表及轮廓，有时还用于装饰喷泉、水池、雕塑、花坛等。

广告牌及标志牌是信息传播的媒介体。广告牌分布广泛、定期更换，其设计不应只重视商业广告性，应促进环境景观的变化和发展。标志牌主要设置于街道、路口、广场、建筑及环境出入口等地方，有阅览栏、展示牌、揭示牌等形式（见图 6-52、图 6-53）。

图 6-52　入口广告牌

图 6-53　广场展示牌

3）其他分类

在公共开放环境中，环境构件设施被分为公用类、信息服务类、环境艺术类、娱乐类、商业类、无障碍类、临时庆典类几大类型。

座椅、照明灯具、厕所、电话亭、消防栓、报警器、垃圾箱、饮水器等，属于公用设施；导游图、标识牌、路标、问询台、报栏、留言板、意见箱、广告牌、大型电视屏幕等，属于信息服务设施；雕塑、景墙、花坛、水池、喷泉、花架、盆栽、地面铺装、旗杆等，属于环境艺术设施；舞台、游乐器械、健身器械等，属于娱乐设施；售货亭、自动售货机、流动售货车等，属于商业设施；坡道、盲文指示器、盲道、残疾人专用座椅等，属于无障碍设施；彩门、彩车、临时舞台、旗帜、装饰照明灯具等，属于临时庆典设施。

在这些设施中，还可概括为必要性设施、舒适性设施、特殊性设施三种类型。座椅与台阶即必要性设施；美国学者威廉·怀特调查曼哈顿广场后，提出广场座位参考值——广场面积每2.5 m^2应提供长度为1.3 m的座椅。绿地、水体、雕塑、照明灯具等，即舒适性设施，铺地材料选择应注意安全性、导向性、观赏性。特殊性设施主要为老年人、残疾人、儿童等特殊人群提供服务，如老年人使用的座椅应有靠背、残疾人使用的坡道应有扶手、儿童使用的戏水池应有护栏等。

2. 构件设施关系

外部环境中，构件设施是限定围合外部环境的“实体”，也是标识外部环境的“景观”。在建构环境的过程中，各种构件设施具有相互关系，构件设施与人、环境也具有相互关系。

美国康奈尔大学罗杰·特兰西克教授曾经提出图底理论(Figure-ground Theory)、联系理论(Linkage)、场所理论(Place)三种城市设计的方法。这三种方法指示说明人、建筑、环境三者的关系，因而对环境建构同样具有指导意义。

“图底关系”表明“图形(图)”与“背景(底)”相辅相成、互为主从的关系。如果说建筑是图形，那么包围建筑的环境就是背景；反之把建筑当作背景时，建筑周边的环境就是图形。环境设计时，应正视环境的主体地位，换位思考、转换环境与建筑之间的“图底关系”。采用此方法就可以发现：环境被周边建筑所包围；建筑制约着环境位置、密度、容量、形式等状况；在密集的城市环境中，建筑师、景观建筑师更多时候只能采用“填空式”环境设计方法（见图 6-54、图 6-55）。

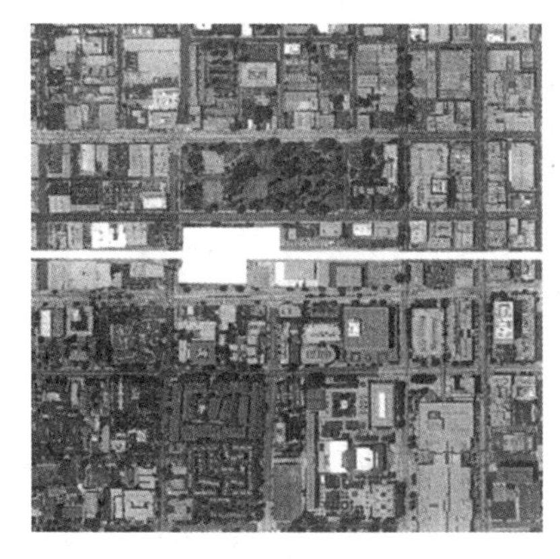

图 6-54 戴尔玛交通枢纽航拍图

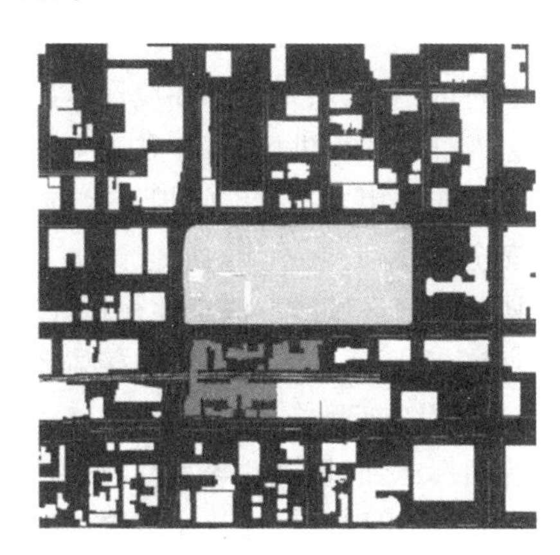

图 6-55 图底关系

从航拍照片上可以看到，白色区域是戴尔玛交通枢纽地段综合开发的基地，被轻轨和车站一分为二。该基地的南面主要是战前的工业建筑；东面是不同类型和不同密度的住宅，很多人乘轻轨上班；北面是一条舒适宜人的综合性的市区步行街，为乘轻轨到达的人们提供了一个理想的去处；西面是具有历史意义的中央公园，它的存在将该项目纳入了 19 世纪的传统文脉之中。

“线性关系”表明“交通线（构件设施）”“视线（人）”的作用、关系和影响。道路、河流等是城市、城镇空间的“骨架”，建筑设施、广场、绿地等是城市、城镇空间的“节点”。各种“节点”通过各种“骨架”相互联系，存在着实线（即交通线）和虚线（即视线）两种联系方式。据此，建筑师、景观建筑师可根据道路、广场、绿地等景观视廊，确定标志性建筑与构筑设施等景观节点的位置及其关系。

“场所关系”表明人群活动与空间环境存在着某种内在联系。在特定场所中，人群活动（内容、方式、状态等）变化引发场所形态变化，场所对人群活动具有反映、调控、疏导、促进或阻碍等作用。建立二者的关系，总是要回答和解决活动对象（Who）、活动目的（Why）、活动时间（When）、活动地点（Where）、活动内容（What）、活动方式（How）等问题。建筑师、景观建筑师可据此设定活动主题（即活动内容与方式），建立活动场所（包括空间领域感、安全防御性、识别性等）。

3. 构件设施作用

建筑及构筑设施是限定、围合外部环境的“实体构件”，也是标识、识别外部环境的“景观构件”。

1）围合空间

空间领域感、安全防御性是环境设计所必需的。空间领域感即空间归属权、占有权;空间安全防御性有时表现为空间封闭感。公共空间的归属权、占有权属于社会公众,其空间安全防御性设计就显得更为重要和困难。

限定围合公共空间构件设施有设立物(栅栏、矮墙、列柱、碑塔等)、遮蔽物(亭廊、树林等)。空间安全防御性设计需要加强空间围合感、封闭感设计,同时需要加强社会公众安全意识及行为教育、加强社会法制建设。

2) 联系空间

空间可达性、联系性是环境设计所必需的。私密空间为个人独处提供机会,公共空间为人群交往提供机会,半私密半公共空间介于私密空间与公共空间之间,并兼有二者的功能作用。三类空间相互保持交通联系或视线渗透,可扩大空间领域感、增强空间安全感。

划分空间区域的方法有地面地坪高差变化、地面材料铺装(包括软质地和硬质地铺设)变化。联系空间区域的连接体有大门、道路、桥梁以及景观视廊等。

3) 标识空间

空间标志性、识别性等是环境设计所必需的。千篇一律的公共空间令人厌烦,其空间标志性、识别性设计就显得更加必要。

人们通过空间环境的边界、出入口、中心等认知空间环境。大门、纪念碑、标志塔、雕塑、植被等设置,以及标志性建筑设计,可指示环境位置、标示环境功能、诱导环境行为。空间标志性、识别性设计可从环境构件设施的“造型”与“色质”两方面入手(见图 6-56)。

图 6-56 云南文山壮族苗族自治州普者黑旅游风景区大门方案设计

6.3.3 空间环境

1. 人对空间环境的要求

20 世纪 70—80 年代,日本学者研究公共环境问题,提出建构舒适性公共环境的基本要素:① 空气清新,没有污染和臭味;② 安静,没有噪声干扰;③ 有丰富多彩的绿化;④ 能与水景亲近;⑤ 街景美丽、整洁;⑥ 有历史文化古迹;⑦ 有适宜人们散步的空间和场所；⑧ 有游乐设施。据调查，居住区居民最关心居住环境的安静、空气、绿化三类问题；城市市民最希望公共环境有绿色景观、清新空气、明媚阳光。

在我国20世纪70—80年代建成的居住区中，一般住宅建筑层数4～7层，建筑密度20%～26%；公共绿地及户外活动场地普遍不足，活动设施不齐全；公共环境卫生状况和舒适性、美观性等也存在不足；还不能满足国家标准《城市居住区规划设计规范》(GB 50180—1993)的要求。例如：保证建筑日照2～3 h；居住区公园、小区游园、组团绿地三类公共绿地面积2～4 m^2/人；噪声控制建议指标值白天(上午7:00—下午9:00)46～50 dB、夜晚(晚上9:00～凌晨7:00)41～45 dB等。

公共环境和公共交往空间的安全性体现在环境防火抗震、通行疏散、清洁卫生等方面。环境建设需要控制环境面积和容量，组织和疏导"私密—半私密半公共—公共空间"层次及关系，并加强居民环境意识及行为教育、加强社会法制建设等。

公共环境和公共交往空间的方便性体现在环境交通组织、服务设施配套程度及其服务管理方式等方面。环境建设应注意以人为本，综合考虑交通可达性、服务设施大众化、服务管理人性化等问题。

公共环境和公共交往空间的舒适性取决于建筑密度、绿地面积、建筑日照、噪声控制，公共活动场地面积及设施配置等因素。建筑师、景观建筑师应考察环境与人群活动的内在关系，并据此展开环境设计。

公共环境和公共交往空间的美观性体现在建筑美、环境美、人际关系和谐美等各个方面。环境美应建立在地方文化、技术、经济等基础和条件上。没有停滞不前的社会文明，也没有永恒不变的环境审美。

环境设计及评价需要综合考虑空间环境规模、公共服务设施配套程度、环境景观质量，以及对原有环境条件及质量的改善等许多因素。

2. 空间环境类型及特点

人们的日常生活由人们自己计划，人们的日常生活空间环境由建筑师、景观建筑师设计。公共环境和公共交往空间为人们的日常生活提供发展机会。如何创造具有领域感、人性化、识别性的公共活动场所是建筑师、景观建筑师的主要工作。

公共环境和公共交往空间可根据其活动对象、活动方式、活动特点等划分类型。

在整体大环境中，划分休息漫步、游戏游乐、运动健身、附属管理等区域。休息漫步区主要为中老年人提供服务，游戏游乐区主要为儿童及家长提供服务，运动健身区满足青少年、成年人活动需要，附属管理区设置公共服务设施及管理用房等。

在局部小环境中，设置小坐、行走、聆听、注目等空间。小坐空间布置休息桌椅，以便人们读书看报、聊天观望、下棋打牌等；行走空间满足人们散步、观景、慢跑等活动需要，步行小径应有良好的路面材料、良好的路况和景观条件；聆听空间可以满足人们避让城市喧嚣、缓解紧张情绪等要求，应选择宁静角落，让人们在有喷泉、流水、花草、鸟鸣的环境中享受大自然的美好景色；注目空间设计应注意空间方位、观景视角及距离等要求。

综合上述,各种空间环境设计应注意以下问题。

① 老年人体能衰减、视力下降、行动及反应缓慢,其休息、漫步空间适宜靠近住所设置,空间位置明显、出入方便;空间形式简单、活动内容多样;具有安全感、方便性、识别性,以及良好的采光和通风条件等。

② 中青年人工作和学习繁重、业余时间较少,业余活动时间和地点相对固定,其休闲、健身、娱乐等活动多在居住区及其周边环境进行。中青年人的游乐、交往空间适宜靠近住所、工作单位、学校附近设置,并考虑自行车、机动车停车场位置。

③ 儿童活动以游戏为主,喜欢"以自我为中心",一般具有"非同龄聚集""非同性聚集"等特点;活动经常由家长伴随和监护,并受到季节、时间等因素限制。儿童游戏活动场地应根据儿童年龄划分运动、游戏、科普教育等功能区域,设置沙坑、水池、草坪铺地、矮墙、秋千荡木、滑梯爬梯、攀登架、跷跷板、单双杠等游戏运动器械。另外,还需要设置自行车、机动车停车场,以保证、延长儿童及家长的游乐活动时间。

3. 空间环境建构

与建筑建构相比,外部环境建构制约条件相对较少、方法灵活多样、景观形态各异。建构大致有以下三种方式。

1) 以活动程序为线索组织空间环境

人们离家外出一般都会考虑出行时间、出发点与目的地距离、交通工具及路况条件等问题,这些问题影响人们的出行活动效率。日常生活中,人们的出行活动大致有"有目的"与"无目的"两种类型。"有目的"的出行活动一般目标明确、行进快速;"无目的"的出行活动目标不明确、行进慢速,并可将漫步视为一种消遣、游乐活动,在漫步中寻求参与其他活动的机会。人群活动范围与活动对象、活动方式、活动条件等因素有关。

建筑师、景观建筑师可根据人群活动程序及规律,组织出入口(起始)、道路(过渡)、广场及建筑(高潮)、停车场(终结)等空间环境序列,设定空间环境功能;通过地面地坪高差及其材料铺装变化,区分空间区域;通过空间限定围合、屏蔽渗透、穿插引导等,建立空间秩序;通过构件设施组织,建造环境形态及景观形象等。

以时间为线索组织空间环境,流线组织是关键,需要注意的问题是:① 出入口设置应位置明显、主次分开、均匀分布,避让城市交通干道,缓解周边交通压力,接纳不同方向的人流和车流;② 道路选线应连接主次出入口,区分内外交通、人车交通、动静交通等关系;③ 停车场可集中或分散设置,与主次出入口联系紧密。出入口位置、道路结构形态、停车场位置等,构成建构空间环境的依据。

2) 以活动地点为线索组织空间环境

我国明代著名造园家计成在《园冶》一书中,开篇就强调"相地"的重要性,并以大量篇幅分析各类自然环境的地形特点,据此说明地形利用改造的条件及可能获得的效果。计成指示建筑师、景观建筑师关注自然环境的水文地质、地形地貌、地形高差(等高线)及走向(肌理)等特征,这些特征被称为自然环境的"地脉"。

根据前人的工程实践经验，建筑师、景观建筑师可把握某些设计规律，例如：环境建设一般不选择有地质矿藏以及冲沟、崩塌、滑坡、断层、岩溶等地质缺陷的场地地段；防治地质滑坡须设置截水沟、排水沟等设施，防治地质崩塌须设置挡土墙、护坡等设施，不恰当的环境改造影响工程施工，还给环境建设带来高昂代价；不大于3%平坡地形须注意场地排水，3%～10%缓坡地形车行道可自由布置，10%～25%中坡地形车行道平行于地形等高线设置、建筑错台布置，25%～50%陡坡地形车行道斜交于地形等高线设置、建筑错层布置，50%～90%急坡地形车行道曲折盘旋、建筑须作悬挑等特殊处理。

当今规划师、建筑师、景观建筑师除应关注"地脉"外，还应关注人文环境的"文脉"，即城市发展历史、地方传统文化等。因为"地脉"和"文脉"是我们建构空间环境的基本条件。

以我国西南地区民族文化为例：某些山区，人们习惯于由低地势环境逐步走向高地势环境，这对生活在那里的人们而言，意味着"芝麻开花节节高"。建筑师、景观建筑师应尊重地方文化习俗，在低地势出入口处设置礼仪性、象征性大门，以表示对这种美好生活愿望的敬意。

另外，某些少数民族地区，人们会将游园、广场、公园等开放公共环境视为一种"村寨"。一般村寨都会有寨门和寨心，寨门是村寨的标识构件，寨心可进行祭祀、节庆、婚典等公共活动；村寨内外有山石，人们心目中石头是山神的化身，可镇灾避邪；因此环境构成中寨门、寨心、山石不可缺少(见图6-57、图6-58)。

图6-57　云南武定县罗婺古镇寨门

图6-58　云南武定县罗婺古镇寨心(土司府)

3) 以空间距离与尺度为线索组织空间

英国社会学者爱德华·霍尔在《隐匿的空间》一书中，以人们的各种社会交往行为定义一系列社会距离，这些社会距离也是人们交往过程中的心理习惯距离。例如，公共距离3.60～7.60 m指适合于演讲、集会、讲课等大型活动，或互不相干的人单向交流的距离，也是小环境的基本尺度；社交距离1.20～3.60 m指同事、上下级、一般朋友之间的交流距离；个人距离0.45～1.20 m指亲朋好友之间的亲近距离，同时保留个人空间；亲密距离0.15～0.45 m指父母、儿女、恋人之间表达爱抚、体贴、安慰等感情距离，也是志同道合的人为某种秘密而达成协议时的距离。据此，可以确定私密空间、交往空间及公共空间环境的基本尺度。

生活中人们具有各种视觉感知经验。例如,1 200 m 可看到城市及建筑群体,此距离被称为全景距离;不大于 600 m 可看到建筑轮廓及主题,此距离被称为远景距离;不大于 100 m 可看到建筑立面及细部,此距离被称为中景距离;0～30 m 可识别建筑单体,此距离被称为近景距离。不同的景观视角、视距给人不同的空间视觉与心理感受(见表 6-1)。

表 6-1　空间比例与空间视觉

高距比 D/H	高距比 d/h	垂直视角 α	空间视觉与心理感受
<1			空间有压迫感,建筑之间的干涉性较强
2	1	45°	空间内聚、安定、匀称、平衡,有围合感,可看到建筑立面,关注建筑细部构件
4	2	27°	空间保持内聚、安定,封闭感降低,可看到建筑整体和部分天空,但注意力开始分散
6	3	18°	空间有空旷感和离散倾向,建筑分离、排斥,可看到远处建筑群体,但注意力分散
8	4	14°	空间空旷感增强、封闭感消失
>4			空间无容积感,建筑之间的干涉性消失

(D—广场两侧建筑间距,H—建筑高度,d—视觉距离,h—眼睛视点以上的建筑高度)

另外,社会环境学研究发现:人们的嗅觉范围 1～3 m,听觉感受范围 7～35 m,视觉识别他人表情的极限距离 25 m,感受他人动作的极限距离 70～100 m。日常情况下,人们可接受 300～500 m 步行距离,但平直、枯燥、没有生机的 100 m 步行距离却让人望而生畏;人在行走过程中占据空间面积 1.7～2.2 m^2/人(见表 6-2)。

表 6-2　环境感受、空间密度与人流速度

环境感受	空间密度/(m^2/人)	人流集聚密度/(人/min·min)
阻滞	0.2～1.0	60～82
混乱	1.0～1.5	46～60
拥挤	1.5～2.2	33～46
约束	2.2～3.7	20～33
干扰	3.7～12	6.5～20
不干扰	12～15	1.6～6.5

根据以上的环境行为学研究成果,可设计不同于以往的空间环境形态。例如,创造空间中的空间,即场地中的“角落空间”;避免平直、枯燥、没有生机的狭长空间;保持视觉、听觉的单向联系,即“看人而不被人看见”;设置私密空间与公共空间的“过渡空间”;留有退路或余地的空间环境,满足私密性活动的需要;增加空间边界长度,形成“边界效应”等。

4. 绿化植被选择

环境植被是建构空间环境的一种“实体构件”。植被配置作为环境设计的一部分工作，通常由园艺师完成。建筑师、景观建筑师经常通过植被限定和围合空间环境；因此有必要了解相关的植被知识，善于规划和控制空间环境建设的“大场面”，同时还善于设计与把握空间环境建设的“小场面”。

1）绿化植物种类

绿化植被有乔木、灌木、藤本、竹类、花卉等种类。

乔木树体高大，具有明显的高大主干。按照其高度可分为伟乔（31 m 以上）、大乔（21～30 m）、中乔（11～20 m）和小乔（6～10 m）等四级。根据其树叶形状可分阔叶树类和针叶树类。根据其四季的变化可分为常绿树类和落叶树类。乔木是场地绿化的骨干植物。

灌木树体矮小（通常在 6 m 以下），按照其主干低矮可分为大灌、中灌、小灌三级。根据其四季的变化可分为常绿类和落叶类。灌木常用来美化环境。

藤本植物可缠绕或攀附他物生长，茎叶多繁茂，整体形态因其附着物而变，多被用于陡坡、墙体等垂直绿化或屋顶、花架等成片绿化。

竹类是多年生常绿禾本科竹亚科植物，有较高的观赏价值和经济价值。因其具有优美的茎干、枝叶，多具有挺拔、有节、空心、高坚等特点，与中国文化中“君子”的品性相合，常以散生、丛生、混生等形式用于园林造景中。

花卉指适用于园林和环境绿化、美化的观赏植物，包括一些野生品种和栽培品种，如报春花、水仙、百合、菊花等。

2）植物绿化形式

一般植物绿化有树木造景、草本花卉植物造景、草坪造景和水生植物造景等形式，以及建筑墙面垂直绿化和屋顶花园绿化等。

在城市环境中，树木造景关系到城市绿地功能发挥、体现环境景观形象，其造景大致有自然式和规则式两种方式：自然式造景模仿自然，强调自然变化，造景有孤植、丛植、群植等形式，可产生活泼、愉快、幽雅等自然情调；规则式造景遵循几何造型，强调整齐、对称，多以轴线作控制线，按照控制线走向对称或成行排列植被，对称排植或行列排植给人以强烈、雄伟、肃穆等视觉感受。

城市公园、建筑前沿广场、街道、滨河、公共绿地等环境，经常采用各种草本花卉植物造景，各种花池、花坛、花卉装饰图案活跃环境气氛，发挥着装饰、美化环境的作用。

草坪一般选用单一、多年生宿根性草种，均匀密植，形成块片生长的绿地。水生植物以水为生长环境；水生植物可以美化水体，净化水质，减少水分蒸发；当其展叶、开花、结实时，可以形成繁花似锦的水上景观。

垂直绿化是增加绿化面积、发挥绿化和美化作用的一种措施。围墙、栅栏、亭廊、花架等地方，布置蔷薇、凌霄、木香等攀延类植物，既可遮阴纳凉又可美化环境；在建筑外墙及屋面上，布置爬山虎、络石等攀延类植物，可丰富建筑形象、生动景观画面。

3）环境植物选择

我国南方与北方气候存在着很大差异，所以树种选择也不尽相同。南方温度高、湿度大、雨量充沛，植物终年生长，树种繁多；北方干旱少雨，气候干燥，空气湿度小，土壤瘠薄，树种相对较少。

在一定环境中，自然植物具有释放氧气，分隔和覆盖空间，阻挡寒流、噪声，减少视线干扰，美化环境等作用。植物造景应注意选择树种与树形，植物种植应控制植被与建筑、构筑设施的间隔距离。一般孤置观赏树（点）、排列行道树（线）、墙面垂直绿化及屋面覆盖绿化（面）、阵列树林（体）。

（1）行道树

行道树作为一种公路、道路配套设施，可以提高交通服务质量、改善环境绿化，对消除噪声、净化空气、调节气候、涵养水源等还具有重要作用。一般行道树选择应考虑：① 树形整齐、树干通直、枝叶茂盛、树冠优美，夏季绿树成荫；② 树种无味、无毒、无刺激性气味；③ 抗有害气体侵袭能力强，病虫害少；④ 容易繁殖、生长迅速，栽培及移栽成活率高；⑤ 对环境适应性强，耐修剪，养护管理容易等。

南方地区适宜栽植香樟、榕树、广玉兰、雪松、桂花、银杏、马褂木、七叶树、枫树及水杉等品种；北方地区常见法桐、国槐、银杏、合欢、栾树、水杉、柳树、雪松、马褂木、七叶树、枫树及女贞等品种（见图 6-59 至图 6-62）。

图 6-59 广玉兰

图 6-60 法国梧桐

行道树布置视道路标准和周边环境而定。行道树上方有架空线路通过时，选择生长高度低于架空线路高度的树种；树枝分支点高度不得妨碍车辆行驶和行人通行；树干高度 3～4 m 并保持一致；一般树株间距以 5～8 m 定株，苗木胸径 8～10 cm，树坑 1～1.2 m 大小见方，树篦子与道缘距离 1～1.5 m。

图 6-61 香樟

图 6-62 银杏

(2) 隔离树

绿篱经常是环境绿化中的隔离树,能遮挡视线、隔离防护、防尘防噪等;经过修剪造型及组合,可提高视觉景观效果。常用绿篱有黄杨、女贞、龙柏、侧柏、木槿、黄刺梅、蔷薇、红叶小檗、竹子等。

绿篱按照高度划分有绿墙、高绿篱、中绿篱及矮绿篱等类型。不小于 1.8 m 高绿篱呈绿墙形态,能遮挡视线;1.2～1.6 m 高绿篱,人的视线可通过,但不能跨越;0.6～1.2 m 高绿篱最为常用,有较好的防护作用;不大于 0.5 m 高绿篱为矮绿篱(见图 6-63、图 6-64)。

图 6-63 黄杨

图 6-64 女贞

(3) 庭荫树

庭荫树具有遮阴作用。庭荫树的选择以枝繁叶茂、绿荫如盖的落叶类树种及阔叶类树种为佳,如树干通直、高耸雄伟的梧桐,枝叶茂密的香椿;庭荫树选用可见形观叶、赏花品果的观赏类树种则更为理想,如主干通直、冠似华盖的榉树,树形高大端直的玉兰,叶形雅致的合欢等;当然,根系发达、萌芽力强的柿树等观果类树种也是庭荫树的上佳选择。

部分枝疏叶朗、树影婆娑的常绿类树种也可当作庭荫树加以应用(见图 6-65、图 6-66);配置时应注意树木与建筑的间距,考虑树冠大小、树体高矮程度等。在常绿类树种中,树形整齐美观、叶大枝疏的枇杷历来是庭荫树中的传统佳选。另外,在南方气候环境条件下,我国的特有树种榧树、竹柏等也是庭荫树的优良选择。

图 6-65　合欢

图 6-66　榉树

栽植与应用攀延类藤木树种,可提高环境质量、增强景观效果等。如庭园中的廊架庭荫,因日照时间长、光照强度高、土壤水分蒸发量大,适宜选用喜光和耐旱的紫藤、葡萄等藤木树种(见图 6-67、图 6-68)。

图 6-67　葡萄

图 6-68　紫藤

(4) 观赏树

观赏树具有观赏价值。这种树可能是某地区的优势树种,也可能是品质上乘的独立观赏树种,还有属于古树名木系列的树种。常见的观赏树有玉兰、海棠,一树兼有多种功用。

【思考与练习】

6-1　试分析环境认知与人的行为的相互关系。

6-2　以“图底理论”说明建筑与环境的关系。

6-3　举例说明环境形态的内容及主要风景园林景观建筑。

6-4　从交往空间与人的行为关系出发,分析如何创建良好的环境品质。

6-5　简要说明良好公共交往空间的特点。

6-6　试说明如何进行合理的植物配置。

第 3 篇

设计技术规范概要

7 外部环境

【本章要点】

本章内容包括设计准备、总图设计、建筑环境控制三个部分。设计准备部分介绍与总图设计相关的地理、气象、法规三大信息内容；总图设计部分主要介绍总图布局内容与方法；建筑环境控制部分主要介绍与总图布局相关的技术经济问题。

设计准备部分通过总结地理、气象、法律法规三大信息的收集及分析要点，指示信息资料是总图设计的工作依据；总图设计部分通过总结场地利用与改造、出入口与道路设置、建筑群布局等内容，指示总图设计的工作步骤及方法；建筑环境控制部分主要说明环境容量及质量控制、建筑面积计算、建筑技术经济问题等内容，指示规划师、建筑师的工作方向与重点。

本章编写目的在于说明：① 从环境入手是建筑师的一种基本工作方法，总图布局是建筑设计的先行工作；② 项目性质、建设用地、开发建设投资等是总图设计的条件和依据；③ 总图设计需要把握与之相关的地理、气象、法规等信息，并对建筑及环境建设作出技术经济指标控制。

7.1 设计准备

7.1.1 地理信息收集与分析

1. 总体规划意图

总体规划、分区规划是详细规划(包括控制性、修建性详细规划)的先决条件。掌握与项目开发建设有关的城市、城镇规划资料具有重要作用和实际意义。这就需要了解：① 项目建设用地在城市、城镇规划中的作用和地位；② 项目建设用地所在区域的近期及远期发展状况，如土地及人口分布、产业结构、道路交通、建筑及市政基础设施建设等资料；③ 项目建设用地性质及产权范围等。

通过了解以上资料，可以确定项目性质、开发建设规模、资源利用及功能配套等。

2. 项目建设用地状况

项目建设用地即发展某种事业的基地，应当具备与项目开发建设相适宜的内在条件。

建筑师需要了解：① 场地产权范围、地理位置、受众对场地的熟悉程度；② 场地面积与形状、土地覆盖面积、土壤承载能力、地质缺陷、汇水区域位置及排水设施走向等；③ 场地内部的动植物种类、生长状况、平衡关系等；④ 场地朝向、风向、景观标志等;⑤ 与视觉、心理、文化等有关的场地特性,如视线、噪声、气味,以及环境景观给人的情绪感染等;⑥ 与项目开发建设有关的法律法规限制,如场地产权范围、边界限定与围合要求、生态环境保护要求、交通通行条件,以及容许建设范围及建筑类型、建筑高度等。

通过了解以上资料,可以确定场地的功能区域与空间形态。

3. 项目建设用地周边环境状况

项目建设用地除应具备与项目开发建设相适宜的内在条件之外,还应当具备一定的外在条件。这就需要了解:① 环境交通状况,如穿越场地的交通类型、路径、方向、速率及流量,以及出入口视线视角、相互之间的最短距离等;② 公共市政基础设施状况,如煤气、水、电话、污水及雨水管道、电力线路和仪表位置等;③ 现有建筑状况,如所需要保留的各类建筑,其建筑面积、层数、结构、材料、色彩风格及使用质量等。

通过了解以上资料,可以确定场地的交通组织、建筑布局、环境配置等。

7.1.2 气象信息收集与分析

与项目开发建设紧密相关的资料还有地区气象信息。它包括该地区年度与月平均降雨量、常年主导风向、年度最高和最低气温以及年平均气温、空气湿度、日照等相关信息。

地区年度与月份平均降雨量是场地、建筑屋面雨水排出方式及管径设计的基本依据。

地区常年主导风向对建筑布局具有重要影响。建筑顺应地区常年主导风向布局时,有噪声及气味污染的建筑应当布置在地区常年主导风向的下方位;无法避让污染源干扰时,应当对污染源采取屏蔽措施,如隔声屏障、导风烟囱等。此外,还应当注意“局地风”特殊现象,地形复杂的山区会形成局地“山风”和“谷风”,地势开阔的滨河地带会形成“海风”和 “陆风”,“局地风”的风频、风速各有自己的特点,往往与地区风玫瑰图所指示的风向、频率有所差别,因此场地总体设计应当注意常年主导风、局地风的影响。

地区的最低、最高气温是确定建筑供暖及制冷时间,维持室温舒适度所需要能源的主要依据。空气相对湿度是降雨的结果,经常伴随较高的气温出现,令人舒适的空间相对湿度一般在20%～55%。

日照有关数据对建筑群体布局具有实际意义。

7.1.3 法律法规信息收集与分析

1. 建设用地控制

1) 征地界线与建设用地边界线

征地界线是由政府城市规划管理部门划定的征用土地边界线,其围合面积即征地范围。征地界线内可能会有一些城市公共设施，如城市道路、公共绿地等。征地界线是土地征用者或使用者向国家缴纳土地使用费的依据。建设用地边界线（即用地界线）指征地范围内实际可供场地用来建设使用区域的边界线，其围合面积即用地范围。征地范围内若没有城市公共设施用地，征地范围即为建设用地范围；征地范围内若有城市公共设施用地（见图 7-1、图 7-2），扣除城市公共设施用地后的征地范围就是建设用地范围。

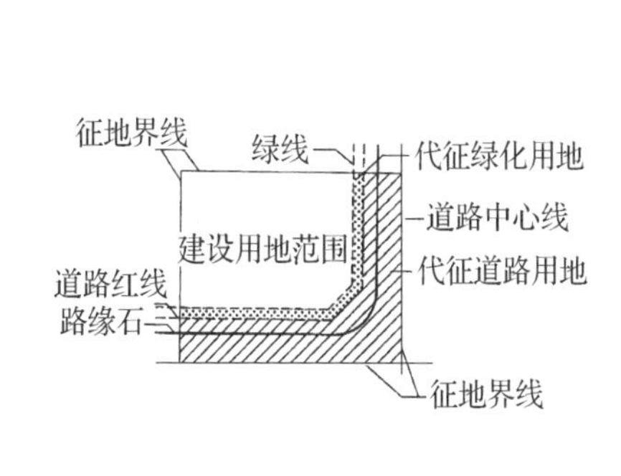

图 7-1 征地范围和建设用地范围关系

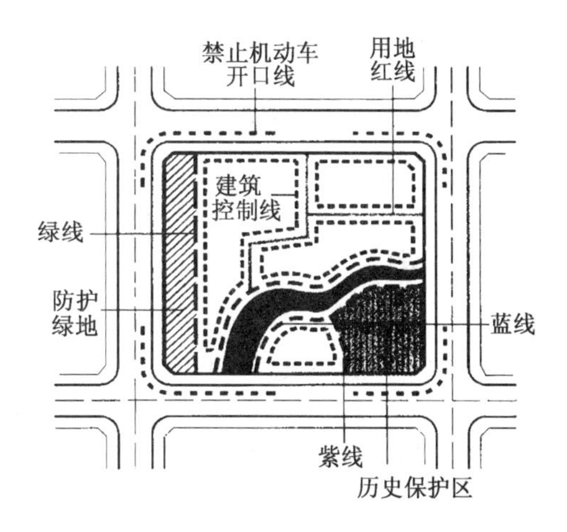

图 7-2 用地边界专业规划图示

2）道路红线

道路红线是城市道路（包含居住区级道路）用地的规划控制边界线。道路红线一般由城市规划行政主管部门在用地条件图中标明。道路红线总是成对出现，两条红线之间的用地即为城市道路用地，由城市市政和道路交通部门统一建设管理。

道路红线是场地与城市道路用地在地表、地上和地下的空间界限。除场地内连接城市的地下管线以外，建筑物的台阶、平台、窗井、地下室及基础等，均不得突入道路红线。允许突入道路红线的建筑构件设施有：① 人行道上空 2.5 m 以上的窗扇、窗罩（突入不大于 0.5 m）；② 2.5 m 以上活动遮阳（突入宽度不应大于人行道宽度减去1 m且不大于 3 m）；③ 5 m 以上的雨篷、挑檐（突入不大于 3 m）。在没有人行道时，建筑 4 m 以上的窗扇、窗罩（突出不大于 0.5 m）和 5 m 以上的雨篷、挑檐（突出小于 1 m）可以突入道路红线。属于公益需要而又不影响交通及消防安全的建筑设施，包括治安岗亭、公用电话亭、公共交通候车亭等，经过当地城市规划主管部门批准后，可突入道路红线设置。骑楼、过街楼、空间连廊和沿道路红线悬挑的部分建筑构件设施不应影响城市交通及消防安全。

3）建筑红线

建筑红线也称为建筑控制线，是建筑物基底位置的控制线，也是基地所允许建造的建筑及构筑设施的基准线。实际上，一般建筑红线都会后退道路红线一段距离（如大于 1.2 m 的散水区），用来安排建筑台阶、基础，以及道路、广场、绿化及地下管线甚至于临时性建筑与构筑设施等。当基地与其他场地毗邻时,建筑红线可根据建筑功能、防火及日照间距等要求,确定建筑是否退让道路红线、建筑用地边界线。

4) 其他控制线

其他控制线有蓝线、绿线、紫线、黑线等。

河道蓝线是指城市规划管理部门按照城市、城镇总体规划确定长期保留的河道规划线。为保证河网、水利规划实施和城市河道防洪墙安全以及防洪抢险运输要求,沿河道新建建筑物应按规定退让河道规划蓝线。城市中河道的生活岸线,是市民休息的空间,需要保证一定的绿化腹地。

在《园林基本术语标准》(CJJ/T 91—2002)中,城市绿线是指城市、城镇规划建设中确定的各种公共绿地边界线。

城市紫线是指国家历史文化名城内的历史文化街区,省、自治区、直辖市人民政府公布的历史文化街区的保护范围界线,以及历史文化街区以外经过县级以上人民政府公布保护的历史建筑的保护范围界线。

除以上界线外,还有黑线、基底线等规划控制线(见表7-1)。

表7-1 规划控制线一览表

线形名称	线形作用
红线	道路用地和地块用地边界线
绿线	生态、环境保护区域边界线
蓝线	河流、水域用地边界线
紫线	历史保护区域边界线
黑线	市政设施用地边界线
禁止机动车开口线	保证城市主要道路上的交通安全和畅通
机动车出入口方位线	建议地块出入口方位、利于疏导交通
建筑基底线	控制建筑体量、街景、立面
裙房控制线	控制裙房体量、用地环境、沿街面长度、街道公共空间
主体建筑控制线	延续景观道路界面和控制建筑体量、空间环境、街道公共空间
建筑架空控制线	控制沿街界面连续性

2. 建筑退让用地控制线要求

各城市、城镇对不同情况下建筑后退均有比较详细的规定。一般包括建筑后退用地红线、建筑后退道路红线、建筑后退河道蓝线、建筑后退绿地绿线等。建筑的退让距离通常以后退各种控制线距离的下限进行控制。

在用地规划的范围内,建筑物的建造必须后退用地红线一定距离,相邻基地的建筑只有相互退让距离,才能保证建筑物之间的日照、通风和防火要求。沿城市道路、公路、河道、铁路、轨道交通两侧以及电力线路保护区范围的建筑及构筑设计,应保证必要的退让距离,以满足消防、环保、防汛和交通安全等方面的要求。一般有以下几点规定。

① 沿建筑基地周边建设的建筑物与相邻基地边界线之间应按建筑防火和消防

等要求留出空地或道路。当建筑前后自己留有空地或道路，并符合建筑防火规定时，则相邻基地边界线两边的建筑可毗邻建造。

② 本基地内的建筑及构筑设施不得影响本基地或其他用地内的建筑日照标准及采光要求。

③ 除城市规划确定的永久性空地外，紧贴用地红线建造的建筑不得向相邻基地方向设洞口、外开平开门窗、阳台、挑檐、室外空调机、废气排出口及排泄雨水。

④ 相邻场地南北建筑之间的距离，应不小于与日照标准相对应的日照间距。在一般情况下，多层建筑控制线应以沿征地界线后退日照间距的一半为宜，特别是位于南向的用地。高层建筑则要保证北向相邻基地内建筑冬至日日照时间不小于1 h。

3. 建筑高度限制

建筑高度不可能是无限的，制约建筑高度的因素除地基承载力、建筑结构及材料技术、建筑经济等客观因素外，还有城市、城镇整体规划或局部地区的环境风貌保护等要求。

1）影响建筑高度的主要因素

经济因素和环境因素是建筑高度的主要影响因素。

就经济而言，需要考察具体地区的建筑造价。建筑成本由土地价格和建筑造价两个部分构成。一般开发商策划开发建设某一土地时没有确定建筑层数；在一定的土地价格内、建筑单位成本（即建筑每平方米造价）不变的情况下，建筑造价与建筑面积有关，建筑层数越多、面积越大、造价越高，但建筑造价分摊到单位建筑面积上的成本就越少。在土地价格差别不大的情况下，单位土地上的建筑面积越多、开发建设的经济利润越高。值得注意的是，提高建筑层数，建筑结构造价增加，加之垂直交通设备的投入及其运作维护费用的增加，最终致使建筑单位面积成本大大增加。

就环境因素而言，人们对城市或城镇风貌的感受主要取决于城市或城镇里的建筑。新老建筑高低错落、相互融合，形成城市或城镇剪影。对新老建筑高度与体量的和谐统一，需要整体考虑建筑、建筑环境、城市或城镇形态等问题。以杭州西湖周边的建筑高度控制为例，20世纪90年代，西湖周边矗立起一些高层建筑，破坏了西湖原有的优美天际轮廓线，许多专家学者包括普通市民对此提出批评意见，后来杭州市政府组织专家编制西湖周边地区建筑高度控制规划，统一协调建筑高度与环境的关系，取得了较好的效果。

就视觉与心理感受而言，建筑高度 H 与基地（如道路、广场、绿地、水面等）宽度 W 的比例关系会给人不同的视觉与心理感受：$H<0.3W$ 时感觉空间尺度开阔、空旷；$0.3W \leqslant H \leqslant 0.6W$ 时感觉空间尺度亲切宜人；$H>0.6W$ 时感觉空间尺度高耸、压抑。

2）对建筑高度的确定

为克服经济利益驱动下盲目追求建筑高度，造成城市或城镇景观千篇一律，并对城市或城镇形态发展产生影响，城市规划及管理部门需要控制建筑高度即建筑容许的最大上限限制高度，以满足建筑日照、通风、防火等要求。一般建筑限度有以下几点规定。

① 在有净空高度限制的飞机场、气象台、电台和无线电通讯(包含微波通讯)设施周围等新建、改建建筑物，其高度应符合有关的净空高度限制规定。如飞机场周边建筑与构筑设施，出于飞机起飞、降落的安全需要，应有专门净空限制要求，其高度限制范围的半径可达 20 km 以上；微波通道附近，两个微波通讯点之间的建筑与构筑设施不能遮挡微波传递。

② 在文物保护单位和建筑保护单位周围等新建、改建建筑物，其高度应符合建筑和文物保护有关规定，并按照已经批准的详细规划执行。未经批准的详细规划，应先编制城市设计或建筑设计方案，进行视线分析，提出控制高度和保护措施，经过建筑和文物保护专家小组评定后执行。

③ 沿城市道路两侧新建、改建建筑物的控制高度，除经批准的详细规划另有规定外，应符合下列规定：沿路的一般建筑的控制高度(H)不得超过道路规划红线宽度 W 加建筑后退距离(S) 之和的 1.5 倍，即 $H \leqslant 1.5(W+S)$，如图 7-3、图 7-4 所示，沿路高层组合建筑的高度，一般按下式控制：

$$A \leqslant L(W+S)$$

式中 A——沿路高层组合建筑以 1∶1.5(即 56.3°)的高度角在地面上投影的总面积；

L——建筑基地沿道路规划红线的长度；

W——道路规划红线宽度；

S——沿路建筑后退距离。

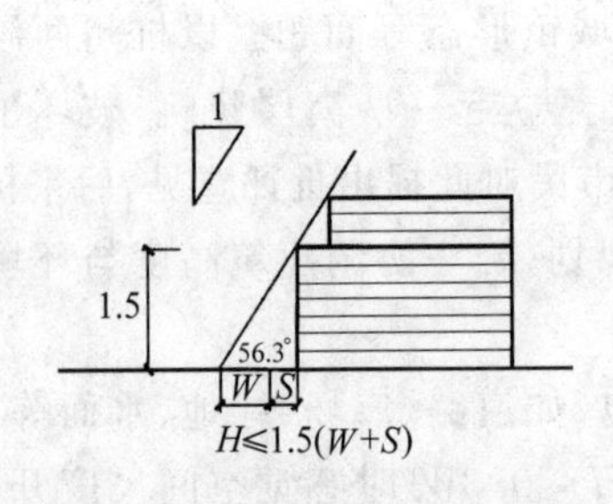

图 7-3 沿路一般建筑高度控制

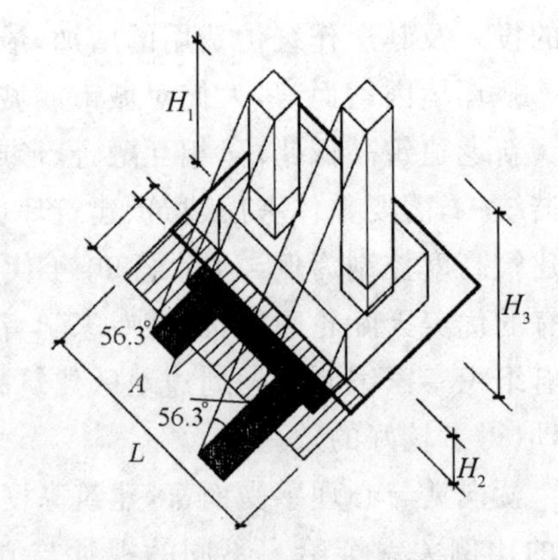

图 7-4 沿路高层组合建筑高度控制

3) 建筑高度计算

平屋面建筑高度一般按照挑檐屋面自室外地坪至檐口顶部计算，同时还需要考虑挑檐出挑宽度(见图 7-5(a))；有女儿墙的平屋面建筑(即无挑檐屋面的建筑)，其高度自室外地坪至女儿墙顶部计算(见图 7-5(b))。

坡屋面建筑:屋面坡度小于 45°(含 45°)的,自室外地坪至檐口顶部计算,同时还需要考虑檐口挑出宽度(见图 7-5(c));屋面坡度大于 45°的建筑,其高度自室外地坪至屋脊顶计算(见图 7-5(d))。

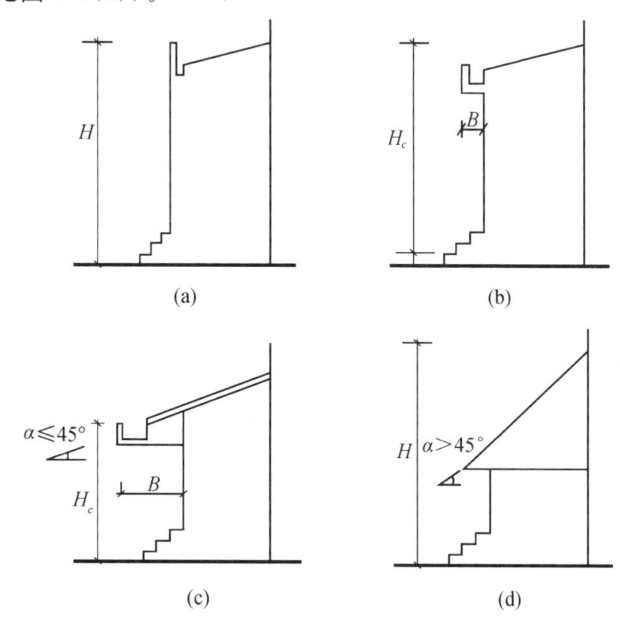

图 7-5 建筑高度的计算

(a) H 自室外地坪至女儿墙顶;(b) H_c 室外地坪至檐口顶 B 檐口挑出宽度;
(c) H_c 室外地坪至檐口顶 B 檐口挑出宽度;(d) H 自室外地坪至屋脊顶

7.2 总图设计

7.2.1 场地利用与改造

1. 场地概念

狭义上的场地(site)是指基地内建筑物之外的室外场地,包括广场、停车场、运动场、室外展览场地、绿地等。广义上的场地是指基地全部内容所组成的整体,如建筑物、构筑物、交通设施、室外活动设施、绿化及环境景观设施和工程系统等。

2. 场地类型

按照建设项目性质及特征划分,场地有工业建设场地和民用建筑场地。工业建设场地为适应生产工艺流程需要而设置,因此场地占地面积大、交通运输复杂,运输方式因工业种类而异,场地建设周期较长。民用建筑场地为适应人流、车流、货流活动需要而设置,并考虑建筑空间、流线、结构、造型以及场地环境等问题,建设周期相对较短。

按照地形条件划分,场地有平地场地和坡地场地两类。平地场地包括坡度0～3%的平坡地和坡度3%～8%的缓坡地,二者一般是良好的建设用地。坡地场地包括坡度8%～25%的中坡地、坡度25%～50%的陡坡地和坡度50%以上的急坡地,其中,中坡地是适宜的建设用地,陡坡地和急坡地一般不作为建设用地。

按照功能要求划分,场地有集散场地、活动场地和停车场地三种类型。

1)集散场地

铁路旅客站、客运站等交通性建筑,以及影剧院、体育馆等公共建筑,人流量和车流量大而集中,交通组织比较复杂,建筑前沿需要设置较大的场地。如西安钟鼓楼广场位于西安古城中心,四周有近2万平方米的商场,商业人流和旅游人流较为集中,在此设置集散场地具有必要性(见图7-6)。集散场地设计应根据各种流线通行疏散状况、空间构图需要等,确定场地规模和空间形态。对艺术形象要求较高的场地,还需要深入研究场地空间尺度,以及环境景观位置、观赏角度和视线灯,设置建筑小品、环境小品及绿化设施等,以增强场地的环境艺术效果。

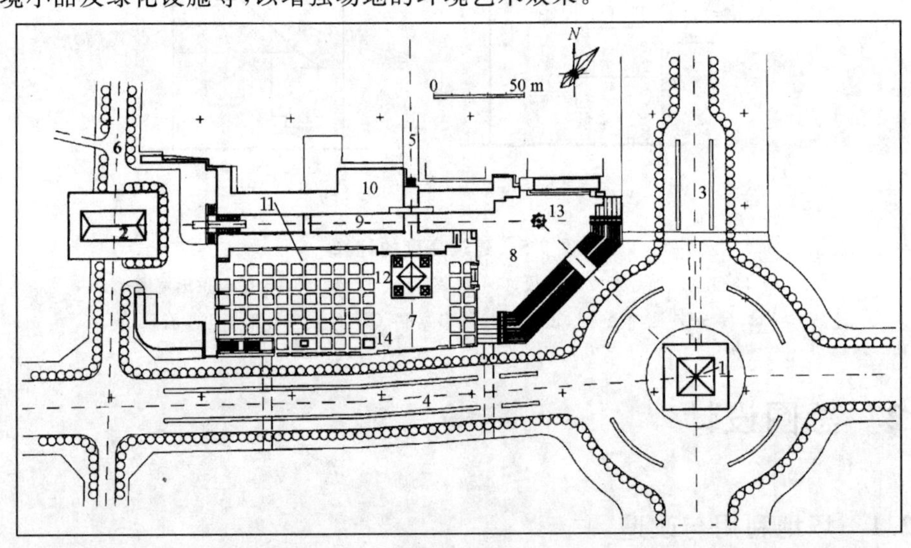

图7-6 西安钟鼓楼广场总平面图

1—钟楼;2—鼓楼;3—北大街;4—西大街;5—社会路;6—北院门街;7—绿化广场;8—下沉广场;9—下沉街;10—商业楼;11—王朝柱列;12—塔泉;13—时光雕塑;14—城史碑

2)活动场地

活动场地为人们提供室外生活环境。公共建筑、居住建筑均需要设置室外休息、娱乐、交往空间。如深圳大学教学中心区设置前庭广场和中心广场,前庭广场位于汇演中心与行政办公楼之间,满足教工的室外活动需要;中心广场位于图书馆、实验楼和教学楼之间,车流从广场一侧通过,为师生的课外交往提供了安静的环境(见图7-7)。

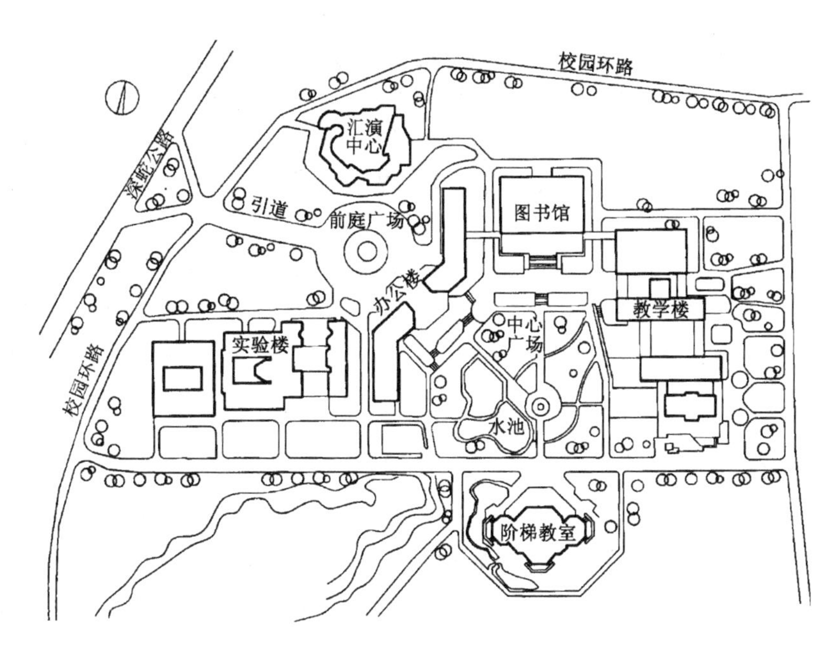

图 7-7 深圳大学教学中心区总平面图

一般居住区、居住小区、居住组团都应布置居民(包括儿童、青少年、中老年人)活动场地。目前,很多居住区规划都将公共绿地与儿童游戏场地结合在一起,既为居民提供了户外活动和休息场所,又美化了居住环境。

各种室外活动场地设计,往往需要与道路、绿地、水体、建筑与构筑设计等有机结合,才能形成适用、新颖、有生机的整体环境。一些国家在交通拥挤的街区规划设计下沉式广场,如美国纽约花旗联合中心前的下沉式广场低于街区地坪 3.6 m,避免街道上的噪声、视线、汽车尾气等干扰,在闹市中创造一块开放、安静、轻松的公众活动场地。

3) 停车场地

停车场地包括机动车停车场和自行车停车场。大中型公共建筑的停车场应结合建筑总体布局。停车场一般要求靠近建筑出入口,避免人流、车流之间的交叉干扰,多选择顺应人流出入建筑的方向设置;为避免影响环境交通和建筑美观,停车场经常设置于建筑主体的一侧或后面。

停车场地的大小视其停车数量、车辆种类而定。根据我国的实际情况,公共建筑应按照建筑面积配置一定比例的机动车停车场,一般停车场面积控制在 2～5 辆/1 000 m^2 总建筑面积,不同城市对公共建筑的停车场面积配置规定不同。另外,在各类公共建筑布置中还应考虑自行车停放场地的位置与面积。

3. 场地设计

场地设计是环境设计工作的一部分,其工作内容主要有确定场地可建设用地范围及地坪标高,平衡场地挖填土石方工程量,设定建筑设施位置及室内外地坪标高,设定建筑水、暖、电及煤气等室外工程管线位置及走向等工作。在此基础上,分别进行外部环境总体布局、建筑设计和环境设计等。

外部环境总体布局主要进行环境功能分区、交通组织、建筑设施及室外活动场地布置等工作。其中,场地出入口、道路、广场、停车场等交通组织是总体布局的工作重点,对建筑设施及室外活动场地布置具有重要影响。

环境设计主要进行建筑小品、环境小品及绿化设施设置等工作。一般环境设计可与建筑设计同时进行,也可以在建筑设计工作完成之后再进行。在园林、公园等城市公共开放空间设计中,环境设计可自成体系,环境小品及绿化设施是此类环境设计的工作重点,建筑小品是公共开放空间的点缀。

7.2.2 出入口与道路设置

场地出入口与道路是联系基地与外围环境、内部建筑设施的交通纽带,承担着交通运输、物流(包括人流、车流、货流)分配、消防通行及人流疏散等重要作用。

场地出入口与道路出入口设计应满足其交通功能要求,为物流活动提供安全和便捷线路,提供合理的长度和宽度,保证物流活动的通行疏散能力。如航空港、车站、码头等城市交通枢纽中心特别重视物流集散;百货商场、文艺活动中心、体育场馆等人流密集场所需要考虑物流组织;医院、幼儿园、老年人建筑等特殊人群使用的建筑也需要考虑物流组织。可见,场地出入口与道路设计的重要性。

1. 出入口设置

场地出入口设置一般要求不小于 2 个、间隔距离不小于 10 m。在一般情况下,出入口设置应减少对城市干道交通的干扰。当场地同时毗邻城市主干道和次干道(支路)时,一般主入口设置于主干道上、次入口设置于次干道上,并优先选择次干道一侧作为场地机动车出入口。场地机动车出入口应避免设置于城市主干道交叉口,其位置应符合如下规定。

① 与城市道路交接时其交接角度不小于 75°为宜。

② 与相邻城市主干道交叉口(道路红线交叉点)距离应不小于 80 m,与次干道交叉口(道路红线交叉点)距离应不小于 70 m。

③ 与地铁出入口、人行横道线、人行过街天桥、人行地下通道边缘距离应不小于 30 m。

④ 与公交站点边缘距离应不小于 15 m。

⑤ 与学校、公园、儿童和残疾人使用的建筑出入口距离应不小于 20 m。

⑥ 与城市道路立体交叉口距离或其他特殊情况由当地主管部门确定。

消防车通行要求:建筑群内部道路中心线间距不小于 160 m;沿街建筑长度不小于 160 m 或建筑(Π、L 形平面)总长度不小于 220 m 时,应设置穿过建筑的车行道供消防车通行。

人流疏散要求:连通街道与建筑内部院落的人行道间距以不大于 80 m 为宜,并设置符合防火要求的消防车通道，使所有的内部院落建筑在必要时都有消防车可通行和到达。

消防车通道要求：消防车通行宽度不小于 3.5 m，穿过建筑的消防车通道宽度不小于 4 m，其净空高度应不小于 4 m。

2. 道路设置

场地道路应与城市道路网有所衔接，并注意减少开向城市干道上的车行道出入口数量，以免与城市道路交汇过多，影响城市交通安全及通行效率。必要的车行道应注意与城市道路的交叉角度与连接坡度，交叉角度以不小于 60°或不大于 120°为宜。道路坡度应满足场地排水及市政设施管线布置要求，一般道路纵向坡度不大于 0.3%。道路应结合场地地形选线与布局，对于平地地形（见图 7-8）和坡地地形（见图 7-9）分别采取不同的组织方式。

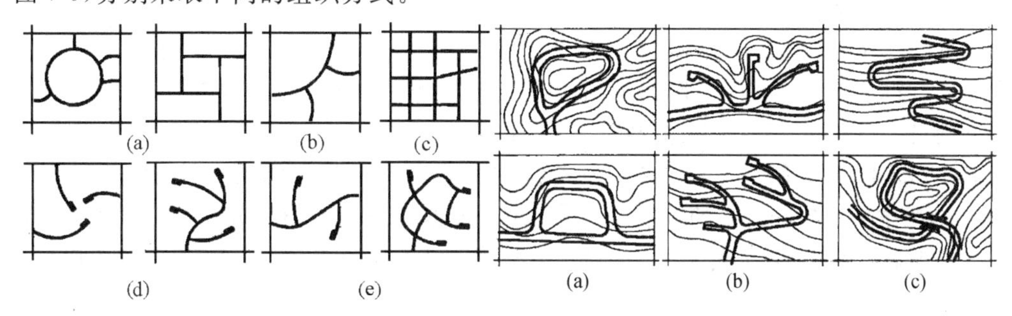

图 7-8　平地地形的道路形式

(a) 内环式；(b) 环通式；(c) 格网式；
(d) 尽端式；(e) 混合式

图 7-9　坡地地形的道路形式

(a) 环状；(b) 枝状；(c)盘旋状

1）车行道设置

车行道应保证来往车辆安全通行。车行道宽度以“车道”为单位，应考虑车辆之间、车行道与人行道之间的安全间隔距离。为保证交通安全、提高行车速度，车行道通常采用偶数配置，一般双行车道宽度为 6.5～7.0 m，4 辆车并列行驶的车行道（四车道）宽度为 13～14 m。

道路交叉口通常为弧线形，交叉口处的建筑应退让道路红线，以保证驾驶员的行车视线和会车视距。在确定行车视线、会车视距时，应考虑道路宽度、行车速度等因素影响，在行车视线和会车视距范围内不种植树木、不设置建筑及构筑设施。一般情况下，行车视线和会车视距应不小于 20 m（见图 7-10）。另外，道路交叉口还应有合理的转弯半径，转弯半径视车辆种类而定，一般小轿车和三轮车机动车的转弯半径为 6 m，载重汽车的转弯半径为 9 m，而重型载重汽车和公共汽车的转弯半径为 12 m（见图 7-11）。

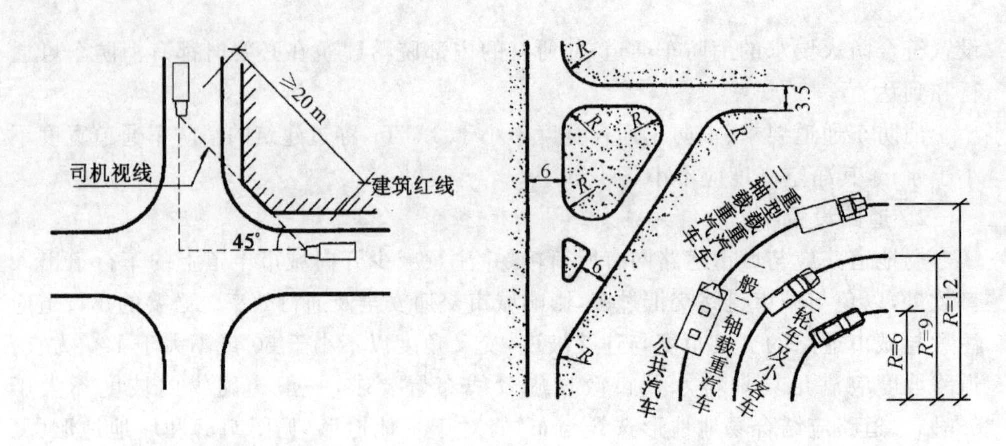

图 7-10　交叉口视距　　　　图 7-11　机动车最小转弯半径(单位:m)

2）人行道设置

人行道一般布置于道路两侧,有的布置于道路一侧。人行道与车行道、临街建筑之间设置绿化带,可区分人流与车流、减少空气灰尘及交通噪声等影响。人行道宽度以"步行带"为单位,步行带即一个人朝一个方向行走时所需要的宽度,通常采用0.75 m作为一条步行带的宽度(见表 7-2)。根据一般城市道路建设经验认为,单侧人行道(指一边设置人行道的道路)和道路总宽度之比为 1∶5～1∶7 时,道路形态比较适合。

表 7-2　人行道宽度参考数据

项　　目	最小宽度/m	铺砌的最小宽度/m
设置电线杆与电灯杆的地带	0.5～1.0	—
种植人行道树的地带	1.25～2.0	—
处于火车站、公园、交通终点站及行人集聚的地点	7.0～10.0	—
处于主干道上的大型商店及公共文化机构的地带	6.5～8.5	6.0
次干道上的大型商店及公共文化机构的地带	4.5～6.5	4.5 或 3.0
一般街道	1.5～4.0	1.5

3）停车场设计

静态交通组织主要是指停车场和回转场地设计。剧院、旅馆、展览馆及高层建筑等总体布局中,经常设置专门的停车场;住宅、商场等布局中,经常沿道路边缘设置停车场或停车道。

一般车辆停放有三种方式:其一,停车方向与道路相平行(见图 7-12(a)),此方式车辆所占据的道路宽度最小,在一定长度的停车道上所能停车的数量比用其他停车方式少 1/2～2/3;其二,停车与道路相垂直(见图 7-12(b)),在一定长度的停车道上,此方式所能停放的车辆最多,所占据的道路宽度为 9 m;其三,停车与道路相斜交(见图 7-12(c)),此方式停车、出车较为方便。采用尽端式道路布局时,为满足车辆掉头的要求,需要在道路尽端或适当的地方设置回车场(见图 7-13)。

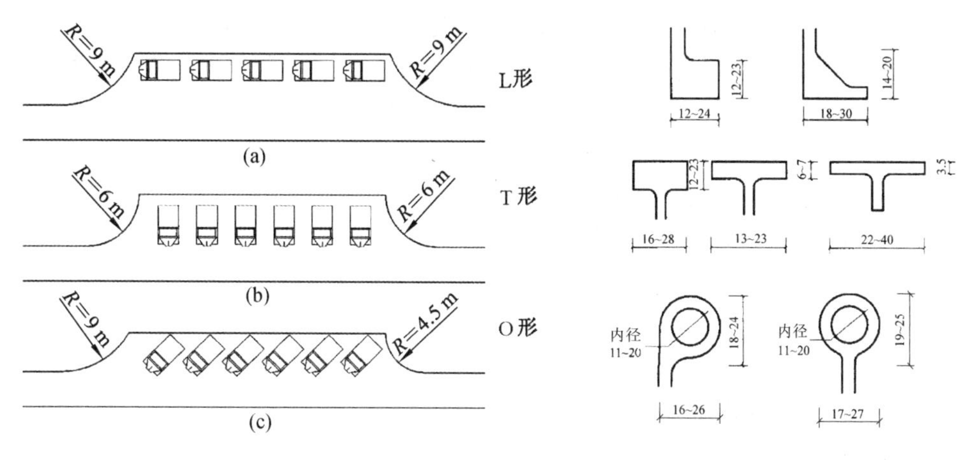

图 7-12　沿道路停车形式

图 7-13　尽端式道路回车场的形式（单位：m）

一般停车场面积为 35～48 m^2/小轿车（见表 7-3）。

表 7-3　停车场的面积

停　车　道	停车方式		
	平行道路	垂直道路	与道路成 45°～60°
单行停车道的宽度/m	2～2.5	7～9	6～8
双行停车道的宽度/m	4～5	14～18	12～16
单向行车时两行停车道间通行道宽度/m	3.5～4	5～6.5	6

7.2.3　建筑群体布局

建筑总体布局决定建筑环境的质量。衡量建筑环境质量的好坏，需要以建筑环境的安全性（如防火、疏散、防震等）、卫生性（如日照、通风、噪声隔绝等）、工程性（如人防工程、室外管线工程等）等为依据。一般建筑群体关系控制有以下几点规律。

1. 建筑朝向

建筑朝向即建筑的地理方向。通常人们要求建筑冬暖夏凉。在我国的地理版图中，南向是最受人们欢迎的建筑朝向。南向建筑夏季接受太阳照射的时间较冬季长，夏季太阳高度角较大，阳光从南向窗户照射到室内的深度和时间都较少。相反，冬季太阳高度角较小，阳光从南向窗户照射到室内的深度和时间比夏季多，这有利于建筑夏季避暑、冬季防寒。

建筑设计不能保证所有的房间都被安排在南向。每一幢建筑可根据建筑所在地区的太阳辐射强度、建筑日照时间、地区常年主导风向等因素，选择合理的建筑朝向。

每年最热、最冷的天气一般是在夏季 7 月份和冬季 1 月份，夏季每天最热的时间是下午 1～3 时。由太阳辐射强度和风速风向气象资料得知：建筑处于南偏东 30°和南偏西 30°方位时，夏季太阳辐射强度最小、冬季太阳辐射强度最大；建筑处于南偏西 150°到南偏东 30°范围时，室温较为舒适；建筑处于西北方位下午西晒强烈，加之气温较高,建筑方位南偏东15°(或北偏东15°)比南偏西15°好。

我国南方地区,建筑朝向应避免日晒问题;受地段条件限制建筑必须东西向布置时,建筑门窗部位应设置适当的遮阳设备。严寒地区,为争取日照和保温,建筑朝向选择南向、东向、西向为宜,避免北向。在昆明、成都等没有西晒影响的地区,建筑除南北向布置外还可采取东西向布置。确定建筑朝向应综合考虑太阳辐射强度、建筑日照时间、地区常年主导风向等因素。

2. 建筑间距

确定建筑间距应综合考虑建筑日照、通风、防火间距,以及建筑视线防卫、室外工程管线布置、用地面积和建设投资等因素。从卫生角度来看,建筑间距应考虑日照、通风和防火三个主要因素。

1) 日照间距

日照间距指为保证行列式建筑必需日照量而采取的建筑间隔控制距离。建筑必需日照量或建筑日照标准即建筑最低日照要求,一般应满足冬至或大寒日照标准日满窗日照时间1~3 h的要求。我国根据不同建筑类型的日照要求制定了相应的日照标准,如居住建筑的日照标准为冬至日照时间不小于1 h;托儿所、幼儿园各生活用房应布置在地区日照最佳方位,并满足冬至日底层满窗日照时间不小于3 h的要求;疗养用房、医院病房等除应符合地区日照要求以外,建筑最小间距不小于12 m。一般建筑日照间距的计算方法如下。

日照间距系数即建筑之间的高宽比值(见图7-14)。在实际应用中常将宽度D换算成高度H,据此计算不同高度的建筑之间所应具有的不同间隔距离。根据已有的日照计算,我国部分城市的日照间距系数在0.8~1.7之间,一般越往南的地区日照间距越偏小、越往北的地区日照间距越偏大;如四川地区的日照间距为1~1.3、福州的日照间距为1.18、南京的日照间距为1.46、济南的日照间距为1.74。至于建筑日照间距的计算,各个地区条件不同、各类建筑要求不同,故实际运用与理论计算会有所差异。

在居住区规划中,住宅群可根据地形条件与建筑日照要求进行布局,应保证必要的建筑日照间距(见图7-15(a)),可利用建筑间隙改善日照条件(见图7-15(b)),可适当偏移建筑方位以便获取有利的日照采光(见图7-15(c))。建筑由正南方向东南方或西南方偏移15°时,入室阳光的照射面积比建筑南面采光时有所减小。山地环境中,建筑日照间距受地形坡向及坡度的影响,一般南面向阳坡的建筑日照间距可以适当减少、北面背阴坡的建筑日照间距需要适当加大。

2) 通风间距

建筑的自然通风效果与地区常年主导风向、建筑间距等因素有密切关系。当前幢建筑正面迎风、后幢建筑迎风面窗口进风时,建筑通风间距一般要求在$4H$~$5H$以上。以此作为建筑通风间距标准,建筑群关系松散不利于节约建设用地,同时还增加道路及市政工程管线长度。因此,需要调整建筑群与地区常年主导风向的角

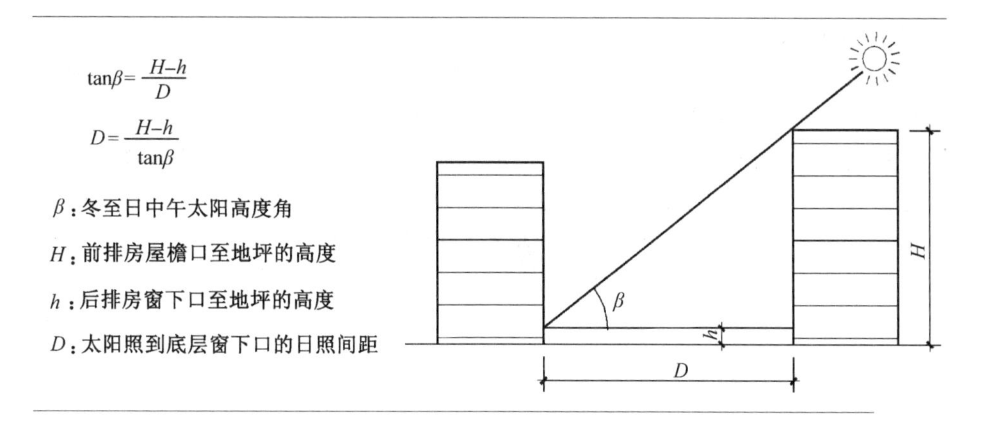

图 7-14 日照间距计算示意图

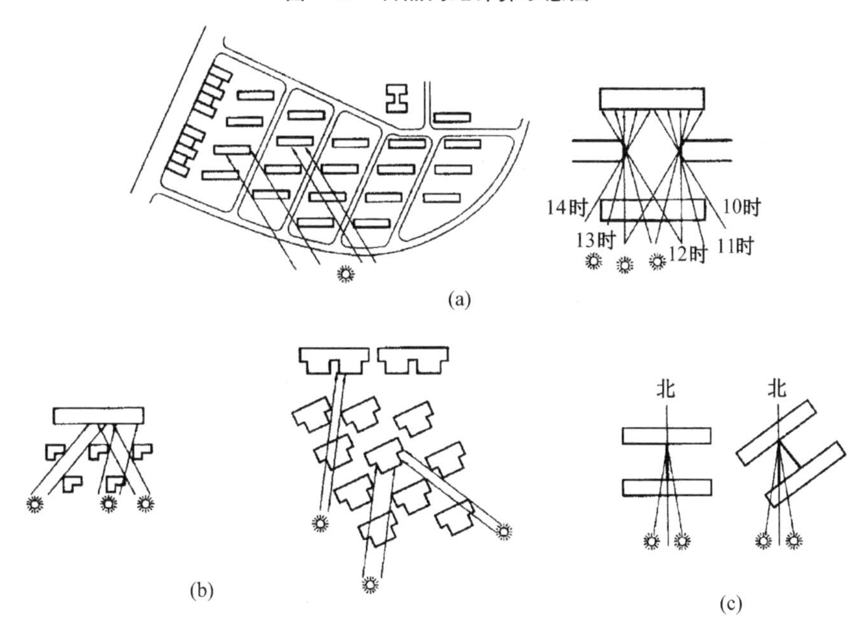

图 7-15 住宅群争取日照的方法

(a) 根据地形条件与建筑日照要求布局；(b) 利用建筑间隙布局；(c) 适当偏移建筑方位布局

度关系。

实践证明，风向入射角为 30°～60°时，行列式建筑迎风面窗口通风效果较为显著。经过建筑间距 1∶1.1H、1∶1.3H、1∶1.5H、1∶2H 测试发现：建筑间距 1∶1.1H 通风效果较差，建筑间距 1∶2H 通风效果提高甚微，建筑间距 1∶1.3H～1∶1.5H 通风效果较为理想。

为节约用地、同时获得较为理想的自然通风效果，建议行列式建筑群布局时，建筑迎风面与地区常年主导风向呈 30°～60°角度，控制建筑通风间距 1∶1.3H～1∶1.5H。

3) 防火间距

为防止火灾发生时,相邻建筑的火势蔓延,建筑之间应保持一定的防火间距。防火间距的大小主要取决于建筑耐火等级、建筑门窗洞口位置、建筑高度与距离等因素。民用建筑之间的防火间距如表 7-4 所示,多层民用建筑与其他建筑物之间的防火间距如表 7-5 所示,高层民用建筑与其他建筑物之间的防火间距如表 7-6 所示。

表 7-4 民用建筑之间的防火间距

《建筑设计防火规范》(GB 50016—2014)

<table>
<tr><th colspan="2" rowspan="2">建筑类别</th><th>高层民用建筑</th><th colspan="3">裙房和其他民用建筑</th></tr>
<tr><th>一、二级</th><th>一、二级</th><th>三级</th><th>四级</th></tr>
<tr><td>高层民用建筑</td><td>一、二级</td><td>13</td><td>9</td><td>11</td><td>14</td></tr>
<tr><td rowspan="3">裙房和其他民用建筑</td><td>一、二级</td><td>9</td><td>6</td><td>7</td><td>9</td></tr>
<tr><td>三级</td><td>11</td><td>7</td><td>8</td><td>10</td></tr>
<tr><td>四级</td><td>14</td><td>9</td><td>10</td><td>12</td></tr>
</table>

表 7-5 多层民用建筑与其他建筑物之间的防火间距

《建筑设计防火规范》(GB 50016—2014)

<table>
<tr><th colspan="4" rowspan="2">防火间距/m
名称</th><th colspan="3">民用建筑耐火等级</th></tr>
<tr><th>一、二级</th><th>三级</th><th>四级</th></tr>
<tr><td>甲类厂房</td><td>单、多层</td><td>耐火等级</td><td>一、二级</td><td colspan="3">25</td></tr>
<tr><td rowspan="3">乙类厂房
乙类仓库</td><td rowspan="2">单、多层</td><td rowspan="3">耐火等级</td><td>二级</td><td colspan="3" rowspan="3">25</td></tr>
<tr><td>三级</td></tr>
<tr><td>高层</td><td>一、二级</td></tr>
<tr><td rowspan="4">丙、丁、戊类厂房
丙、丁、戊类仓库</td><td rowspan="3">单、多层</td><td rowspan="4">耐火等级</td><td>一、二级</td><td>10</td><td>12</td><td>14</td></tr>
<tr><td>三级</td><td>12</td><td>14</td><td>16</td></tr>
<tr><td>四级</td><td>14</td><td>16</td><td>18</td></tr>
<tr><td>高层</td><td>一、二级</td><td>13</td><td>15</td><td>17</td></tr>
<tr><td colspan="2" rowspan="3">室外变、配电站</td><td rowspan="3">变压器
总油量
/t</td><td>≥5,≤10</td><td>15</td><td>20</td><td>25</td></tr>
<tr><td>≥10,≤50</td><td>20</td><td>25</td><td>30</td></tr>
<tr><td>≥50</td><td>25</td><td>30</td><td>35</td></tr>
<tr><td rowspan="4">甲类仓库</td><td rowspan="2">3、4 项</td><td rowspan="4">储量/t</td><td>≤5</td><td colspan="3">30</td></tr>
<tr><td>≥5</td><td colspan="3">40</td></tr>
<tr><td rowspan="2">1、2、5、6 项</td><td>≤10</td><td colspan="3">25</td></tr>
<tr><td>≥10</td><td colspan="3">30</td></tr>
<tr><td colspan="2" rowspan="5">湿式可燃气体储罐</td><td rowspan="5">总容积/m^3</td><td>≤1 000</td><td colspan="3">18</td></tr>
<tr><td>1 000~10 000</td><td colspan="3">20</td></tr>
<tr><td>10 000~50 000</td><td colspan="3">25</td></tr>
<tr><td>50 000~100 000</td><td colspan="3">30</td></tr>
<tr><td>100 000~300 000</td><td colspan="3">35</td></tr>
<tr><td colspan="2" rowspan="3">湿式氧气储罐</td><td rowspan="3">总容积/m^3</td><td>≤1000</td><td colspan="3">18</td></tr>
<tr><td>1 000~50 000</td><td colspan="3">20</td></tr>
<tr><td>≥50 000</td><td colspan="3">25</td></tr>
</table>

表 7-6 高层建筑与其他建筑物之间的防火间距
《建筑设计防火规范》(GB 50016—2014)

<table>
<tr><td colspan="4" rowspan="2">防火间距/m
名称</td><td colspan="2">高层建筑</td></tr>
<tr><td>一类</td><td>二类</td></tr>
<tr><td>甲类厂房</td><td>单、多层</td><td>耐火等级</td><td>一、二级</td><td colspan="2">50</td></tr>
<tr><td rowspan="3">乙类厂房
乙类仓库</td><td rowspan="2">单、多层</td><td rowspan="3">耐火等级</td><td>一、二级</td><td colspan="2" rowspan="3">50</td></tr>
<tr><td>三级</td></tr>
<tr><td>高层</td><td>一、二级</td></tr>
<tr><td rowspan="4">丙类厂房
丙类仓库</td><td rowspan="3">单、多层</td><td rowspan="4">耐火等级</td><td>一、二级</td><td>20</td><td>15</td></tr>
<tr><td>三级</td><td>25</td><td>20</td></tr>
<tr><td>四级</td><td>25</td><td>20</td></tr>
<tr><td>高层</td><td>一、二级</td><td>20</td><td>15</td></tr>
<tr><td rowspan="4">丁、戊类厂房
丁、戊类仓库</td><td rowspan="3">单、多层</td><td rowspan="4">耐火等级</td><td>一、二级</td><td>15</td><td>13</td></tr>
<tr><td>三级</td><td>18</td><td>15</td></tr>
<tr><td>四级</td><td>18</td><td>15</td></tr>
<tr><td>高层</td><td>一、二级</td><td>15</td><td>13</td></tr>
<tr><td colspan="2" rowspan="3">室外变、配电站</td><td rowspan="3">变压器
总油/t</td><td>≥5,≤10</td><td colspan="2">20</td></tr>
<tr><td>≥10,≤50</td><td colspan="2">25</td></tr>
<tr><td>≥50</td><td colspan="2">30</td></tr>
<tr><td rowspan="4">甲类仓库</td><td rowspan="2">3、4 项</td><td rowspan="4">储量/t</td><td>≤5</td><td colspan="2" rowspan="4">50</td></tr>
<tr><td>≥5</td></tr>
<tr><td rowspan="2">1、2、5、6 项</td><td>≤10</td></tr>
<tr><td>≥10</td></tr>
<tr><td colspan="2" rowspan="5">湿式可燃气体储罐</td><td rowspan="5">总容积/m³</td><td>≤1 000</td><td colspan="2">25</td></tr>
<tr><td>1 000～10 000</td><td colspan="2">30</td></tr>
<tr><td>10 000～50 000</td><td colspan="2">35</td></tr>
<tr><td>50 000～100 000</td><td colspan="2">40</td></tr>
<tr><td>100 000～300 000</td><td colspan="2">45</td></tr>
<tr><td colspan="2" rowspan="4">甲、乙类液体储罐(区)</td><td rowspan="4">总容积/m³</td><td>1～50</td><td colspan="2">40</td></tr>
<tr><td>50～200</td><td colspan="2">50</td></tr>
<tr><td>200～1 000</td><td colspan="2">60</td></tr>
<tr><td>1 000～5 000</td><td colspan="2">70</td></tr>
<tr><td colspan="2" rowspan="4">丙类液体储罐(区)</td><td rowspan="4">总容积/m³</td><td>5～250</td><td colspan="2">40</td></tr>
<tr><td>250～1 000</td><td colspan="2">50</td></tr>
<tr><td>1000～5 000</td><td colspan="2">60</td></tr>
<tr><td>5 000～25 000</td><td colspan="2">70</td></tr>
</table>

4) 建筑间距控制

除日照、通风、防火三个影响因素外,建筑间距还受噪声、细菌传播等特殊因素的限制。

① 教学楼、图书馆、实验楼、办公楼等建筑,长边平行、相对布置时,建筑防噪间距应不小于 25 m。

② 中小学校教学用房的主要采光面距离相邻房屋的间距不小于相邻房屋高度的 2.5 倍,且不小于 12 m。

③ 平面形式为Ⅲ型及Ⅱ型的房屋两侧翼间距不小于挡光面房屋高度的 2 倍,且不小于 12 m。

④ 医院建筑的间距应为该建筑高度的 2 倍以上,其中 1～2 层病房建筑的间距为 25 m 左右、3～4 层病房建筑的间距为 30 m 左右、传染病房的间距为 40 m 左右。

因此,总平面设计时,需要合理选择建筑间距,既要满足建筑功能要求,又要节约建设用地、减少工程投资费用。

3. 环境小气候营造

为节约建筑能耗、保护生态环境,建筑布局应适应地区气候特点,综合考虑寒冷地区的建筑采暖保温和炎热地区的建筑通风散热等问题。

就建筑而言,建筑的自然通风效果与建筑形体及方位、气候风向等因素具有密切关系。气流涡流区的产生受到建筑形体及方位、气候风向的影响,涡流区大、正压风也大,建筑通风最为有利(见图 7-16)。风向与建筑呈一定角度时比风向与建筑平行时通风效果好。Ⅱ型和Ⅲ型建筑的凹口部位应与风向呈 0°～45°角;不能呈一定角度时,凹口部位应有不小于 15 m² 的通风口或通风道面积(见图 7-17)。

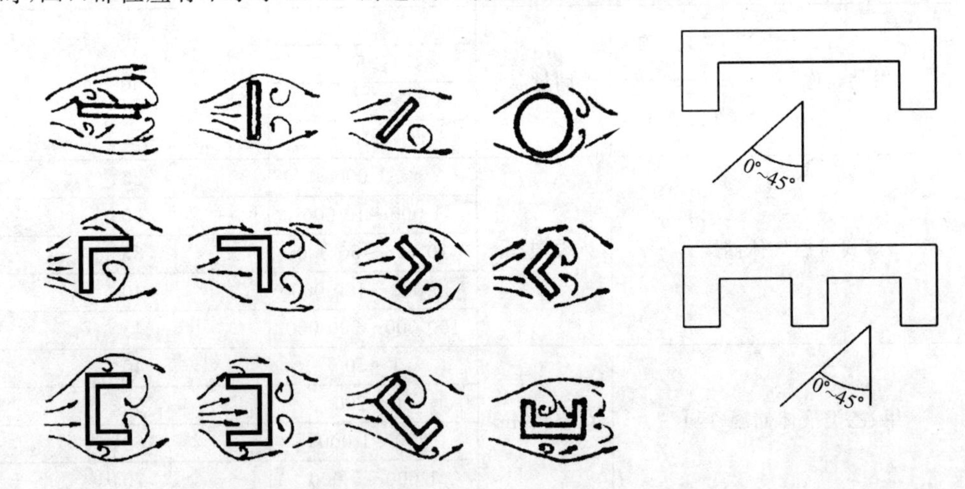

图 7-16　建筑形体与通风　　图 7-17　开口建筑与通风

就环境而言,环境小气候创造取决于道路、广场、绿地、水面、植被、建筑设施等内容设置。例如,居住区中的道路、广场、绿地和水面等开阔空间可引入气流风向(见图 7-18(a));建筑平行或错位布置可增加建筑迎风面(见图 7-18(b));建筑及院落空间点、线、面组合可引导风向(见图 7-18(c));建筑形体高低组合布局可改变风向(见图 7-18(d));建筑疏密布置可形成风道,加大风速(见图 7-18(e));利用成片的绿化树丛可阻挡或改变气流(见图 7-18(f))。

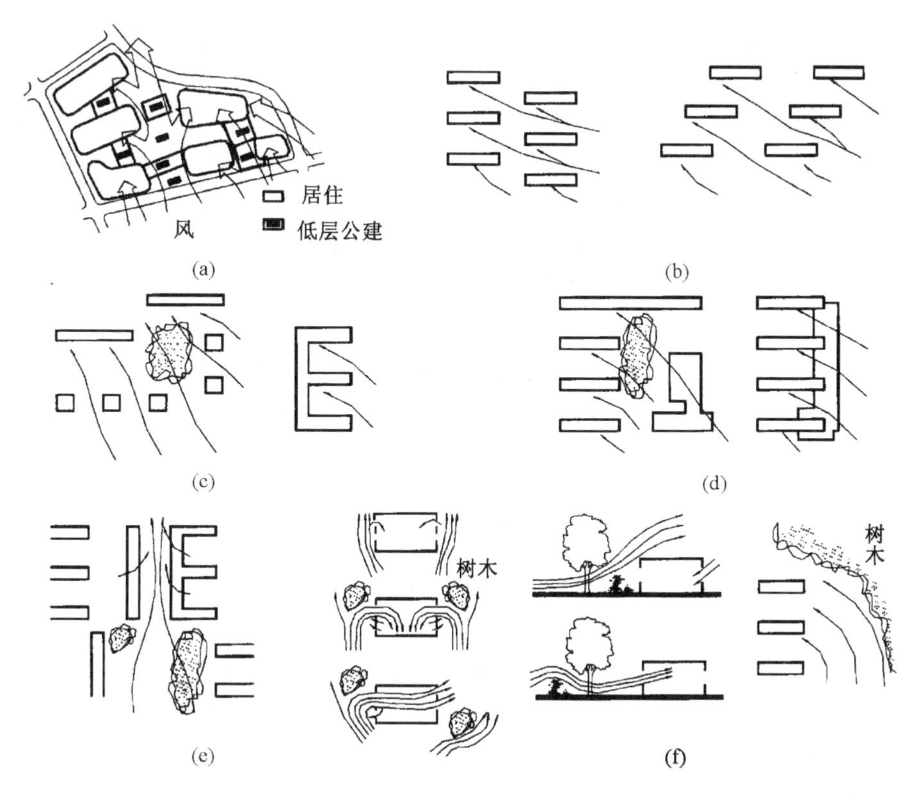

(a) (b) (c) (d) (e) (f)

图 7-18 住宅群体组合提高自然通风效果

7.3 建筑环境控制

7.3.1 环境容量及质量控制

在一定环境中，控制环境容量在一定程度上可保证环境质量，需要对工程建设量和人口聚集量作出合理规定。环境控制指标主要有容积率、建筑密度、绿地率及绿化覆盖率等。

1. 容积率

容积率是指规划用地内各类建筑总面积(不包含地下建筑面积)与建设用地面积之比，即 $FAR=Ar/Al$(FAR 为容积率，Ar 为总建筑面积，Al 为总用地面积)，也是衡量土地使用强度的一项重要指标，又称为楼板面积率或建筑面积密度，如图 7-19 所示：容积率=(商业服务设施总建筑面积+住宅总建筑面积+学校总建筑面积+公共服务中心总建筑面积)/总用地面积。

容积率可根据实际需要制定上限和下限。容积率的下限根据不同土地使用性质来确定，可保证开发商的经济利益，平衡征用土地价格与建设投资关系，避免无效益或低效益的开发建设所造成的土地资源浪费。

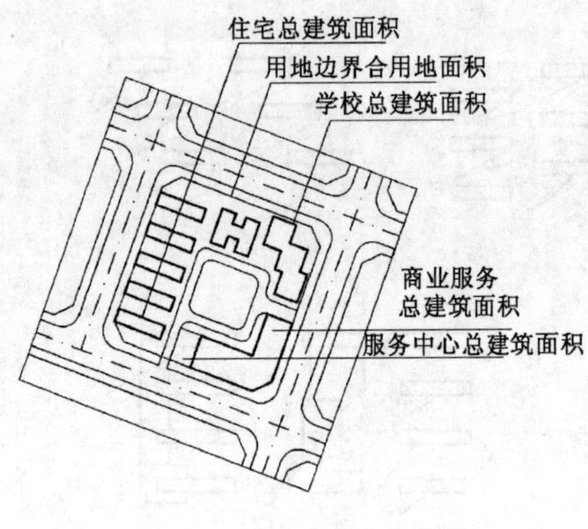

图 7-19　容积率概念示意图

在建设用地面积一定的情况下，容积率越高、建筑面积的总量越多，建设用地所容纳的城市活力也就越大；容积率越低，情况则相反。由此可见，容积率的意义在于反映土地的开发建设及使用强度。在城市规划上，控制容积率的目的在于保护城市环境质量、协调市政基础设施建设。在城市建设管理上，地方政府城建管理部门、税收部门及土地开发投资商可根据容积率，预测建设用地和市政基础设施承受力、协调土地市场供求关系、核算建设投资成本及效益等。

2. 建筑密度

建筑密度是指规划用地内各类建筑基底占地总面积与建设用地面积之比。建筑密度=(各类建筑基底面积之和/建设用地面积)×100％。

与容积率相比，建筑密度更注重建筑基底面积或除建筑以外的建设用地面积比例。城市规划及管理部门通常控制建筑密度的上限，以此保证建设用地的空地率及绿地率、提高建筑环境的日照通风质量、满足建筑环境的消防疏散要求等。

与容积率、建筑密度紧密相关的指标还有建筑平均层数。建筑平均层数=总建筑面积/总建筑基底面积。建筑平均层数反映建筑环境的布局特征，同样对环境容量具有控制作用。

3. 绿地率及绿化覆盖率

绿地率是指规划用地内各类绿地面积之和与建设用地面积之比。绿地率=(总绿地面积/建设用地面积) ×100％。绿地包括公共绿地、宅旁绿地、公共服务设施所属绿地和道路绿地(即道路红线内的绿地)，不包括屋顶、晒台的人工绿地。公共绿地内占地面积不大于1％的雕塑、亭榭、水池等建筑小品或环境小品可视为绿地。

控制绿地率可保证城市公共开放空间的绿化效果。城市规划及管理部门通常控制绿地率的下限。绿地率作为衡量环境质量的一项重要指标，被管理者、开发商、规划设计师、使用者普遍关注。由于绿地率计算及相关的绿地概念很容易混淆，有必要区分绿地概念及绿地率计算方法(见图7-20)。

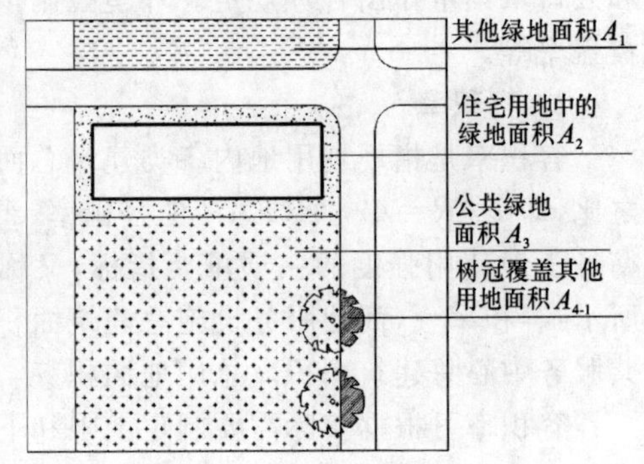

图 7-20　绿地率概念示意图

① 绿地面积包括公共绿地 A_3，不包括住宅用地中的绿地面积 A_2 和树冠覆盖其

他用地面积 A_{4-1}，因此，绿地率＝（A_1+A_3）/$S\times100\%$（S 为建设用地面积）。

② 绿化面积包括公共绿地 A_3 和住宅用地中的绿地面积 A_2，不包括树冠覆盖其他用地面积 A_{4-1}，绿化率＝（$A_1+A_2+A_3$）/$S\times100\%$。

③ 绿化覆盖率是指所有绿化植物在地面上所覆盖的水平投影面积，包括公共绿地面积 A_3、其他绿地面积 A_1、住宅用地中的绿地面积 A_2、树冠覆盖其他用地面积 A_{4-1}。绿化覆盖率＝（$A_1+A_2+A_3+A_{4-1}$）/$S\times100\%$。绿化覆盖率直观反映建设用地的绿化效果，但统计和计算较为复杂，如乔木树冠投影在公共绿地中时，树冠覆盖面积不能与公共绿地重复计算；乔木树冠投影在道路上时，树冠覆盖面积应单独列出、并计入绿化覆盖率。因此，在实际工作中很少采用绿化覆盖率。

7.3.2 建筑面积计算

1. 建筑面积计算规定

建筑面积是指建筑勒脚以上部位、各楼层外墙外围水平面积之总和，包含建筑使用面积、结构面积和交通面积。建筑面积是控制建筑规模的一项重要指标，是建筑经济效果的计算单位。因此，国家基本建设主管部门对建筑面积的计算作出了详细规定。

1）建筑面积的计算范围

① 单层建筑不论其高度如何，均按照一层计算；建筑面积为建筑外墙勒角以上外围水平面积；带有局部楼层的单层建筑，楼层部分应计入建筑面积。

② 多层建筑的建筑面积按照各楼层建筑面积的总和计算，建筑底层按照建筑外墙勒角以上外围水平面积计算，二层及二层以上按照建筑外墙外围水平面积计算。

③ 层高超过 2.2 m 的地下室、半地下室，以及地下车间、仓库、商店、指挥部等及相应出入口，建筑面积按照其上口外墙（不包括采光井、防潮层及其保护墙）外围水平面积计算；层高超过 2.2 m、用深基础做架空层加以利用的空间，建筑面积按照架空层外围水平面积的一半计算；坡地建筑利用吊脚做架空层加以利用、层高超过 2.2 m 的空间，建筑面积按照其围护结构外围水平面积计算。

④ 穿过建筑的通道、建筑内的门厅或大厅，不论其高度如何，均按照一层计算建筑面积；门厅或大厅内部回廊部分按其水平投影计算建筑面积。

⑤ 电梯井、提物井、垃圾道、管道井等均按照建筑自然层数计算建筑面积。

⑥ 与建筑连接的有柱雨篷按照柱外围水平面积计算建筑面积；独立柱雨篷按照雨篷顶盖水平投影面积的一半计算建筑面积；有柱的车棚、货棚、站台等，按照柱外围水平面积计算建筑面积；设置单排柱或独立柱的车棚、货棚、站台等，按照雨篷顶盖水平投影面积的一半计算建筑面积。

⑦ 突出屋面并有围护结构的楼梯间、水箱间、电梯机房等，按照其围护结构外围水平面积计算建筑面积；突出墙外的门斗按照其围护结构外围水平面积计算建筑面积。

⑧ 封闭阳台、挑廊,按照其水平投影面积计算建筑面积;凹阳台、挑阳台按照其水平投影面积的一半计算建筑面积。

⑨ 两个建筑之间有顶盖的架空通廊,按照其投影面积计算建筑面积;无顶盖的架空通廊按照其投影面积的一半计算建筑面积。

⑩ 利用坡屋顶内部空间时,顶盖板下面与楼面净高低于 1.2 m 的空间,不计算建筑面积;净高在 1.2~2.1 m 的空间,按照其水平投影面积的一半计算建筑面积;净高超过 2.1 m 的空间,全部计算建筑面积。

2) 不计算建筑面积的范围

① 突出墙的构件配件和艺术装饰,如柱、垛、勒角、台阶、无柱雨篷等不计算面积。

② 层高在 2.2 m 以内的技术层、夹层;层高小于 2.2 m 的地下室、半地下室、深基础地下架空层、坡地建筑物吊脚架空层等不计算面积。

③ 独立烟囱、烟道、油罐、水塔、储油(水)池、储仓、车库,以及地下人防干线支线等构筑物不计算面积。

④ 建筑内外的操作平台、上料平台、利用建筑空间安置箱罐的平台、房屋平台、晒台、花台、屋顶平台、没有围护结构的屋顶水箱、舞台及后台悬挂幕布、布景天桥、挑台等不计算面积。

在设计实践中,建筑面积计算还有很多不够确切的情况,必须根据国家控制建筑规模的精神、结合国家基本建设主管部门对建筑面积计算的要求等作出具体处理。

2. 建筑系数概念及含义

1) 平面系数

建筑面积由建筑使用面积、结构面积和交通面积组成。为评价和衡量建筑方案的合理性、经济性,建筑师经常以有效面积系数、使用面积系数、结构面积系数等各种平面系数来评选建筑方案。

有效面积系数=有效面积/建筑面积,使用面积系数=使用面积/建筑面积,结构面积系数=结构面积/建筑面积。其中,有效面积指建筑可以实际使用的面积,使用面积指有效面积减去交通面积,结构面积指建筑中结构所占据的面积。在满足空间使用要求、结构形式合理的情况下,建筑有效面积系数越大、结构面积系数越小,意味着建筑经济性越好,民用建筑一般以使用面积系数作为建筑技术经济的控制指标。

影响建筑平面系数的主要因素有以下三个方面。

① 结构面积。结构形式对建筑使用面积具有一定影响。一般框架建筑的结构面积系数低于砌体建筑的 10%左右。据分析,砌体建筑中如果将 24 墙改为 18 墙,结构面积将由 14%~18%降低至 10%~14%;将 37 墙改为 24 墙,结构面积将由 14.4%~27.75%降低至 14.4%~18%。结构面积降低、使用面积就会增加。在保证建筑结构安全、稳定的前提下,减少辅助面积和交通面积同样可提高使用面积,但应防止片面追求减少辅助面积和交通面积而影响建筑的使用。

② 使用面积。在建筑总面积一定的情况下，房间数量少、面积大，建筑结构面积相对减少；相反，房间数量多、面积小，建筑结构面积相对增加。因此，在不影响建筑功能要求的前提下，适当增大房间面积、减少房间数量，可提高建筑平面系数，同时还具有一定的经济意义。

③ 交通面积。公共建筑中的门厅、过厅、走道等交通空间变化较大。交通空间设计追求气派、豪华的做法，必然会减少使用面积、增加投资造价。一般来说，办公类建筑交通面积系数占15%～25%、文教类占20%～35%、医疗类占20%～38%；多层住宅一部楼梯服务2～4户，一般交通面积系数占10%～15%；中高层住宅、高层住宅需要设置门厅、过厅、走道、楼梯电梯，一般交通面积系数占22%～28%。交通空间布置都将影响建筑功能、形式及经济效果。因此，应认真研究交通空间面积，以提高建筑平面系数。

2）体积系数

在一些民用建筑设计中，如果只控制建筑平面系数，仍然不能提高建筑的经济性。因此，在进行空间组合时，还应考虑建筑体积系数。例如，学校报告厅、办公楼会议室、交通建筑候车厅、商场营业厅、展览馆陈列室等大空间，选择层高偏高的空间形态，会增大建筑体积，并使建筑投资造价显著增长。控制建筑体积，需要选择适宜的建筑空间层高。

通常采用的建筑体积系数为有效面积的体积系数、单位体积的有效面积系数。有效面积的体积系数＝建筑体积/有效面积，单位体积的有效面积系数＝有效面积/建筑体积。有效面积的体积系数意味着在有效面积一定的情况下，建筑体积越小、建筑经济性越好；单位体积的有效面积系数意味着在建筑体积一定的情况下，建筑有效面积越大、建筑经济性越好。

控制建筑体积也是降低建筑造价的一种有效措施。

7.3.3 建筑技术经济问题

评价建筑设计的合理性、经济性等，需要有各项技术经济指标。目前，我国主要以建筑面积和单位面积造价作为建筑经济性的评价和控制指标，并以建筑面积和单位面积造价两项指标的乘积来核定建筑投资额。有些高层建筑以单位面积用钢量作为建筑经济性评价标准。

就建筑面积而言，按照建筑性质确定其基本计算单位，如居住建筑以“住户”为单位、学校建筑以“学生”为单位、医院建筑以“病床”为单位、影剧院以“观众”为单位，有利于国家计划投资，也有利于设计者全面考虑建筑面积和体积等问题。

就单位面积造价而言，单位面积造价即每平方米建筑造价，是建筑经济的主要控制指标。在建筑质量标准一致的情况下，单位面积造价受到材料供应、运输条件、施工水平等因素的影响。投资方明确建筑性质、建筑质量标准、建筑面积之后，会提出并控制相应的单位面积造价，其内容包括房屋土建工程每平方米造价、室内给排水及卫生设备设施每平方米造价和室内照明用电工程每平方米造价等。影响建筑单位面积造价的主要因素有建筑平面形状、开间与进深、层高与层数，以及结构与水电等。

1. 建筑平面形状

建筑平面形状受其功能影响。功能相同、面积标准相同的建筑，其平面形状可截然不同。建筑平面形状的选择直接影响建设用地利用和建筑砌体工程量等，其中，建设用地的经济性可用建筑面积空缺率来衡量。

空缺率=(建筑平面的长度×建筑平面的最大进深)/平面建筑面积。以面积相同的两幢住宅建筑为例(见图7-21)：方案A的空缺率为1，方案B的空缺率约为1.38，空缺率越大，建设用地越不经济。因此，在建筑面积相同的情况下，建筑平面形状越简单、规整，建设用地越经济。

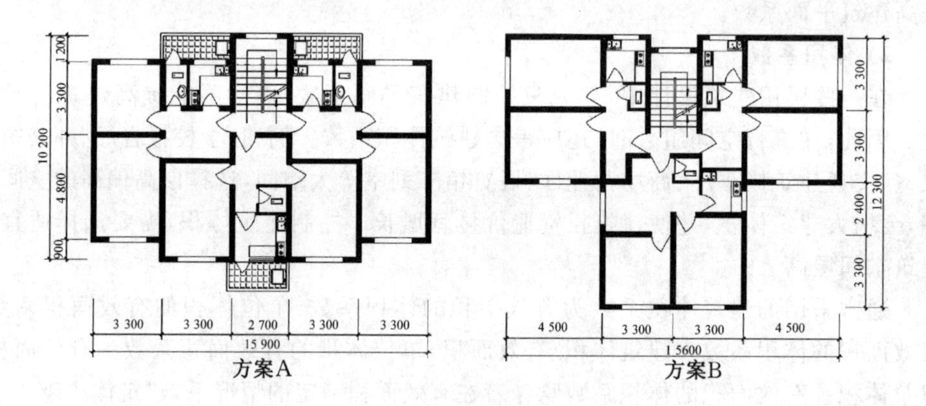

图7-21 面积相同的两幢住宅建筑平面图

2. 建筑开间与进深

建筑开间和进深对建筑单位面积造价具有影响。若建筑的每平方米砌墙工程量变大，不仅增大结构面积、减少使用面积，还会增加基础工程量，最终提高建筑造价。因此，在不影响建筑功能、平面形状、楼盖或屋盖结构尺寸，以及满足建筑采光通风要求的前提下，应减少建筑空间的开间、加大建筑空间的进深，以减少砌体工程量、降低建筑造价、节约建设用地。

3. 建筑层高与层数

建筑层高也是影响建筑造价的一个因素。任何建筑都应保证合理的空间层高，在此基础上选择舒适的空间层高。盲目增加层高，不仅增加砌体工程量，而且增大建筑使用周期内的能源消耗。据统计，北京地区的住宅层高每降低10 cm，可节约建筑造价1.2%～1.5%，也可以这样理解：每户100 m^2 的住宅层高由3 m降为2.8 m时，每户可减少3～4 m^2 的砌体工程量。由此可见，在设计中选择恰当的建筑层高具有经济意义。

建筑层数的增减，对经济变化也有一定的影响。一般来说，每一种结构形式都有一定的经济层数。例如，一般砖混结构住宅6层比较经济，再增加一层就要求设置电梯，设备费用和结构费用将会大幅度增加；10～18层塔式住宅，每层不超过8户，建筑面积不大于650 m^2，可设置一个防烟楼梯间和一部消防电梯；超过18层的住宅，可能增加交通面积，而且建筑消防设计规范要求还会提高。所以，应充分利用各种结构形式的经济层数，以此降低建筑造价。

4. 建筑结构与水电

对于同一使用性质的建筑，结构设计可选择不同的结构方案，各结构方案之间也显示出不同的经济性。建筑设计和结构设计应注意选择合理的空间柱网和空间跨度，避免设置狭窄走道、低矮层高、超大进深，以及零散和无用的辅助空间等，这会损害建筑使用功能与形式美观的要求，造成建筑经济的最大浪费。

研究建筑经济问题时，除分析建筑经济性、建设用地经济性等之外，还应考虑市政基础设施经济性。增加建筑规模和建设用地意味着增加道路、给排水、供热、煤气、电缆等市政基础设施投资。一般建筑室外工程费用约占建筑总造价的20％。

在建筑设计过程中，建筑经济是一项复杂而又不可忽视的问题。对建筑经济的分析要持全面的观点，防止片面追求各种系数的表面效果。建筑师应是社会建设中的艺术家、工程师、经济师。

【思考与练习】

7-1 建筑基地出入口设置有哪些具体的要求？

7-2 在居住建筑群体布置中，如何利用建筑的不同组合方式以及地形等手段，来达到争取建筑日照的目的？

7-3 什么叫建筑日照间距？如何确定两栋建筑之间的日照间距？

7-4 什么叫建筑红线？它与用地红线有什么关系？

7-5 单栋建筑的建筑高度是如何确定和计算的？

7-6 什么叫建筑面积？它由哪些部分组成？哪些建筑部分应计算建筑面积？

7-7 为什么说加大建筑进深能节约建筑造价？

7-8 什么叫使用面积系数？如何计算？

7-9 什么叫体积系数？如何用体积系数衡量建筑的经济性？

7-10 什么叫容积率？确定容积率的因素有哪些？

7-11 场地容积率与建筑密度有什么区别与联系？

7-12 绿地率、绿化覆盖率如何区分？

8 室 内 环 境

【本章要点】

本章内容包括疏散设计、无障碍设计、热工环境设计三部分。疏散设计部分涉及疏散口设置、疏散通道设计、疏散楼梯和消防电梯设置等问题；无障碍设计部分包括建筑无障碍设计实施范围、建筑无障碍通行设计、建筑无障碍视觉设计等内容；热工环境设计部分包括建筑采光通风、保温隔热、隔声减噪等问题。

疏散设计部分通过概述疏散口与疏散通道设计、疏散楼梯和消防电梯设置，说明疏散设计的重要性。无障碍设计部分通过概述无障碍通行设计、无障碍视觉设计要义，说明无障碍设计的意义。热工环境设计部分通过概述建筑采光通风、保温隔热、隔声减噪等问题，指示学习和掌握建筑物理、环境科学的意义及方法。

本章编写目的在于说明以下几点：①建筑安全性、方便性、舒适性等是建筑设计的工作重点；②建筑疏散设计、无障碍设计、人工环境设计等是建筑技术设计工作的一部分；③人性化、节能化、生态化建筑设计并非可望而不可即。

8.1 疏散设计

民用建筑可按照功能重要性、技术复杂性、火灾危险性和扑救难度等划分建筑耐火等级。建筑耐火等级有一、二、三、四级，建筑使用要求越高、建筑耐火等级要求越高，建筑消防及人流疏散要求也越高。

平时情况下，人流由建筑室外进入室内。火灾、地震等紧急情况发生时，人流由建筑室内疏散到室外。因此，人流疏散组织与人流通行组织一样具有必要性和重要性。

为保证紧急情况的人流安全、便捷、快速疏散，建筑应合理设定交通空间的方位与面积，并通过控制合理疏散出入口的大小、疏散通道的长度和宽度，以及合理配置疏散楼梯和消防电梯等实现人流疏散要求。

8.1.1 疏散口设置

建筑疏散口应根据建筑功能、规模，以及各种功能用房的位置、面积、使用人数等因素设置。

1. 设置一个安全疏散口的建筑及房间

符合下列要求的建筑可设置一个安全疏散口。

① 多层建筑中，房间面积不超过 60 m^2，且人数不超过 50 人时，可设置一个安全

疏散口；位于走道尽端的房间（托幼除外），由室内最远一点到房门口直线距离不超过14 m，且人数不超过 80 人时，可设置一个安全疏散口。

② 高层建筑中，位于走道尽端的房间，其面积不超过 75 m² 时，可设置一个净宽不小于 1.4 m 的外开门(见图 8-1)。

③ 歌舞、娱乐、放映、游艺等建筑面积不大于 50 m² 的人流密集场所，以及建筑面积不大于 50 m²，且经常停留人数不超过 10 人的地下室、半地下室，可设置一个安全疏散口。

④ 一、二级耐火等级的二、三层建筑（除医疗、托幼建筑以外），每层最大建筑面积不大于 500 m²，且二、三层人数之和不超过 100 人时，可设置一个疏散楼梯(见图 8-2)。

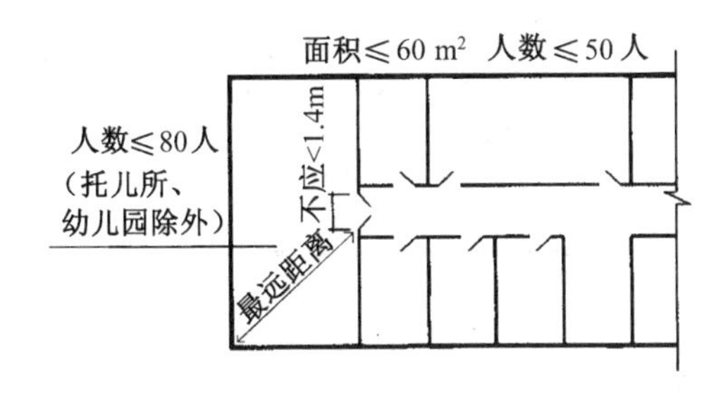

图 8-1 房门疏散设计要求

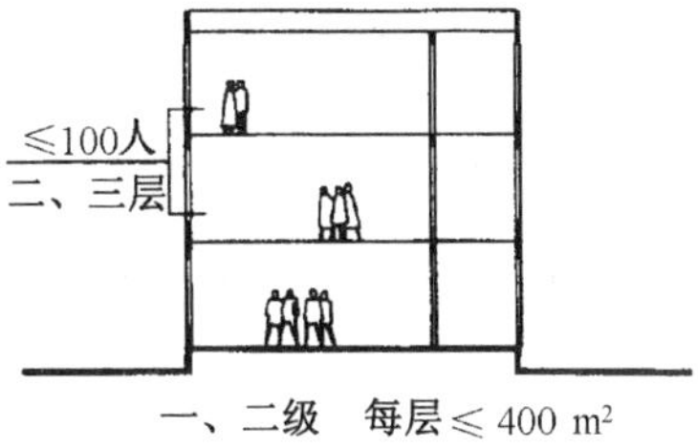

≤100人
二、三层
一、二级 每层≤400 m²

图 8-2 一、二级建筑疏散楼梯要求

⑤ 9 层及其以下、每层建筑面积不大于 500 m² 的塔式住宅或每层建筑面积不大于 300 m²、每层人数不超过 30 人的单元式宿舍，可设置一部疏散楼梯；18 层及其以下的塔式住宅，每层不超过 8 户、建筑面积不大于 650 m²，且设有一部防烟楼梯间和一部消防电梯时，可设置一个安全疏散出入口。

⑥ 7～9 层的单元式住宅、宿舍，各单元楼梯间应通往屋面；当入户门用乙级防火门时，楼梯间可不通往屋面或屋顶(见图 8-3)。

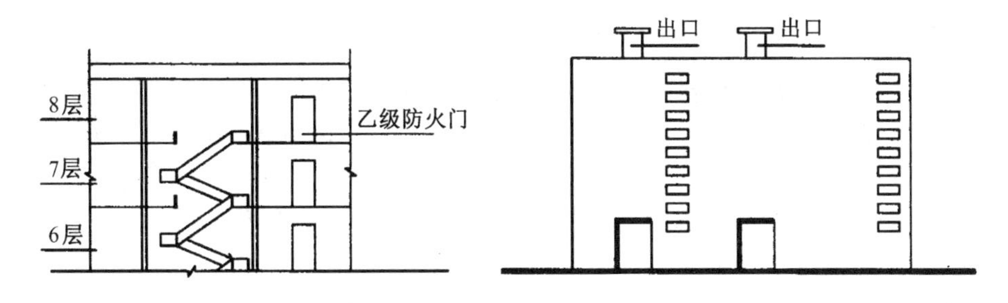

图 8-3 组合式单元住宅和宿舍超过六层的疏散设计示意

2. 设置两个安全疏散口的建筑及房间

一般人流密集场所的安全疏散口不应少于 2 个。

① 剧院、电影院、礼堂观众厅等人流密集场所，安全疏散口不应少于 2 个，且每

个安全疏散口的平均疏散人数不应超过 250 人。空间容纳人数超过 2000 人时,每个安全疏散口的平均疏散人数不应超过 400 人。体育馆观众厅每个安全疏散口的平均疏散人数不宜超过 400~700 人;设计规模较小的观众厅适宜采用接近下限值(250 人/疏散口),设计规模较大的观众厅时宜采用接近上限值(400 人/疏散口)。

② 面积不大于 500 m^2 的地下、半地下室,使用人数不超过 30 人时,垂直金属梯可作为第二安全疏散口。有多个防火分区时,可利用防火墙上通往相邻防火分区的防火门作为第二安全疏散口,但每个防火分区必须有一个直通室外的安全疏散口(见图 8-4)。

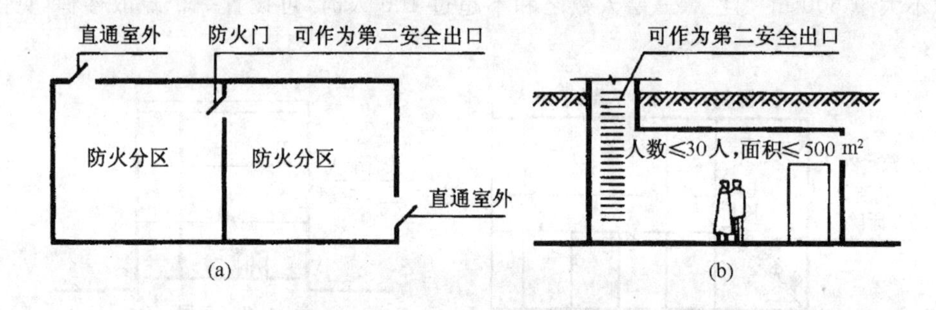

图 8-4 地下室安全出口要求

③ 建筑面积不大于 200 m^2、经常停留人数不大于 3 人的防火分区,可设置一个通向相邻防火分区的防火门。建筑面积不大于 50 m^2,经常停留的人数不超过 15 人的房间,可设置一个疏散出口。

④ 人防地下室每个防火分区安全疏散口不应少于 2 个。建筑面积不大于 500 m^2,且室内地坪与室外出入口地面高差不大于 10 m,空间容纳人数不大于 30 人的防火分区,设有直通地面的竖井金属梯时,可设置一个安全疏散口或一个通向相邻防火分区的防火门。

⑤ 改建工程的防火分区可设置不少于两个通向相邻防火分区的防火门,防火门应设置在不同方向,且相邻防火分区的安全疏散口设置必须符合规范。每个防火分区的安全疏散口或通往相邻防火分区的防火门,宜按照不同方向分散设置。受到条件限制只能设在同一方向时,两个安全疏散口或防火门的间距不应小于 5 m。

⑥ 汽车库人员安全出口与汽车疏散出口应分开设置。每个防火分区人员安全疏散口不少于 2 个;同一时间人数不超过 25 人以及Ⅳ类汽车库,可设置一个安全疏散口。汽车疏散口不少于两个;Ⅳ类汽车库、设置双车道的Ⅲ类地上汽车库、停车数少于 100 辆的地下汽车库,可设置一个安全疏散口。两个汽车疏散口间距不应小于 10 m。两个汽车坡道毗邻设置时,应采用防火隔墙隔开。停车 50 辆以上的停车场,汽车疏散出口不应少于 2 个。

8.1.2 疏散通道设计

1. 疏散距离控制

疏散距离与疏散时间、人员密集程度、通行速度、通行能力等因素有关。据统计，人流密集时，人流疏散速度 22 m/min、流通量一般 40 人/min、单股人流平均通行能力 40～42 人/min、下楼梯的通行速度 15 m/min。

通常最大允许疏散距离分为房间内、走道内、楼梯间内三段计算。

$$T=T_1+L_1/V_1+L_2/V_2\leqslant[T]$$

式中 T——建筑内总疏散时间(min)，一般公共建筑的安全疏散距离 35～40 m；

T_1——从房间内最远点到房间门的疏散时间(min)，据统计，人群多时 0.70 min，人群少时 0.25 min；

L_1——从房门到出口或楼梯间的走道长度(m)；

V_1——人群在走道中的疏散速度(m/min)，人员密集时疏散速度22 m/min；

L_2——各层楼梯水平面长度的总和(m)；

V_2——人群下楼梯时的疏散速度(m/min)，人员密集时速度 15 m/min；

$[T]$——建筑允许疏散时间(min)，一、二级耐火等级公共建筑允许疏散时间 6 min，三、四级耐火等级公共建筑允许疏散时间 2～4 min。

以该公式计算为依据，可以大致确定各类建筑的疏散距离。

(1) 多层建筑的疏散距离

多层建筑的疏散距离因建筑耐火等级和建筑功能的不同而有差异（见表 8-1）。考虑其他因素的影响，多层建筑的疏散距离有如下一些调整。

① 开敞式外廊建筑，房门至外部出入口或至楼梯间的最大疏散距离，应按照表 8-1 增加 5 m。设自动喷淋系统的建筑，其安全疏散距离应按照表 8-1 增加 25%。房门至最近非封闭楼梯间、房间位于两个双向疏散楼梯之间时，应按照表 8-1 减 5 m。房间位于袋形走道尽端或两侧时，应按照表 8-1 减 2 m(见图 8-5)。

表 8-1 多层民用建筑防火疏散距离

《建筑设计防火规范》(GB 50016—2014)

名　称	直通疏散走道的房间疏散门至最近安全出口的直线距离/m					
	位于两个安全出口之间的疏散门			位于袋形走道两侧或尽端的疏散门		
	一、二级	三级	四级	一、二级	三级	四级
托儿所、幼儿园、老年人建筑	25	20	15	20	15	10
歌舞娱乐放映游艺场所	25	20	15	9	—	—
医疗建筑	35	30	25	20	15	10
教育建筑	35	30	25	22	20	10
其他建筑	40	35	25	22	20	15

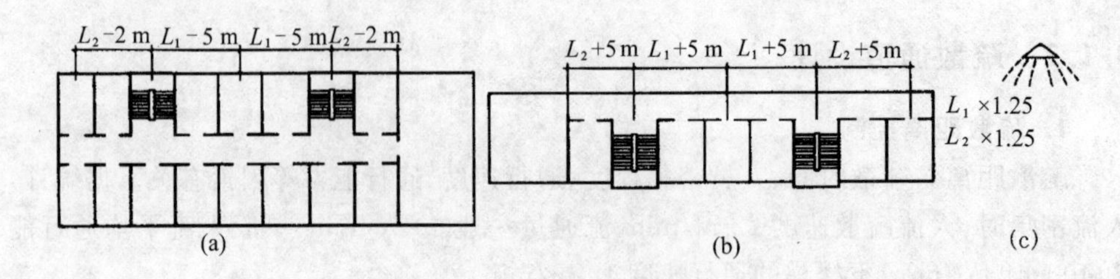

图 8-5 民用建筑安全疏散距离

(a) 内走道疏散长度；(b) 袋形走道疏散长度；(c) 设自动喷水灭火系统建筑的疏散长度

② 楼梯底层应设置直接对外的出入口。层数不超过 4 层时，可将对外出入口布置在距离楼梯间不超过 15 m 处。

③ 汽车库室内最远工作地点至楼梯间的距离不大于 45 m。设置有自动灭火系统时，疏散距离不大于 60 m。单层或设在建筑首层的汽车库，疏散距离不大于60 m。

(2) 高层建筑的疏散距离

在允许的疏散时间以内，高层建筑的疏散距离根据楼层人流通过走道的疏散时间，并以能透过烟雾看到安全疏散口或疏散标志的距离确定。

袋形走道两侧或尽端房间的安全疏散距离，规定为最大疏散距离的 1/2。考虑火灾发生时，人流因为惊慌失措、不明方向而找不到疏散楼梯口等可能，走道的安全疏散距离应符合表 8-2 的要求。

表 8-2 高层民用建筑防火疏散距离

《建筑设计防火规范》(GB 50016—2014)

名称		直通疏散走道的房间疏散门至最近安全出口的直线距离/m					
		位于两个安全出口之间的疏散门			位于袋形走道两侧或尽端的疏散门		
		一、二级	三级	四级	一、二级	三级	四级
医院建筑	病房部分	24	—	—	12	—	—
	其他部分	30	—	—	15	—	—
教学建筑		30	—	—	15	—	—
高层旅馆、公寓、展览建筑		30	—	—	15	—	—
其他建筑		40	—	—	20	—	—

设置在高层建筑里的观众厅、展览厅、多功能厅、餐厅、营业厅和阅览室等，这类空间面积比较大、人流集中，空间内任意一驻留点到最近疏散口的直线距离不宜超过 30 m。其他面积相对较小、人流相对分散的房间，房间内最远一驻留点至房门的直线距离不宜超过 15 m(见图 8-6)。

2. 疏散口及疏散通道宽度控制

在允许的疏散时间内，完成建筑内部人流的安全疏散要求，主要取决于疏散人数、安全疏散口宽度、疏散距离三方面因素。各类民用建筑的疏散口及疏散通道宽度，应按照有关的建筑设计规范确定、按照百人指标计算。

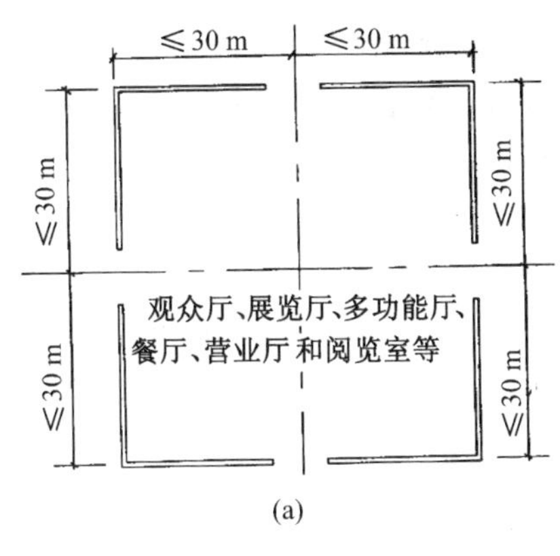

(a)

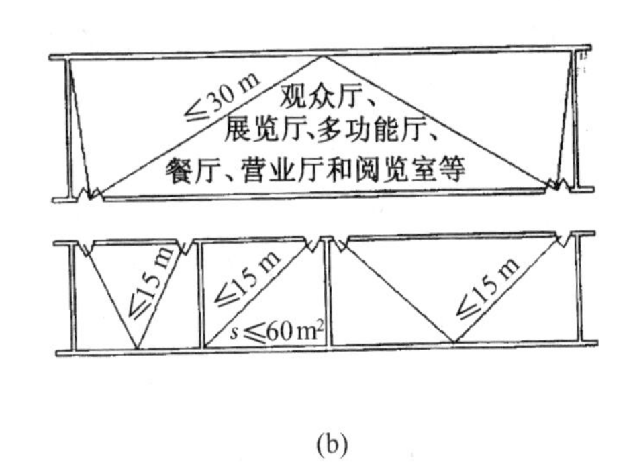

(b)

图 8-6 高层建筑房间内最远一点至疏散口或房门的直线距离要求

(a) 方形大厅平面示意；(b) 走道两侧的房间

（1）安全疏散口宽度计算

$$W=Nb/(At)$$

式中 W——安全疏散口宽度；

N——疏散总人数；

b——允许疏散时间(按照建筑耐火等级确定)；

A——单股人流通行能力(按照平地与坡地、使用对象等确定)；

t——单股人流通行宽度(按照空身、提物尺度确定)。

单层建筑疏散口按照建筑容纳人数最多时计算总宽度。低层建筑、多层建筑、高层建筑底层疏散口按照某一容量最大的楼层、容纳人数最多时计算总宽度。一般住宅疏散口宽度为 0.9～1.1 m、医疗建筑疏散口宽度为 1.2～1.4 m、人流密集场所的疏散口宽度大于 1.4 m。人流密集场所的疏散口不设置门槛，门向外开启，门的宽度不应小于 1.4 m，紧靠门口 1.4 m 范围内不设置踏步。

（2）疏散走道和楼梯宽度计算

一般单走道最小宽度比外门大 0.1 m、双走道最小宽度比外门大 0.2 m。住宅走道宽度为 1.2～1.5 m、餐厅及旅馆走道宽度为 1.5～2.1 m、人流密集场所走道宽度为 1.8～2.4 m、医院走道宽度为 2.1～2.7 m。

多层建筑的疏散走道与疏散楼梯按照楼层容纳最多人数计算总宽度。不超过 6 层的单元式住宅，走道单面临空时，其最小宽度不宜小于 0.8 m；楼梯单边设置护栏时，其最小净宽可为 1.0 m。

高层建筑的疏散走道与疏散楼梯按照建筑容量每 100 人不小于 1.0 m 计算宽度，其最小宽度不应小于 1.1 m。

人流密集场所的疏散走道与疏散楼梯按照建筑容量每 100 人不小于 0.6 m 计算宽度，其最小净宽 1.0 m。

（3）特殊情况下的疏散口、疏散通道宽度计算

某些具有特殊要求的地下工程，其疏散口、疏散通道宽度要求如下。

① 每个防火分区的疏散口总宽度,按照防火分区所容纳的总人数乘以疏散宽度指标计算确定。室内外地坪高差小于 10 m 时,疏散宽度按照每 100 人不小于 0.75 m计算;室内外地坪高差建筑埋深大于 10 m 时,疏散宽度按照每 100 人不小于 1.0 m计算。每个疏散口的平均疏散人数不应大于 250 人;改建工程每个疏散口的平均疏散人数可不大于 350 人,但应布置在不同方向。

② 各防火分区内,疏散走道的最小净宽按照通过人数乘以疏散宽度指标计算,或不小于两端疏散口最小净宽之和的较大者。两个相邻疏散口之间的疏散走道,其通过人数宜为两个疏散口之间的设计容纳人数;袋形走道通过人数应为走道末端与相邻疏散口之间的设计容纳人数。

③ 地下商店营业部分的疏散人数,可按照营业厅和服务用房面积之和乘以人员密度指标计算;人员密度指标为地下一层 0.85 人/m^2、地下二层 0.8 人/m^2。

8.1.3 疏散楼梯和消防电梯设置

高层建筑可按照其高度划分一类高层建筑和二类高层建筑两大类型。一类高层建筑是指高级住宅、19 层及其以上的普通住宅,以及建筑高度超过 50 m 的某些重要公共建筑;二类高层建筑是指 10～18 层普通住宅,以及建筑高度不超过 50 m 的某些公共建筑。这两类高层建筑需要设置疏散楼梯和消防电梯。

疏散楼梯有封闭楼梯和防烟楼梯两种形式。作为建筑的重要组成部分,疏散楼梯被广泛运用于多层、中高层、高层居住建筑和公共建筑之中。

消防电梯平时可兼作客用电梯或工作电梯,紧急情况下供消防人员专用。一类高层建筑和二类高层建筑均应设置消防电梯。

1. 疏散楼梯条件

一般疏散楼梯应具备一定条件:①有自然采光和通风条件;②除通向避难层的楼梯间外,各层楼梯间不应改变位置,底层楼梯间应设置直通室外的出入口,楼梯间向外疏散距离不大于 15 m(建筑层数不超过 4 层时);③底层与地下室之间的楼梯间应有防火分隔措施;④楼梯梯段宽度不小于 1.10 m,无突出物,不采用扇形踏步,必要时设置护栏和扶手;⑤火灾防护墙不开设洞口,不设置电缆、煤气、可燃烧液体等管线;⑥楼梯间的房门应为可自行关闭的乙级防火门(耐火极限不小于 0.90 h)。

2. 封闭楼梯设置

一般设置封闭楼梯的建筑主要有建筑高度不超过 32 m 的公共建筑和建筑层数不超过 18 层的居住建筑。

多层病房楼、有空调系统的多层旅馆、人流密集场所(主要指歌舞、娱乐、放映、游艺场所)、多层汽车库、超过 3 层的地上建筑和超过 5 层的其他公共建筑等,应设置底层扩大的封闭楼梯间(见图 8-7)。

高层建筑裙房、除单元式及通廊式住宅外的建筑高度不超过 32 m 的二类建筑,应设置封闭楼梯间。

地下车库和地下室地坪与室外出入口地面高差不大于 10 m 的地下设施等，应设置封闭楼梯间。

12 至 18 层的单元式住宅、6 至 11 层的通廊式住宅应封闭楼梯间。

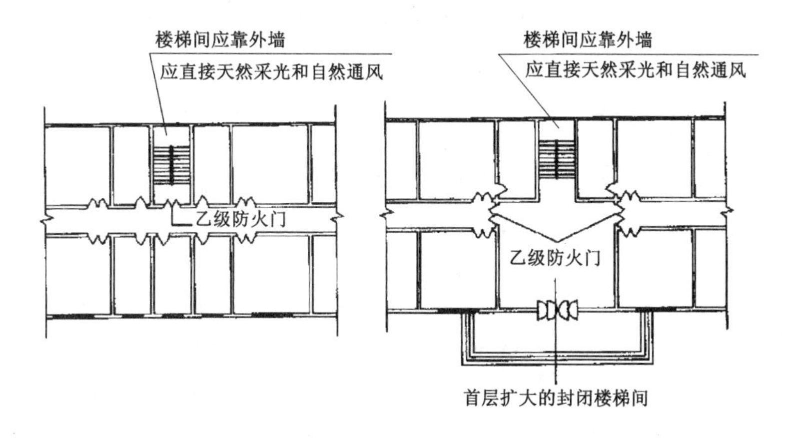

图 8-7 封闭楼梯间的设计要求

3. 防烟楼梯设置

设置防烟楼梯的建筑主要是一类高层建筑和二类高层建筑。

一类高层建筑、高度超过 32 m 的二类高层建筑（不含单元式、通廊式住宅）、高层汽车库及塔式高层住宅等，应设置防烟楼梯间（见图 8-8）。

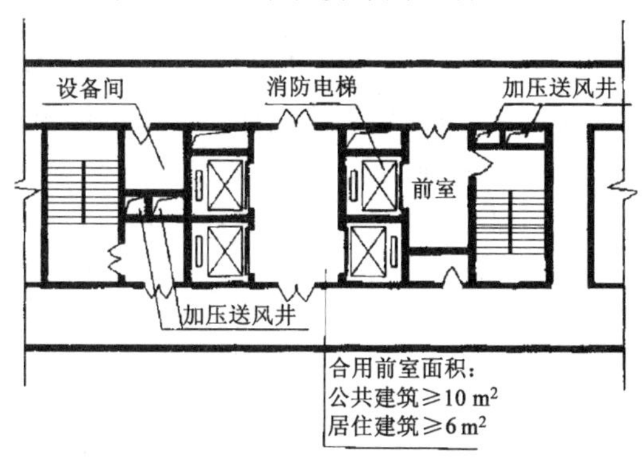

图 8-8 防烟楼梯间的设计要求

地下设施包括商店、人流密集场所（主要指歌舞、娱乐、放映、游艺场所）、电影院、礼堂、使用面积超过 500 m^2 的医院及旅馆等，应设置防烟楼梯间；使用面积超过 1 000 m^2的餐厅、展厅、舞厅、体育场等，当其地下使用层超过 2 层或使用层与室外地坪高差超过 10 m 时，应设置防烟楼梯间。

地下室或半地下室楼梯间，其首层应采用耐火极限不低于 2 h 的隔墙与其他部位分隔开，并且应直通室外；隔墙上的门应采用不低于乙级的防火门。地下室或半地下室与地上层不应共用楼梯间，共用楼梯间时应在首层与地下室或半地下室出入口处设置耐火极限不低于 2 h 的隔墙和乙级防火门,并且应有明显标志。

单元式住宅的疏散楼梯应根据建筑层数特点设置。7 层以上的单元式住宅,每个单元的疏散楼梯都应通至平屋面。7 至 11 层单元式住宅,单元疏散楼梯可不封闭,但开向楼梯间的房门应设置乙级防火门,并且应具有直接采光通风条件。19 层及其以上的单元式住宅应设置防烟楼梯间(见图 8-9)。

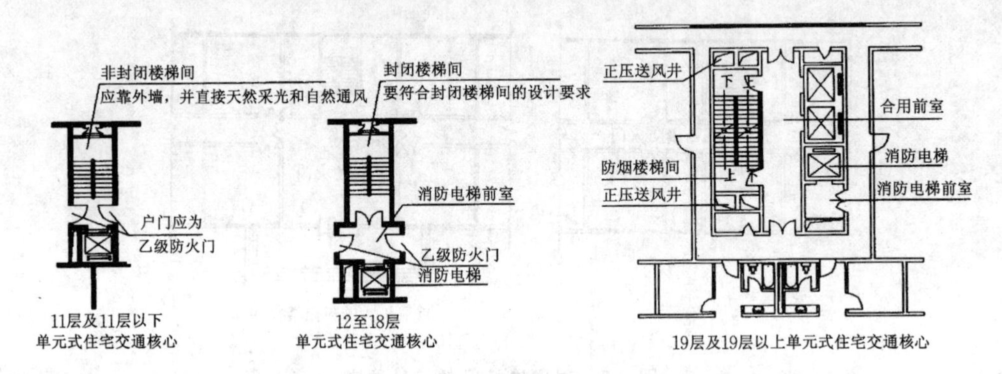

图 8-9　单元式住宅疏散楼梯的典型布局

超过 11 层的通廊式住宅应设置防烟楼梯间。除 18 层及其以下、每层不超过 8 户、建筑面积不超过 650 m² 、设置一个防烟楼梯间和一部消防楼梯间的塔式住宅,以及顶层为开敞通廊式住宅以外,高层住宅均应设置防烟楼梯间。

4. 消防电梯设置

一类高层建筑、高层塔式住宅、12 层及其以上的单元式和通廊式住宅、建筑高度 32 m 以上其他二类高层建筑等,应设置消防电梯。消防电梯台数按照主体建筑最大楼层建筑面积计算:一般楼层建筑面积不大于 1 500 m² 时,应设置一台消防电梯;楼层建筑面积不大于 4 500 m² 时,应设置两台消防电梯;楼层建筑面积大于 4 500 m² 时,应根据实际防火分区状况设置三台以上消防电梯。同时,需要注意的是:消防电梯可与客用电梯或工作电梯合用。

8.2　无障碍设计

任何人都应受到他人的尊重,并享有健康的权利,能够参与社会文化和体育活动。

无障碍设计包括通行无障碍设计和视觉无障碍设计,被广泛地运用于城市道路、广场及建筑设计中,如盲道和坡道等设计。无障碍设计的目的是消除障碍物和危险物,其重要意义在于为人们提供平等参与社会活动的机会。

当前无障碍建筑及环境建设已成为国际发展的主流。人们依此来衡量一幢建筑、一座城市的现代化建设水平。因此,无障碍设计是人居环境建设必不可少的物质条件,也是社会文明的重要标志。

8.2.1 建筑无障碍设计实施范围

建筑无障碍设计实施范围广泛，涉及公共建筑和居住建筑的交通联系空间、辅助空间、使用空间。归纳起来主要有以下几个方面。

① 各类公共建筑(包括办公类、科研类、学校类、园林类等)的室外场地，以及建筑的出入口、走道、楼梯、公共活动用房和公共服务设施等部位应进行无障碍设计。

② 交通和医疗建筑出入口应设置没有台阶的无障碍入口。商业与服务建筑出入口也宜设置无障碍入口。

③ 县级及县级以上的政府机关与司法部门、各种交通与医疗建筑、大型观演与体育建筑的观众使用用房和贵宾室、大型园林建筑及主要旅游地段，以及设置有公厕的大型商业、服务、文化、纪念建筑必须设置无障碍专用厕所。

④ 各种交通与医疗建筑，大型商业、服务、文化、纪念建筑中有楼层的公建应设适合乘轮椅者、视残者或担架床可进入和使用的无障碍电梯。

⑤ 观演与体育建筑的观众席和主席台必须设置轮椅席位。

⑥ 高层、中高层住宅及公寓的出入口、电梯、公共走道及适合乘轮椅者居住的无障碍住房套内等部位应进行无障碍设计。此类住宅及公寓中，每50套住房宜设置两套无障碍住房套型。

⑦ 设有残疾人住房而又不设电梯的多层、低层住宅及公寓，其出入口、楼梯、公共走道和无障碍住房套内等部位应进行无障碍设计。此类住宅及公寓中，每100套住房宜设置2～4套无障碍住房套型。

8.2.2 建筑无障碍通行设计

1. 建筑出入口与坡道

建筑出入口是联系室内外空间环境的主要部位，是各类人流进入建筑的必经之路。建筑出入口有区分室内外地坪高差的台阶。为满足老年人、儿童、残疾人等特殊人群出入方便，建筑出入口应设置必要的坡道、休息平台等通行设施。

(1) 建筑出入口

建筑出入口是指不设台阶的出入口。建筑出入口为无障碍出入口时，其室外地坪的坡度不应大于1:50；有台阶的出入口必须设置轮椅坡道和扶手；通行轮椅的出入口休息平台的最小宽度一般为1.5 m(见图8-10、图8-11)，大中型公共建筑，以及高层、中高层住宅和公寓的出入口休息平台应加宽至2.0 m。无障碍出入口和休息平台应设置雨篷。出入口设置两道同时开启的大门时，其两道门扇之间的最小间距一般为1.2 m，大中型公共建筑，以及高层、中高层住宅和公寓的门扇间距应加宽至1.5 m(见图8-12)。

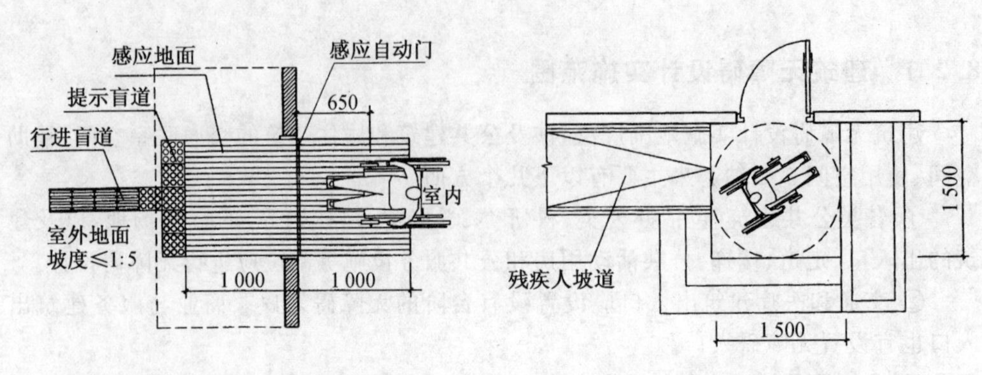

图 8-10　建筑出入口休息平台最小尺寸　　图 8-11　建筑无障碍出入口

(2) 建筑坡道

坡道设置有助于轮椅、婴儿车、手推车及其他车辆通行,同时也是调整室内外地坪高差的一种必要措施。轮椅坡道的坡度和宽度、地面防滑设施、扶手高度等应符合坡道通行者的具体使用要求。轮椅坡道形式多样(见图 8-13),其设计主要有以下一些要求。

① 坡道应设计成直线形、直角形或折返形,不宜设计成弧形。

② 坡道两侧应设扶手,坡道与休息平台的扶手应保持连贯。

③ 不同位置的坡道,其最大坡度和最小宽度如表 8-3 所示。

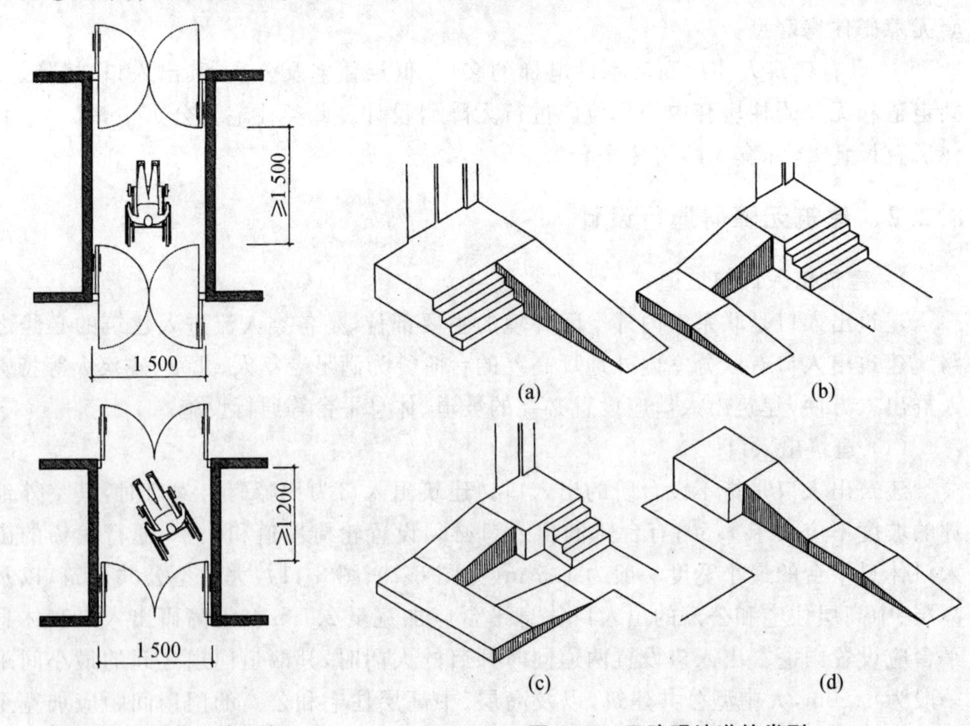

图 8-12　两道门的距离

图 8-13　无障碍坡道的类型

(a) 一字形坡道;(b) L 形坡道;

(c) U 形坡道;(d) 一字形多段式坡道

表 8-3 民用建筑空间功能类别与采光标准

等级	采光要求	空间功能类别	窗地比	采光系数最低值 C(%)	室内天然采光临界照度值/lx
Ⅰ	很高	绘画室、制图室、图形展览室、打字室、手术室	1/4 左右	4	200
Ⅱ	较高	阅览室、一般展览室、健身房、游泳馆、医务室、婴儿室、幼儿园、实验室	1/5 左右	3	150
Ⅲ	一般	礼堂、会议厅、教室、办公室、病房、餐厅、厨房、候车室、营业厅	1/7 左右	2	100
Ⅳ	较低	书库、观众厅、居室、浴室、厕所、洗衣间	1/9 左右	1	50
Ⅴ	很低	楼梯间、走道、储藏室、仓库	1/10 以下	0.5	25

注:窗地比=侧面采光窗口的总透光面积(扣除窗料遮挡部分)/采光房间地面面积。

④ 不同坡度坡道的每段最大高度及水平长度如表 8-4 所示。

⑤ 坡道起点、终点和中间休息平台的最小深度为 1.5 m。

表 8-4 室内允许噪声级(昼)

建筑类型	房间名称	允许噪声级(A 声级 dB)		
		一级	二级	三级
住宅建筑	卧室、书房	≤40	≤45	≤50
	起居室	≤45	≤50	
学校建筑	语言室、阅览室	≤40	—	—
	一般教室	—	≤50	—
	舞蹈室、实验室	—	—	≤55
医院建筑	病房、医护休息室	≤40	≤45	≤50
	门诊室	≤55		≤60
	手术室	≤45		≤50
	听力测听室	≤25		≤30
旅馆建筑	客房	≤40	≤45	≤55
	办公室	≤50	≤55	
	餐厅、宴会厅	≤55	≤60	

2. 建筑通道

建筑无障碍设计要求各种通道满足最小通行宽度。供轮椅通行的专用通道,其宽度按照人流通行量、轮椅行驶宽度来确定。通道最小宽度一般有以下几点要求。

① 检票口、结算口的通道宽度为 0.9 m,居住建筑的通道宽度为 1.2 m,中小型公共建筑及基地人行通道宽度为 1.5 m,大型公共建筑的通道宽度为 1.8 m。

② 当通道中有门扇向通道开启时,为避免人流发生碰撞,应将门设置于凹室内,凹室面积不应小于 1.3 m×0.9 m(见图 8-14);由墙面伸入通道的突出物不应大于 0.1 m,距离地面高度应小于 0.6 m。

③ 医疗建筑、交通建筑中,主要供残疾人使用的走道宽度不应小于 1.8 m,且走

道两侧应设置扶手,走道两侧墙面应设置高度为 0.35 m 的护墙板(见图 8-15);走道及室内地面应平整,并应选用遇水不滑的地面材料;走道转弯处的阳角应为圆弧形墙角或切面墙面角。

④ 基地人行通路和室内地面应平整、不光滑、不松动、不积水。用不同材料铺装的地面,其地坪高差不应大于 15 mm,并以斜面过渡。路面雨水箅子不得高出地面,其孔洞不得大于 15 mm×15 mm。

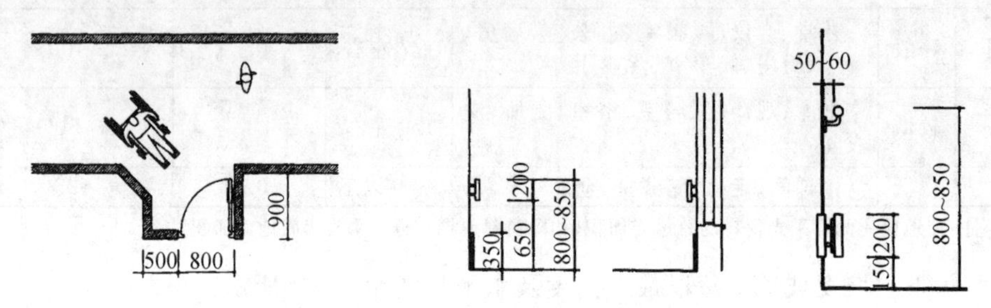

图 8-14　走道凹室的面积　　　图 8-15　走道扶手和防护板的安装实例

3. 建筑门扇

门通常设置于室内外、室内房间之间的衔接部位,是实现人流通行和房间独立使用的必要建筑构件。出入口的位置和使用性质不同,其门扇的形式、规格、大小也不同。对肢体残疾者和视觉残疾者来说,开门与关门较为困难,而且容易产生碰撞。因此,门的位置设置和门扇的开启方式设计,需要考虑残疾人使用方便。

从残疾人使用情况考虑,供残疾人使用的门应采用自动门,也可采用推拉门、折叠门或平开门,不应采用大力度的弹簧门。轮椅通行门的最小净宽要求:自动门为 1.0 m,其他门为 0.8 m。门扇应安装视线观察玻璃、横执把手和关门拉手,门扇下方还应安装 0.35 m 高的护门板。门扇在单手操纵下应易于开启,门槛高度及室内外地坪高差不应大于 15 mm,并以斜面过渡(见图 8-16)。轮椅通行者开启的推拉门和平开门,把手一侧墙面应留有不小于 0.5 m 的墙面宽度,以保证轮椅通行者从不同方向开启房门(见图 8-17)。

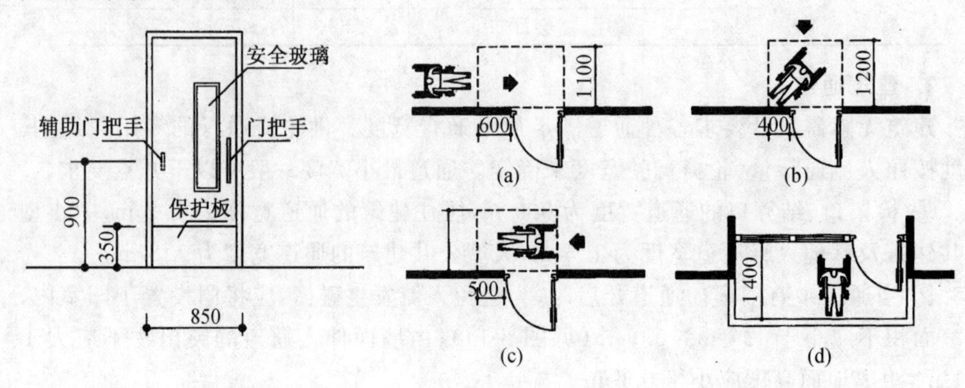

图 8-16　门扇防护构造　　　图 8-17　轮椅不同方向进行左开门的最小尺寸

4. 建筑楼梯与扶手

楼梯是建筑中的垂直交通设施。残疾人使用的楼梯应采用有休息平台的直线楼梯，不应采用无休息平台的弧形楼梯和其他楼梯。公共建筑的公共楼梯宽度应大于1.5 m，居住建筑的公共楼梯宽度应大于1.2 m。

楼梯踏步的最大高度和最小宽度要求是：室内楼梯高度140～160 mm、宽度260～280 mm，室外台阶踏步高度140 mm、宽度300 mm。踏面前缘如果有突出部分应设计成弧形而非直角（见图8-18(a)），以防止绊落拐杖和钩挂鞋脚。扶手下方应设置50 mm高的安全挡台，防止拐杖侧滑造成人员摔伤（见图8-18(b)）。

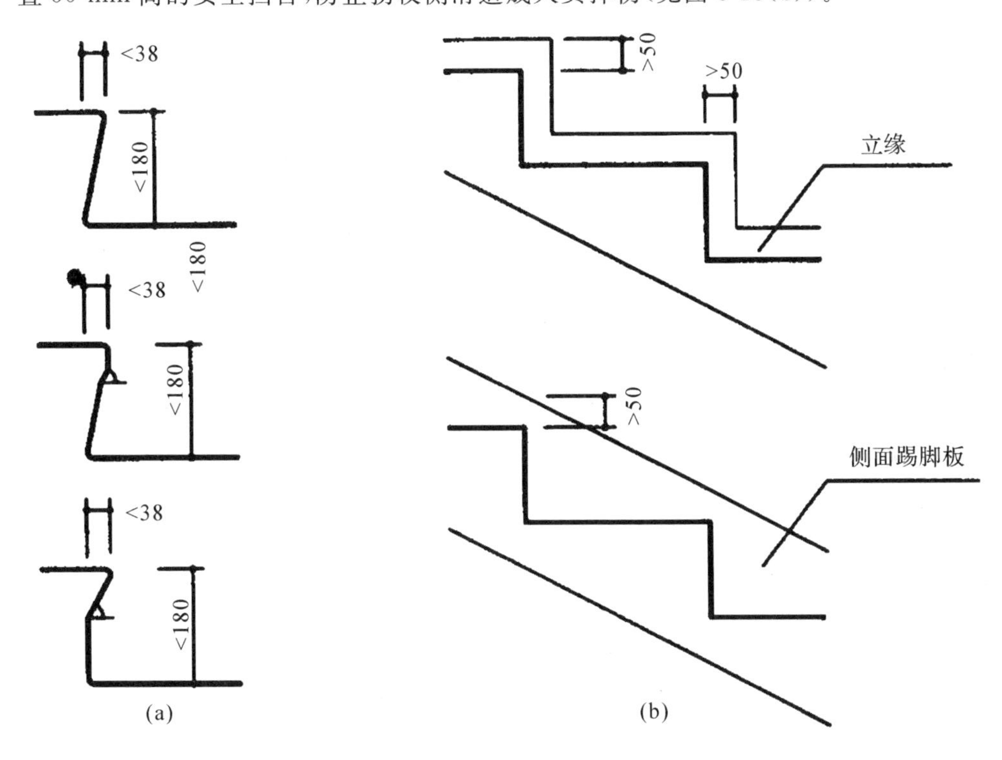

图8-18 楼梯踏步设计

(a) 踏步线形应光滑流畅；(b) 踏步凌空设立缘或踢脚板

扶手是老年人、儿童、残疾人、病人等特殊人群的通行辅助设施，可以协助通行、保持身体平衡、防止摔跤等，为乘轮椅者、拄拐杖者和盲人等通行带来便利。扶手设计需要注意以下一些问题。

① 坡道、台阶及楼梯两侧应设置0.85 m高的扶手。设置上下两层扶手时，下层扶手应为0.65 m高。

② 扶手起点与终点应向外延伸0.3 m以上。扶手末端应向内拐入墙面，或向下延伸0.1 m以上。栏杆式扶手应向下成弧形或延伸固定在地面上（见图8-19(a)）。

③ 扶手内侧与墙面的距离应为40～50 mm。扶手应安装坚固，形状容易抓握。圆形扶手的直径或矩形扶手的宽度应为35～45 mm。安装在墙面的扶手托件应为L

形,扶手和托件的总高度宜为 70～80 mm(见图 8-19(b))。

④ 交通建筑、医疗建筑和政府接待部门等公共建筑,扶手起点和终点应设置盲文说明牌。

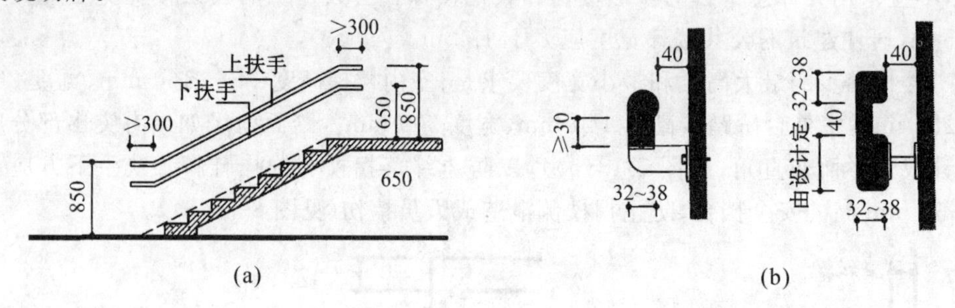

图 8-19　无障碍扶手设计

(a) 楼梯无障碍扶手设计要求;(b) 无障碍扶手断面设计

5. 建筑电梯与升降平台

电梯是中高层、高层建筑垂直交通设施,可提高人群活动的可达性和舒适性。作为建筑无障碍设计的重要组成部分,电梯配置及电梯厅设计应注意以下问题。

① 电梯厅最小深度为 1.8 m,以满足乘轮椅者轮换位置和等候的要求;轿厢最小深度为 1.4 m、最小宽度为 1.1 m。

② 电梯呼梯按钮高度 0.9～1.1 m,轿厢侧面 0.9～1.1 m 高处应设置带盲文的选层按钮,轿厢正面和侧面应设置 0.80～0.85 m 高扶手(见图 8-20(a))。

③ 电梯门洞最小净宽度为 0.9 m,开启最小净宽度为 0.8 m(见图 8-20(b))。

④ 每层电梯口应安装楼层标志,设置提示盲道,设置轿厢上下运行方向和层数位置显示装置及电梯抵达音响。

对建筑出入口、大厅、通道等地面进行无障碍设计或改造时,有时会因为场地面积限制无法修建坡道,此时可选用升降平台取代轮椅坡道。升降平台的面积不应小于 1.2 m×0.9 m,平台应设扶手或挡板及启动按钮。

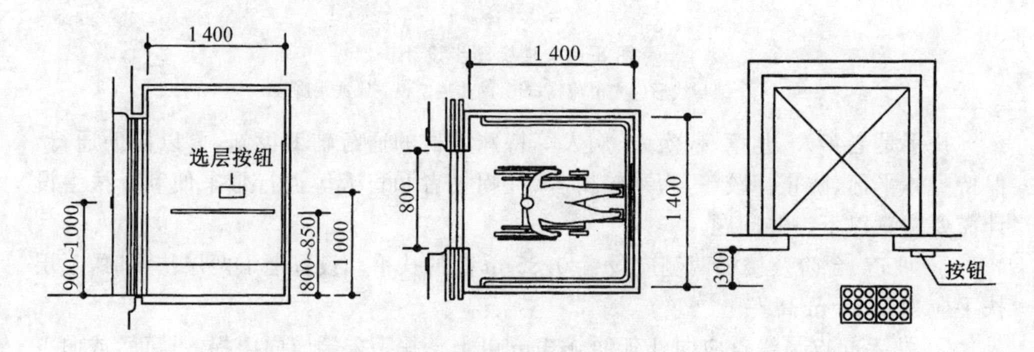

图 8-20　建筑电梯设计与配置

(a) 电梯轿厢内扶手及选层按钮高度;(b) 电梯门开启最小宽度与盲道位置

6. 建筑厕位

厕所与人们的日常生活密切相关。作为建筑无障碍设计的重点，无障碍厕位应男女分开设置。男女厕位隔间设计要求如下。

① 新建建筑厕位面积不应小于 1.8 m×1.4 m，改建建筑厕位面积不应小于 2.0 m×1.0 m。

② 厕位门扇向外开启后，厕位出入口净宽不应小于 0.8 m，门扇内侧应设置关门拉手。

③ 坐便器 0.45 m 高，两侧设置 0.7 m 高的水平抓杆，墙面一侧设置 1.4 m 高的垂直抓杆。洗手盆两侧和前缘 50 mm 设置安全抓杆，洗手盆前应有 1.1 m×0.8 m 轮椅回转面积。男厕所小便器两侧和上方设置宽 0.6～0.7 m、高 1.2 m 的安全抓杆，小便器下口距离地面不应大于 0.5 m(见图 8-21)。

公共建筑应设置残疾人专用厕所。有一些残疾人需要别人协助才能上厕所，如果协助者是其配偶或异性朋友，他们会因进入不同性别的厕所而感到难堪，所以需要设置残疾人专用厕所。残疾人专用厕所的面积应大于 2.0 m×2.0 m，厕所内要配置镜子、放物台及呼叫按钮等设施(见图 8-22)。

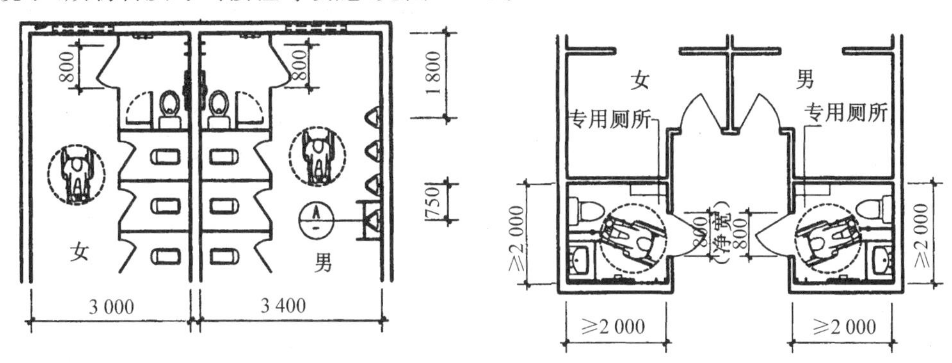

图 8-21 无障碍厕位布置实例

图 8-22 残疾人专用无障碍厕位布置实例

8.2.3 无障碍视觉设计

无障碍视觉设计主要针对阶梯教室、影剧院、音乐厅、体育馆、礼堂、会堂等观演建筑及观演空间设计。观演建筑及观演大厅设计一般要求“看得见，听得清”，即对建筑空间的视觉质量和听觉质量有所要求。故视觉无障碍设计应根据空间使用对象要求及空间形态特点全面考虑。

1. 视距控制

视觉控制主要控制视距、视角两个要素。

视距通常是指最后一排观众到设计视点的距离。视距控制可保证视觉清晰度。一般剧场的最大视距为 25～33 m；若要较为细致地看清演员的面部表情和布景细部，视距应控制在 15 m 以内，如排演厅的空间视距就是 15 m。电影院的最大视距与电影机光通量及屏幕大小有直接关系，目前条件下视距控制在 36 m 内，最大视距不超过 40 m,以保证电影“声像同步”放映。

2. 视角控制

视角控制分为水平视角控制和垂直视角(即俯角)控制。控制水平视角可以控制观众厅前沿两侧不出现视距过偏坐席,最大限度保证全场观众能够享受舞台场景或屏幕图像的最佳效果。水平视角即舞台或屏幕后墙中点与台口、观众厅前沿两侧座位连接线所成的夹角(见图 8-23);水平视角越大、观众厅过偏坐席越少,所形成的“短长、扁宽”空间不利于获得最佳听觉效果。一般观演空间的水平视角 θ 等于 28°～45°,影剧院的水平视角 θ 等于 41°～48°。

俯角通常是指楼座最后一排观众至设计视点的连接线与水平面所形成的夹角(见图 8-24)。我国规定一般剧场的最大俯角 α 不大于 25°、电影院的最大俯角 α 不大于 15°。一般说来视距较短的楼座式观众厅,俯角较大、空间容量较小;反之视距较长的楼座式观众厅,俯角较小、空间容量较大,且楼座观众远离舞台或屏幕。我国近年来新建的中小型剧场楼座斜角度多为 19°～21°、大型剧场楼座斜角度多为 17°～19°。体育馆、体育场等大容量观演建筑设计中,视距问题较为突出,为缩短视距、保证全场观众视线的均好性,观演建筑经常被设计成球型空间形态。

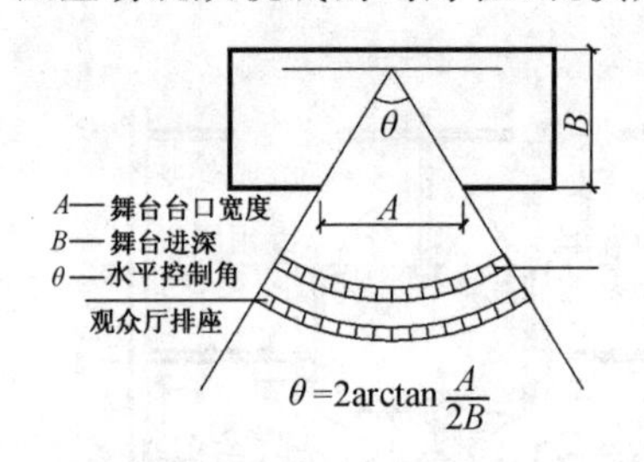

图 8-23 水平视角控制

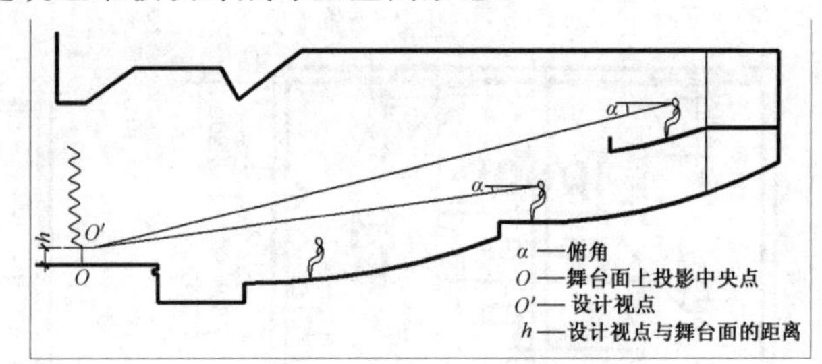

图 8-24 剧场中的俯角控制

3. 视线设计

无障碍视线设计的目的在于保证观众视线不受阻挡。无障碍视线设计涉及确定视点和确定视线升高差两个方面的问题。

在进行观演建筑及空间地坪坡度设计时,首先应合理选择视点,确定视线升高差,随后进行坡度计算。视点的位置选择取决于观众所要求的视野范围,不同性质的观演建筑及空间各有不同的视点设计要求。例如:一般剧场的舞台地坪高于观众厅前排地坪 1 m 左右,其设计视点一般定位于舞台大幕或天幕的中央点或中央点上方 30 ～50 cm 处;电影院的第一排观众坐席地坪低于设计视点 1.5 ～2.5 m,其设计视点可定位于银幕中央点下缘,一般设计视点高度宜为 2 m;音乐厅、礼堂的表演者多站着表演或坐着演奏乐器,其设计视点可定位于舞台前沿中间地面脚灯上方 50 ～60 cm 处;体育馆第一排看台与比赛场地的地坪高差为 0.45 ～1.0 m,其设计视点一般定位在篮球场边线上空 0.30 ～0.40 m 处、或游泳池靠近观众席位第一条比赛线的中心。设计视点越低、看台坡度越陡,设计视点与第一排观众坐席的视距越近;反之看台坡度越缓,设计视点与第一排观众坐席的视距越近。

视线升高值(即 C 值)前后排观众眼睛到设计视点的视线高差值。为保证后排观众视线不受前排观众头和身体的遮挡，一般视线升高差以观众眼睛到头顶的尺度作为控制距离。据实测，中国人的视线升高差为 11.1 ～11.8 cm，一般以 12 cm 计算。在实际运用中，有两种方法：①当前后排观众坐席对位排列布置时，视线升高值(即 C 值)可采用 12 cm，此时观众厅地坪坡度较陡，需要扩大空间层高，影响人流疏散同时提高建筑造价；②当前后排观众坐席错位排列布置时，视线升高值(即 C 值)可采用 6 cm，此方法适宜小容量、低层高的观演建筑设计。

一般观众厅地面坡度设计可采用相似三角形数解法(见图 8-25)。采用这种方法时需要注意：① 设计视点水平面以下的 b 与 y 均为负数；② 分排计算很精确，但太费时，工程实践中常分组计算，每组可包含 2～3 排，至多不应大于 5 排；③ 观众厅席位中间设置横向过道时，必须单独计算并确定横向过道的地坪标高。此外还有图解法，作图时常将比例放大，一般采用 1∶20～1∶10 比例绘制观众厅平面图和剖面图，其结果不如相似三角形法数解精确。

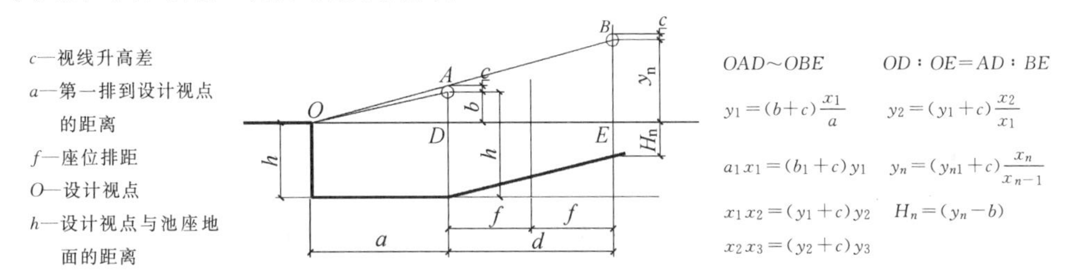

图 8-25 相似三角形数解法求地面坡度

8.3 热工环境设计

建筑室内热工环境设计是建筑技术设计的重要环节。建筑热工设计需要结合地区气候的特点。在保证室内热工环境要求，符合国家节能方针的情况下，通过合理的热工环境设计可改善建筑空间品质，提高投资效益。

8.3.1 采光通风

1. 采光设计

建筑的自然采光主要由建筑窗户获得。窗户位置、大小、形状决定建筑空间的采光效果。建筑空间采光有侧面采光、顶部采光和综合采光三种方式。一般建筑空间多采用侧面采光，竖向长窗可使建筑空间获得进深或深度方向的采光照度、横向长窗可使建筑空间获得开间或面宽方向的采光照度。为保证建筑空间拥有充沛的直达光、漫射光、反射光照度，一般建筑空间形态控制：空间开间与进深的比值为 1∶1.5～1∶2，空间层高或窗口上缘高度与进深的比值为 1∶1.5～1∶2。

建筑采光口的大小根据各类建筑空间的采光标准来确定。各类建筑空间的天然采光标准分为 5 级，分别对房间类型、窗地比、采光系数和室内天然采光临界照度值等有所要求(见表 8-3)。

各类建筑空间的采光口设计标准应按照建筑空间功能类别及采光标准执行,特殊情况下,须作特殊处理。

① 各类建筑的楼梯间、走道窗地比为1∶14～1∶10。当内走道长度小于或等于20 m时至少应有一端采光口,内走道长度大于20 m时应有两端采光口,内走道长度大于40 m时走道中间还应增加采光口,否则应采用人工照明。

② 建筑空间的采光效果应以有效采光口面积来衡量。距离地坪高度0.50 m以下的采光口不应计入有效采光面积;采光口上部有宽度超过1.0 m的外廊、阳台等遮挡物时,其有效采光面积可按照采光口面积的70%计算;水平天窗有效采光面积可按照采光口面积的2.5倍计算。

③ 各地区在选用采光口设计标准时还应该根据地区具体情况综合考虑。比如重庆地区天阴多雾,窗地比应适当提高;昆明地区阳光强烈,窗地比可适当降低。

④ 当建筑空间跨度较大时,仅靠侧窗采光不能保证室内采光照度均匀分布,此时可以设置天窗,补充照度不足的空间区域(见图8-26)。

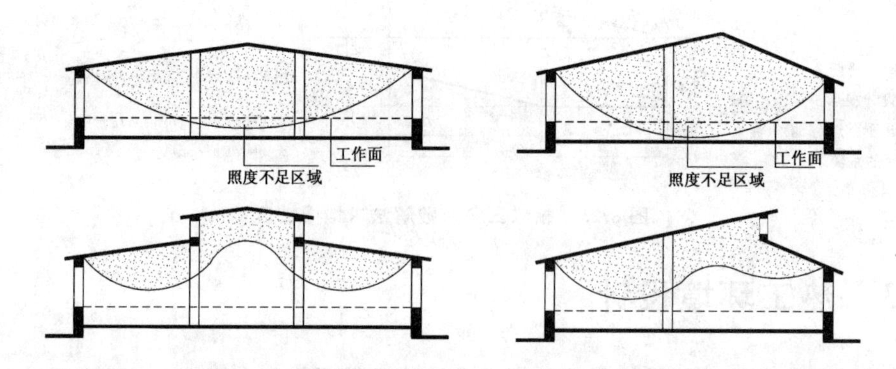

图8-26 室内照度曲线对比(房间横剖面示意图)

注:图中虚线表示工作面,增加天窗后局部采光不足的工作面可得到适当补足。

2. 通风设计

(1) 自然通风

建筑空间的自然通风由门窗组织获得。因而建筑空间的门窗位置、大小、形状需要设计考虑。门窗位置可影响室内气流方向、门窗大小和形状可影响室内气流量(见图8-27)。在进行门窗设计时,应尽量减少涡流区(即空气不流通地带)面积。有时可增设高侧窗减少涡流区面积(见图8-28)。自然通风口面积与空间地面面积之比,居室、厕所卫生间等不小于1∶20,厨房不小于1∶10且不小于0.8 m^2。

北方寒冷地区,为满足冬季通风换气要求,建筑应保证一定的通风换气窗口面积。布置进气口与排气口时,应尽量拉大两者的高差或距离,保证室内通风换气效果。居室、厨房以及没有自然通风条件的厕所卫生间等,均应设置通风道或通风换气设施。通风道截面面积及排风口有效面积不应小于0.015 m^2,且设置于与窗户或进风口相对应的墙面一侧或角落。

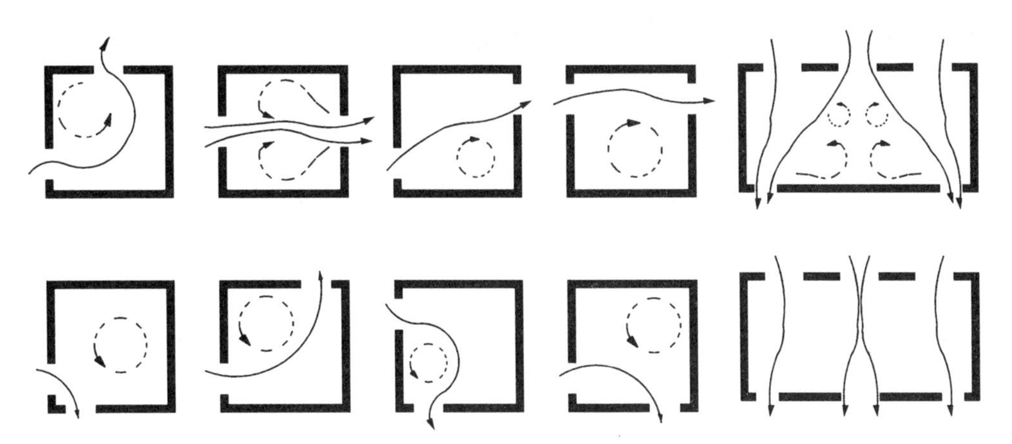

图 8-27 门窗位置对室内气流的影响(虚线表示涡流) 图 8-28 高侧窗减少涡流区

在自然通风条件不足的情况下,可以利用排气天窗或抽气罩等设施,改善室内通风换气效果。如浴室、厨房等可设置排气天窗,及时排除室内蒸汽和油烟,创造良好的卫生条件和工作环境。另外也可在炉灶或有毒实验台灯上部设置抽风罩,加强局部空间环境的排气效果。

(2) 机械通风

观众厅、电化教室等容量大或空间要求密闭的建筑空间,自然通风很难满足其通风换气要求,需要设置机械通风设备设施。此时建筑师应配合机械设备工程师、水暖电设备工程师等专业人员,进行建筑空间通风设计。机械风管等通风设备应均匀分布,尽可能不减少室内空间尺度、影响空间视觉美观。

8.3.2 保温隔热

建筑室内环境小气候的创造受到室外太阳辐射、风、雨、雪、气温、空气湿度等,以及室内气温、空气湿度的双重作用和影响。为创造正常、舒适的室内环境小气候,满足人们的各种室内活动需要,建筑应进行热工环境设计,采取必要的冬季保温、夏季隔热措施。建筑热工环境设计。

1. 保温设计

建筑保温设计有很多措施和方法。

① 建筑布局应注意避风、向阳。

② 建筑形态设计应减少平面及立面的凹凸变化,避免形体及外表面积的超大变化,控制门厅、外走道、楼梯间、门窗等开敞部位的位置、面积及形状。

③ 建筑构造设计可通过增加外墙(即外围护结构)厚度,设置门斗或封闭式门厅、双层玻璃窗(同时兼有隔声作用),加强门窗部位的密封处理等,以此到达建筑防寒保温的目的。

另外在建筑外围护结构中,勒脚、门窗边缘、墙角、沿外墙周边的钢筋混凝土梁板柱等特殊部位,被称为“冷桥”。这些部位的散热面大于吸热面时,经常因为热阻不足使其表面低于露点温度,从而产生凝结水,应采取一些构造措施予以改善。例如:将窗户安装于墙中或平齐外墙;钢筋混凝土梁板柱外侧交接部位加贴保温材料,以提高材料热阻、减少"冷桥"散热现象等。

2. 隔热设计

建筑隔热设计也有很多措施和方法,大致有建筑外部环境设计、室内环境设计两个方面:建筑外部环境设计方面,应设置水面及绿地、种植树木植被、控制建筑方位及间距等;建筑室内环境设计方面,应避免主要房间东西向布置,通过空间组合与门窗对位类组织有利的穿堂风(即对流风),门窗部位加设必要的遮阳措施,外墙布置垂直绿化,屋面设置太阳能集热板、隔热板或蓄水池、花池等。

这里需要特别指出的是门窗遮阳板设计和屋面太阳能集热板设置问题。遮阳板有水平式(可遮挡南北向过剩阳光)、垂直式(可遮挡东北和西北向过剩阳光)、井格式(可遮挡东南和西南向过剩阳光)、挡板式(可遮挡东西向过剩阳光)等形式,建筑师在运用遮阳板进行建筑造型时,应综合考虑建筑门窗方位及遮阳板功能,合理选型及造型。在太阳能资源较为丰富的地区,屋面太阳能集热板是建筑主动汲取热能资源的一种途径,比被动汲取电能资源更加经济实用,规划师、建筑师在讲求建筑美学的同时,更应讲求环境科学、社会经济学。

3. 空调设置

空调多运用于炎热与寒冷地区、重要与特殊建筑中。利用空调实际上是一种以消费经济为代价创造舒适环境的做法,这种做法最终会影响地区、城市、国家乃至世界生态环境的可持续发展。由此可以说,科学是一把双刃剑,建筑师应当善于运用这把双刃剑。

设置空调的建筑空间多采用浅色建筑及装饰材料。为了减少热能损失、降低运作费用,采用空调的建筑空间应注意以下几个问题。

① 控制建筑空间的面积与体积。

② 空调房间适宜集中布置,并且不与高温房间相邻。

③ 空调房间的门窗面积不宜过大,并且应作密闭、隔热、遮阳等处理。

④ 间歇性使用空调的建筑空间,其围护结构适宜采用轻质围护材料;连续性使用空调的建筑空间,其围护结构适宜采用重质围护材料。

8.3.3 隔声减噪

声音来源于物体振动。声音有物理方面、生理及心理方面的两种含义:从物理现象讲,声音是一种机械能或有压力的声波;从生理及心理感受讲,声音是一种主观感受或感官刺激。声音传播有空气传播和固体振动传播两种方式。

正常人耳所能感受到的声压值、声强级或声压级分别是:极轻声 0.0002 μPa、0～10 dB即"闻阈";轻声 0.002 μPa、20～30 dB;正常声 0.02 μPa、40～50 dB;响声 0.2 μPa、60～70 dB;极响声 2 μPa、80～90 dB;震耳声 20 μPa、100～110 dB;震耳声

超过 200 μPa、120 dB 即为“痛阈”。

人们在日常生活中经常遇到的建筑声学问题有两个方面：一是希望有一个安静的生活、学习和工作环境；二是希望在良好的听闻条件下交流、倾听或欣赏音乐、文艺表演。二者均需要防止不希望出现的噪声干扰。建筑隔声有外部环境隔声和建筑隔声两种方式。

1. 外部环境隔声

在外部环境中，屏蔽、遮挡噪声的设施即“声屏障”。常见的“声屏障”有院落围墙、建筑外立面上的广告牌，以及道路两侧的隔声板及行道树等。“声屏障”的方位设置、长宽高及厚度等形式设计，应根据噪声源方位、声线投射方向及反射途径等条件确定，其设置及设计应注意以下几点问题。

① 院落围墙高度为 2.2～4.0 m 时可屏蔽噪声，高度为 1.6～1.8 m 时可遮挡视线，高度为 0.6～1.2 m 时只能发挥隔离空间的作用。

② 为保证建筑门窗的采光通风效果，一般控制建筑北向墙面的窗墙比为 20%，东西向墙面的窗墙比为 25%(单层窗)～35%(双层窗)，南向墙面的窗墙比为 35%；建筑外立面上的广告牌应不遮挡建筑门窗。

③ 行道树作为一种交通设施，可提高交通服务质量、改善环境绿化，对消除噪声、净化空气、调节气候、涵养水源等还具有重要作用(见图 8-29、图 8-30)。一般行道树选择应考虑树种树形(即树干、树叶、树冠等)特点、修剪养护要求等问题。行道树布置不应妨碍道路车辆行驶和行人通行，树干高度 3～4 m、树株间距 5～8 m、树坑 1～1.2 m 大小见方、树篦子与道缘保持 1～1.5 m 距离。

图 8-29 香樟

图 8-30 黄杨

2. 建筑隔声

对来自于内部和外部环境的噪声干扰，不同建筑有不同要求(见表 8-4)。

建筑隔声的方式如下述。

① 设置空心双层墙(即“空斗墙”)，保持双层墙的空气间层厚度为 80～100 mm，保证双层墙之间没有木、钢、钢筋混凝土梁，以及金属拉杆等连接体(也被称为“声桥”)。经实践证明：空气间层厚度为 20～30 mm，且墙薄、连接体厚重的双层墙，其隔声能力几乎为零。

② 以木质、海绵、墙壁挂毡等材料装修墙面,利用这些多孔、松散材料的"空腔"吸收声音,其原理实际上就是声音(机械能)经过穿孔和摩擦转化为振动(热能)。

③ 以木地板、纤维或橡胶地毯等铺装地面,以木质纤维板、金属多孔板、塑料泡沫板等吊顶,也可以达到吸声和隔声的目的。

④ 普通玻璃窗经过隔声实验测试,6 mm 厚单层窗的空气隔声量为 29.4 dB,双层固定窗的空气隔声量为 44.5 dB,双层窗(其中一层固定)的空气隔声量为 45.2 dB,三层固定窗的空气隔声量为 49.3 dB;可见双层窗的隔声效果比单层窗显著。

某些阶梯教室、观众厅、演播厅等音响要求高的建筑空间,其声音的吸收、反射、混响等处理,需经过详细的声学计算和测试,才能得到满足和保证。

【思考与练习】

8-1 哪些建筑在什么情况下可以设置一个安全出入口?

8-2 什么情况下要设置封闭楼梯间?

8-3 高层和多层医院建筑不同性质的使用空间在走道疏散长度上有什么不同?

8-4 无障碍入口坡道在设计上有哪些要求?

8-5 建筑室内走道进行无障碍设计有哪些技术要求?

8-6 平开门要实现无障碍设计应有哪些构造措施?

8-7 无障碍厕位与残疾人专用厕所在尺寸上有哪些要求?

9 建筑设备

【本章要点】

本章内容包括建筑给水排水设计、暖通空调设计、电气电讯设计三个部分。建筑给水排水设计部分涉及生活用水与消防用水给水组织、污水与雨水排水组织等内容；暖通空调设计部分涉及采暖、通风、空调等内容；电气电讯设计部分涉及供配电系统、电气照明、建筑防护等内容。

建筑给水排水是建筑空间的重要组成部分，建筑暖通空调部分可改善建筑室内热工环境，建筑电气也是建筑空间的重要组成部分。

本章以建筑设备技术为主线，简述建筑设备技术设计所涉及的基本内容及其基本原理，力求说明：①设备技术设计是建筑设计工作的一个部分，与结构技术设计、构造技术设计等同等重要；②合理的设备技术设计为人们提供健康、舒适、高效的空间环境，同时影响空间环境的投资造价；③通过对各项设备技术设计方案的比较、优化，可有效地提高建筑的经济性，达到节约能源的目的。

9.1 给水排水设计

建筑需要设置供水、排水设备设施，以满足人们在其中的使用要求。建筑或定居点附近必须有足够的水源。原始环境条件下，人们从水塘或溪流中直接取水并当场饮用或用容器将水搬运较短距离再饮用。文明地区，受到生物或化学污染的影响，大部分地表水不能直接饮用，需要保护水源并采取特殊供水措施——通过给水管道，将符合国家标准水质的水输送到用水地点，即使是距离水源较远的建筑也能方便地使用洁净水。

建筑内部给水系统将城镇或城市给水管网或自备水源给水网中的水引入室内，经过配水管网送至各用水点，并满足用水点对水质、水量、水压和水温等各种要求。根据用户要求并结合建筑外部给水系统情况划分，建筑内部给水有生活给水、生产给水、消防给水三种基本给水系统，有依靠外网压力的“直接供水”和依靠水泵升压的“间接给水”两种给水方式(见图 9-1)。

建筑内部排水系统的功能，是将人们日常生活及生产中使用过的污水、降落到屋面的雨水和雪水收集起来并及时排出至室外。建筑内部使用产生的污水由排水管线及设备排出，建筑外部的雨水和雪水由屋面无组织排水或有组织排水排出。

合理的建筑给水排水组织是一项综合工程，涉及技术、经济、社会和环境等各种因素。

9.1.1 生活给水组织

1. 水质要求

建筑有生活给水、生产给水、消防给水三种用水类型及给水方式(见表 9-1)。

表 9-1 建筑给水系统类型

用水类型	用水特点及要求
生活给水	供民用建筑和工业建筑饮用、烹调、盥洗、洗涤、淋浴等;水质要求必须符合国家规定的饮用水水质标准。近年人们对饮用水品质要求不断提高,某些城市、地区已实施分质供水措施,管道直饮水给水系统已进入住宅区、综合楼等
生产给水	主要用于生产设备冷却、原料和产品洗涤、锅炉给水及某些工业原料用水等;生产用水对水质、水量、水压及安全等方面的要求由于工艺不同差异很大
消防给水	用于扑灭火灾和控制火势蔓延;多层和高层民用建筑的消火栓及自动喷水灭火系统对水质要求不高,但必须保证有足够的水量和水压

为确保人民的生命健康与安全,生活饮用水水质必须符合国家标准并确保其不受污染。从城市给水管网引入建筑的自来水的水质一般均符合《生活饮用水卫生标准》。建筑内部的给水系统设计、施工或维护不当可能出现水质污染现象,致使疾病传播直接危害人民的健康和生命,因此必须加强水质防护,确保供水安全。

控制及防止水质污染的主要措施有:生活饮用水的水池水箱与其他用水的水池水箱分开设置;建筑内生活饮用水的水池、水箱采用独立结构形式,不得利用建筑的本体结构作为水池和水箱的壁板、底板及顶板;埋入地下的生活饮用水水池、水箱周围 10 m 内不得设置化粪池、污水处理构筑物、渗水井、垃圾堆放点等污染源;周围 2 m以内不得设置污水管和污染物。

2. 水箱及水泵房设置要求

1) 水箱设置条件

室内给水系统需要加压、稳压、减压,或需要储存一定水量的建筑均应设置水箱。这些建筑为城市给水管网的压力满足不了供水压力的高层建筑,消防给水要求临时高压给水系统应设屋顶水箱,高层建筑生活消防给水竖向分区的要设水箱,城市自来水周期性压力不足采用屋顶调节水箱供水的多层建筑(见图 9-1)。

2) 水泵房设置要求

① 独立设置的水泵房宜靠近外部市政水源干管,以方便取水,附建的水泵房宜靠近建筑物外墙布置。水泵房采暖温度一般为 16℃,无人值班时采用 5℃。

② 有防震或安静要求的房间上下和相邻的房间不得布置水泵房;泵房宜设置值班间,并采取隔声措施;建筑物内布置水泵房时,水泵房的基础应有隔振、减噪措施;水泵房净空高度除应考虑通风、采光、不结冻等条件外,还应考虑起调机械设备作业尺度。

③ 独立设置的消防水泵房,其耐火等级不应低于二级;附设在多层建筑内的消

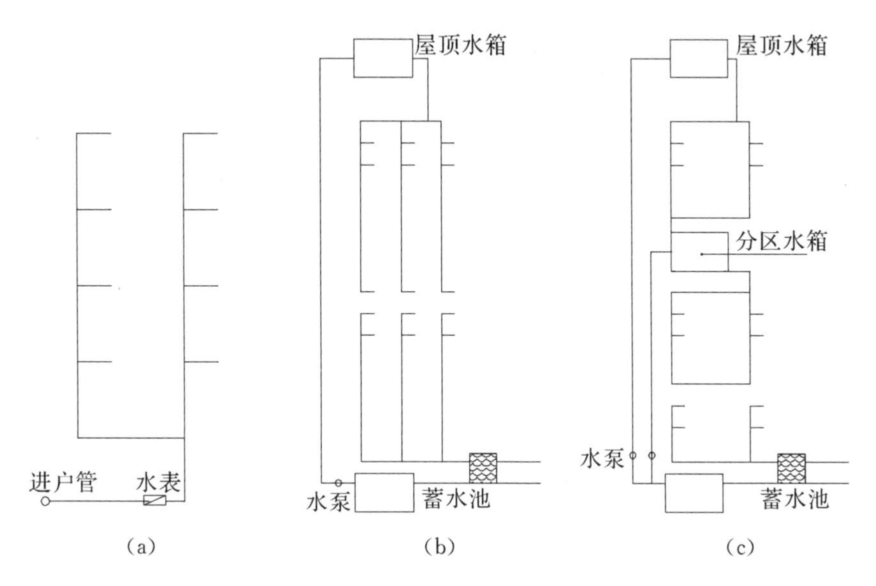

图 9-1 给水方式

(a) 直接给水方式(适用于单层、多层建筑);
(b) 水箱、水泵、水池给水方式(适用于多层建筑室外给水管网压力低,适用于高层建筑);
(c) 分区并列给水方式(室内用水不均匀)

防水泵房,应采用耐火极限不低于 1 h 的不燃烧墙体和楼板与其他部位隔开;当在高层建筑内时为不低于 2 h 的隔体和 1.5 h 的楼板,并应设甲级防火门。

④ 当消防泵房设在首层,为方便值班人员出入,其出入口宜直通室外。设在楼层上的消防泵房应靠近安全出口。当设在高层建筑的地下室或其他楼层时,其出入口应直通安全出口。

⑤ 污水泵房宜单独设置,并有通风措施,门窗应密闭。

⑥ 水泵房内应有地面排水设施,地面坡向排水沟,排水沟坡向集水坑。

3. 热水供应

热水是生活给水、生产给水中的一种特殊形式。用水要求主要是水质、水温要求,生活用热水水温 25～60 ℃,加热器出水水温不大于 75 ℃。

热水供应系统由加热设备、管网、储存水箱、附加设备组成。加热设备的效率及管网的布置,对系统的投资及运行效果具有很大影响。加热设备应选择传热效率高的产品,管网宜采用上行下给的方式,以降低管网造价。

生活热水系统应优先选择太阳能、地热能、电厂余热等清洁环保型能源,以便减少锅炉设备投资及平时运行费用。太阳能热水器设计应根据当地太阳能资源及建筑用水等具体情况分析。

(1) 供水方式

建筑内部热水供应系统按热水供应范围,可分为局部热水供应、集中热水供应、区域热水供应三种方式。

局部供热即加热设备设置于卫生用器附近或单个房间内,冷水加热后只供给单个或多个配水点使用,局部供热系统适用于热水用量较小且较分散的建筑,如小型饮食店、理发店等建筑,设备宜优先考虑太阳能热水器或电热水器。

集中供热即热水由建筑内部或附近的锅炉房加热,并由管道输送给一幢或多幢建筑物使用,集中供热系统适用于热水用量较大、用水点比较集中的建筑,如公共浴室、体育馆等建筑。

区域供热即在城市或工业区室外热力网条件下采用的一种供应系统,使用热水的建筑物可直接从热力网中取用热水或取用热媒使用水加热,区域供热系统适用于建筑布置较集中、热水用量较大的城市和工业企业,目前在国外特别是发达国家中应用较多。

(2) 管线安装及敷设要求

热水管线一般为明装,管道均要保温,暗装时不得埋入地下且多设于地沟内、地下室顶部、楼层顶板下或顶棚内、管道设备层内;立管明装布置于卫生间内,暗装敷设于管道井内;管道穿过墙楼板时应加设套管,穿越卫生间楼板的套管高出室内地坪50~100 mm,以免积水渗漏;供水立管端头设置阀门防止热水倒流或窜流,方便调节和检修;供水横管坡度不小于0.003,以利于排气排水;管网系统最高点设置排气装置,最低点设置检修、泄水装置(泄水阀或丝堵等)。

9.1.2 消防给水组织

人类自从有了历史,就一直与火为伴,没有火就没有人类的生存,没有火也就无法实现人类的现代文明。火造福于人类,但火也会毫不留情地给人类带来灾难,一旦火灾发生,合理的消防系统设计能稀释燃烧区内氧的含量,从而减弱燃烧强度,最大限度地保护生命财产的安全。消防系统宜尽量采用区域消防供水体系,如果在规划时不做总体考虑,就会出现每座单体建筑各设一套消防设施的情况,导致重复投资。

1. 应当设置消防给水的建筑

应当设置消防给水的建筑包括:高度小于24 m的科研楼、厂房、库房;不少于800座影剧院和俱乐部;不少于1200座礼堂、体育馆;体积不小于5000 m^3 的车站、展览馆、商场、机场建筑物、图书馆、医院等;不低于6层的塔式住宅、不低于7层的单元式住宅、通廊式住宅、底层设有商业网点的单元式住宅;高于5层或体积大于10 000 m^3的教学楼等其他民用建筑;国家级文物保护单位的重点砖木或木结构的古建筑;高度不低于24 m的其他民用建筑;高度不低于10层的住宅必须设置室内外消火栓给水系统。

2. 消火栓布置

建筑物中最基本的灭火设施是建筑消火栓给水系统。建筑消火栓给水系统是把室外给水系统提供的水量,经过加压(外网压力不满足需要时),输送到用于扑灭建筑物内的火灾而设置的固定灭火设备。

消火栓系统适用于大多数单体建筑，该系统一般由消防水池、水泵、管网及屋顶水箱构成，各构成元素的设置与市政给水状况、建筑物的性质、体量及高度有关。对于由多幢建筑组成的且同一时间的火灾次数为1次的建筑群，可采用一套消防水池、消防水泵及屋顶水箱，这样可减少占用宝贵的建筑面积，从而有效地减少初期投资，且能保证消防供水安全。消火栓的布置要点如下。

① 室外消火栓沿道路设置，间距不大于120 m；距离道路边缘不大于2 m；距离建筑边缘不大于5 m。

② 室内消火栓应设在走道、楼梯附近、消防电梯间前室等明显和易于取用的位置。同一楼层的任何部位应确保两支消火栓水枪的充实水柱同时到达。

③ 在建筑物屋顶应设1个消火栓，以利于消防人员经常检查消防给水系统是否能正常运行，同时还能起到保护本建筑物免受邻近建筑火灾的波及。在寒冷地区，屋顶消火栓可设在顶层出口处、水箱间并采取防冻措施。

④ 消火栓的间距应由计算确定，且高层建筑的室内消火栓间距不大于30 m，裙房、多层建筑及单层建筑的室内消火栓间距不大于50 m(见图9-2)。

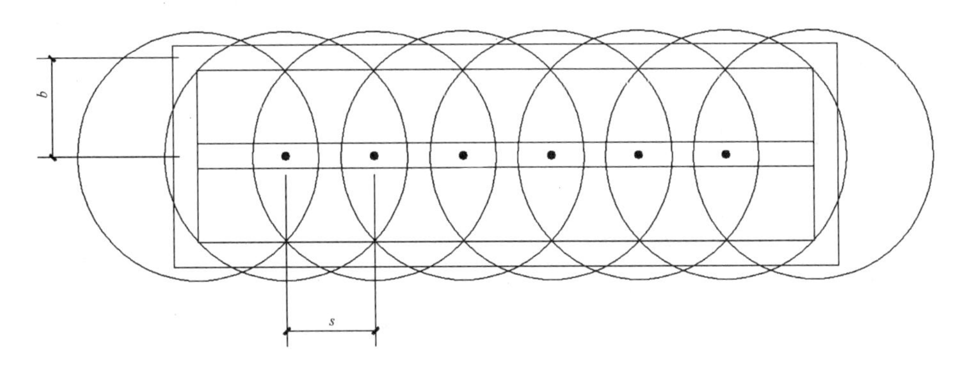

图9-2　消火栓布置间距

单排两股水柱达到室内任何部位
b—消火栓的最大保护宽度；s—消火栓间距

3. 自动喷水灭火系统设置

自动喷水灭火系统是一种在火灾发生时，能自动打开喷头喷水灭火并同时发出火警信号的消防灭火设施。自动喷水灭火系统由消防水池、供水主泵、稳压泵、报警阀、管网、喷头及屋顶水箱组成。为减少占地面积和节省投资，可采用减压阀分区供水。应当设置自动喷水灭火的建筑有如下几种。

① 建筑高度不低于100 m的高层建筑及其裙房，除游泳池、溜冰场、建筑面积小于5 m^2的卫生间、不设集中空调且户门为甲级防火门的住宅的户内用房和不宜用水扑救的部位以外的场所。

② 建筑高度小于100 m的一类高层建筑及其裙房，除游泳池、溜冰场、建筑面积小于5m^2的卫生间、普通住宅、设集中空调的住宅的户内用房和不宜用水扑救的部

位以外的场所。

③ 二类高层公共建筑的公共活动用房,走道、办公室和旅馆的客房,自动扶梯底部;可燃物品库房等。

④ 高层建筑中的歌舞娱乐厅放映游艺场所、空调机房、公共餐厅、公共厨房,以及经常有人停留或可燃物较多的地下室、半地下室房间等。

⑤ 多层建筑中大于 1 500 座剧院观众厅、舞台上部(屋顶为金属构件时)、化妆室、道具室、储藏室、贵宾室,大于 2 000 座礼堂或会堂观众厅、舞台上部、储藏室、贵宾室,大于 3 000 座体育馆观众厅的吊顶上部、贵宾室、器材间、运动员休息室。省级邮政楼邮袋库,楼层面积大于 3 000 m^2 或建筑面积大于 9 000 m^2 的百货商场、展览大厅,设有空调系统的旅馆和综合办公楼的走道、餐厅、商店、办公室、库房和无楼层服务员的客房等。

⑥ 自动喷淋头间距由喷水强度、喷头流量系数和工作压力确定,且不宜小于 2.4 m。

4. 屋顶消防水箱设置

高层建筑除常高压系统外,均应考虑 10 min 以内的室内消防用水量。在进行建筑外立面设计时,应统一考虑水箱设备与立面造型元素的有机结合。

9.1.3 污水雨水组织

1. 排水系统要求

建筑排水应当遵循雨水与生活污水分流排出的原则,并应当遵循国家或地方有关规定确定设置中水系统。建筑内部污水、废水排水系统应能满足三个基本要求:首先系统能迅速、畅通地将污废水排到室外;其次排水管道系统内的气压稳定,有毒有害气体不进入室内,保持室内良好的环境卫生;再次管线布置合理,简短顺直,工程造价低。为减少电耗,排水系统应尽量采用重力流方式排水,以便最大限度地减少机械(泵排)排水的规模。在条件许可的情况下,最好采用分质排水,使得优质杂排水只需经简单处理即可达到中水水质,有利于降低日常性水处理成本和一次性投资。

2. 排水管线布置要求

(1) 管线与生活用房

为创造一个安全、卫生、舒适、安静、美观的生活和生产环境,排水立管不得穿越卧室、病房等对卫生安静有较高要求的房间,并不宜靠近与卧室相邻的内墙。

(2) 管线与服务用房

为保证设有排水管道的房间或场所能正常使用,排水管道不得布置在穿越食堂、饮食业的主副食操作烹调餐部位的上方,或有特殊卫生要求的生产产房及贵重商品仓库,也不得穿越生活饮用水池部位的上方。

(3) 管线与用电房间

为避免管道给排水渗漏,造成配电间电气故障或短路,给排水管不应穿越配变电房、档案室、电梯机房、通信机房、大中型计算机网络中心、音像库房、CT 室等遇水会损坏设备和引发事故的房间。

(4) 管道设置

为保证给排水系统安全可靠，必须保证给排水管道不受到腐蚀、外力、热烤等破坏。管道不允许布置在风道、烟道、电梯井内，不得穿越变形缝。

(5) 管道检修

高层住宅、办公楼为方便水表集中计量，在核心筒位置应考虑水表间位置。管道井一般靠每层公共走道一侧布置，并应尽可能在靠公共走道一侧的墙面上设检修洞口，以防止相邻房间之间造成不安全的联通体，同时也便于管理和维修(见图 9-3)。

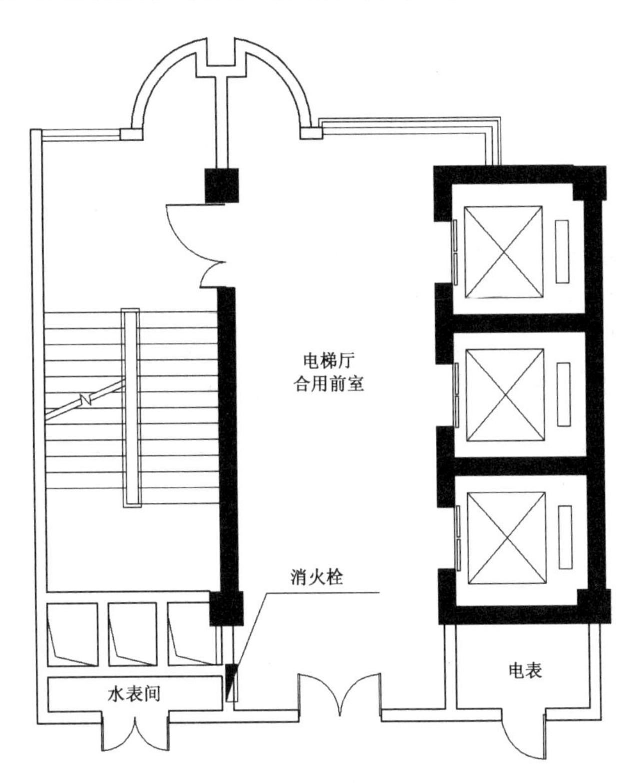

图 9-3 水表间位置

3. 屋面排水组织

降落在建筑物屋面的雨水和雪水，特别是暴雨，在短时间内会形成积水，需要设置屋面雨水排水系统，有组织有系统地将屋面雨水及时排出到室外，否则会造成四处溢留或屋面漏水，影响人们的生活和生产活动。

屋面排水组织可分为无组织排水和有组织排水两种方式。无组织排水又称为自由落水，即屋面雨水汇集至屋面檐口，再由屋面檐口自由落至室外地面；有组织排水即屋面雨水汇集至屋面檐口，再由屋面檐口经过雨水口、落水管等排水系统排出室外。

(1) 有组织排水与无组织排水

屋面排水宜采用有组织排水。三层及三层以下或檐高不高于 10 m 的中、小型建筑物可采用无组织排水。无组织排水的挑檐尺寸不宜小于 0.6 m(见图 9-4)。

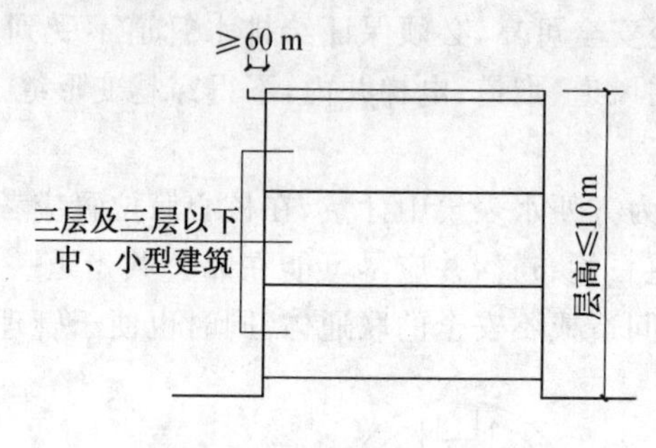

图 9-4 无组织排水的条件

(2) 内排水与外排水

有组织排水有外排水和内排水或内、外排水相结合的方式。多层建筑可采用有组织外排水。高层建筑和屋面面积较大的多层建筑应采用有组织内排水,也可采用内、外排水相结合的方式。雨水外排时明装管线,内排时可明装、也可暗装竖管与横管(见图 9-5、图 9-6)。从经济角度讲,在不影响建筑立面的前提下,一般应采用外排水系统,尽可能减少内排水系统的设置。因为内排水系统所需构件器材等在数量及质量方面都较外排水系统要高,施工技术要求也较严格,所以内排水系统的工程造价大约是外排水系统的 4～6 倍。

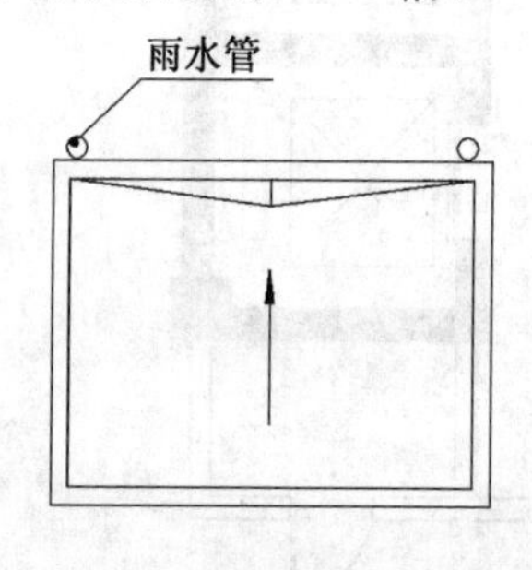

图 9-5 屋面外排水示意图

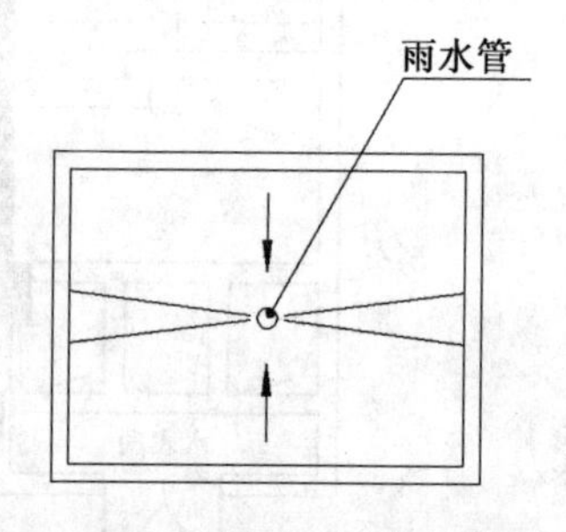

图 9-6 屋面内排水示意

(3) 汇水区与排水口

每一屋面或天沟,一般不少于两个排水口。两个排水口的间距,一般有外檐天沟的不大于 24 m,无外檐天沟的内排水不大于 15 m。每个雨水口的汇水面积不得超过按当地降水条件计算所得的最大值(由给排水专业进行计算),并宜小于 200 m^2。

(4) 排水设施与变形缝

布置雨水口时应以伸缩缝、沉降缝作为天沟排水分水线,否则应在伸缩缝、沉降缝的两侧各设一个雨水斗(见图 9-7)。

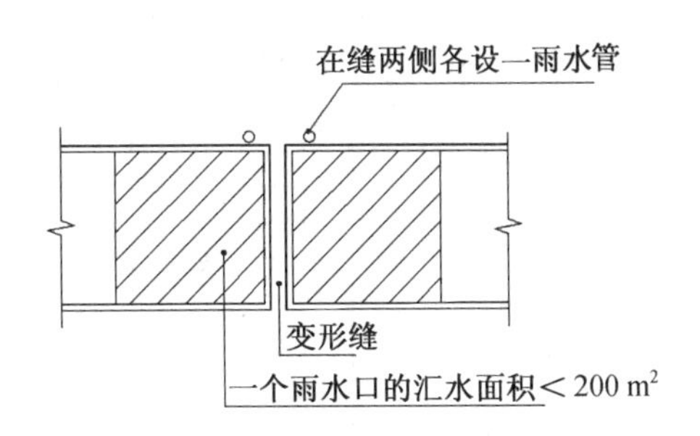

图 9-7 变形缝两侧的雨水口布置

9.2 暖通空调设计

建筑采暖设计满足寒冷地区的一般建筑及非寒冷地区的特殊建筑使用要求。采暖系统一般由热源、热媒管道、散热设备三部分环节组成。采暖系统按照工作范围可分为局部供热和集中供热两种方式，按照采暖媒介可分为热水采暖、蒸汽采暖和热风采暖三种方式。

建筑通风设计一般有稀释通风与冷却通风两个目的。系统按照工作范围可分为局部通风和全面通风两种方式，按照工作方式可分为自然通风与机械通风两种方式。

建筑空调设计即利用人工方法调节室内空气温度、相对湿度、洁净度和气流速度等。按照空调设备设置可分为集中式空调、分散式空调、半集中式空调三种方式。

运用环境科学技术为人类创造一种健康、舒适、富有效率的空间环境，是建筑采暖、通风、空调系统设计的目的。作为一门应用性技术，建筑采暖、通风、空调系统设计肩负着改善建筑环境小气候的使命；技术设计遵循“以人为本”的原则，满足人们生活、工作及其他活动中对环境品质的需求，同时力求社会效益、经济效益、环境效益达到综合平衡。

9.2.1 采暖设计

1. 采暖系统组织

建筑采暖系统一般由热源、热媒管道、散热设备三个环节组成。热媒循环于三环节中，热源将热媒加热，通过热网输送到散热设备，在散热设备内散热并降温，然后再通过热网输送到热源加热，循环往复，达到采暖要求（见图 9-8）。

采暖系统按其工作范围可分为局部供热系统和集中供热系统。局部供热即热源与散热设备同处一室；集中供热即热源远离供暖用房，利用一个热源的热量弥补多个供暖用房散失的热量。

采暖系统按其采暖媒介可分为热水采暖、蒸汽采暖和热风采暖。热水采暖、蒸汽采暖由锅炉房加热热媒，再由管线将热媒送至采暖用房的散热器中，最后由水泵将热

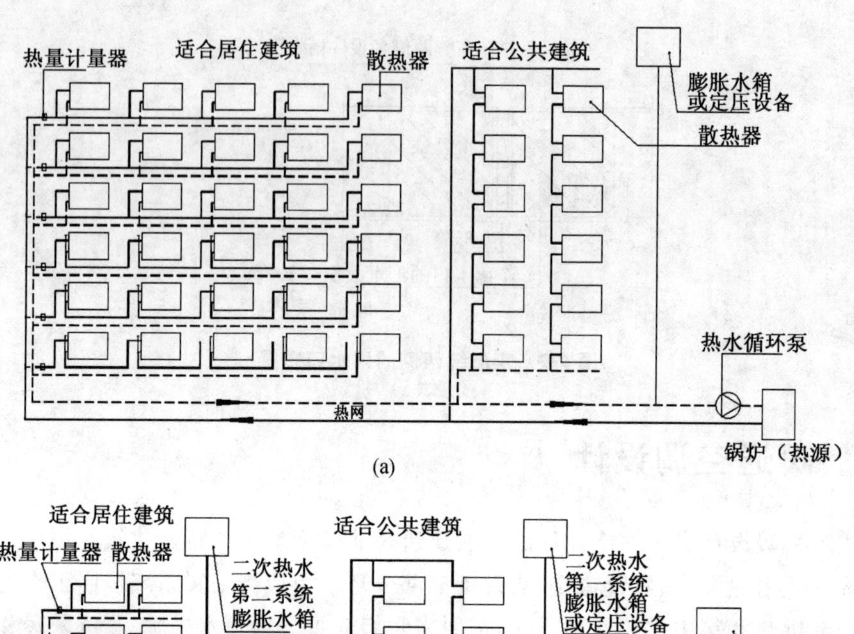

(a)

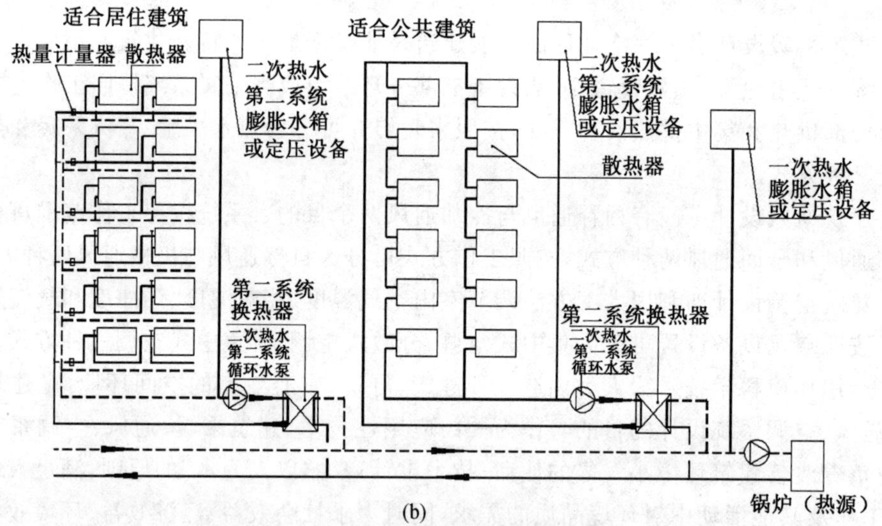

(b)

图 9-8 集中采暖系统原理图

(a) 集中采暖系统不设换热器原理图；(b) 集中采暖系统设换热器原理图

水或蒸汽送回至锅炉房；热风采暖是将空气加热并送入室内从而达到供暖目的。热水采暖热慢、冷慢，室温稳定，适用于医院病房等卫生要求高的建筑及用房；蒸汽采暖热快、冷快，室温不易调节，系统使用年限短，适用于影剧院等使用人数变化大、供暖要求快的建筑及用房；热风采暖热惰性小，能迅速提高室温，适用于住宅、实验室等短时间或间隙使用的建筑及用房。

2. 建筑采暖设计要求

建筑采暖设计满足寒冷地区的一般建筑及非寒冷地区的特殊建筑使用要求。

1) 气候条件

我国规定建筑集中采暖的气候条件是：累年日平均温度稳定不高于 5 ℃且低温天气日数不少于 90 天的地区，宜采用集中采暖；累年日平均温度稳定不高于 5 ℃且低温天气日数为60～89天，或累年日平均温度稳定不高于5 ℃且低温天气日数少于60天，或累年日平均温度稳定不高于8 ℃且低温天气日数不少于75天的地区，如幼儿园、养老院、中小学校、医疗机构等建筑宜采用集中采暖。

2）建筑选址与形体控制

为了运行节能，需要研究采暖建筑的选址、方位布置、形体及颜色控制。原则上，采暖建筑宜布置于避风和向阳的环境场地；建筑形体设计宜减少外表面面积，其平面与立面凹凸变化不宜过多；为减少门窗等开敞部位的热能损失，建筑门窗面积不宜过大，还应减少门窗缝隙长度并采取密闭措施。

此外，住宅楼等集中采暖系统需要专业人员调节、检查、维护的阀门或仪表等装置不应设置在住宅套型内；一个住宅套型内不应设置其他住宅套型所用的阀门或仪表等装置。

3）锅炉房设置要求

（1）独立设置

锅炉房应设置在热负荷相对集中的地方，并且为了减少烟尘的影响，应尽量布置在下风侧。另外，燃料、灰渣要运输方便。燃煤锅炉房宜布置在建筑物外的专用房间。

（2）底层或地下层设置

燃油、燃气锅炉房宜布置在建筑物外的专用房间，当受条件限制必须布置在建筑物内或裙房内时，锅炉的总蒸发量不应超过6 t/h（或发热量不应超过4.2 MW），且单台蒸发量不应超过2 t/h（或发热量不应超过1.4 MW）。应布置在首层或地下一层靠外墙部位，不应设置在人员密集房间的上层或下层房间、相邻房间等。

（3）门窗设置

为方便工作人员的疏散，单层布置的锅炉房出入口不应少于2个且应在不同部位。多层布置的锅炉房各层出入口不应少于2个，楼层上出入口应有通向地面的安全梯。锅炉房通向室外的门向外开。

锅炉间外墙的开窗面积应满足通风、泄压、采光要求。泄压面积不小于全部锅炉间占地面积的10%。

3. 燃气安全措施

燃气是建筑中的一种热能，为人们提供烹饪、沐浴等服务，有时也能为建筑采暖提供一种补充服务。

燃气分人工煤气、天然煤气、液化石油气三种。前两者由城市煤气管网管道输送，后者由瓶装供应。煤气供应系统由管道、阀门、煤气表、煤气用具等组成。建筑燃气管道布置与敷设需要注意以下问题。

（1）管线与生活用房

为避免燃气管道泄漏引发事故，地下燃气管道不得从建筑物和大型构筑物的下面穿越。燃气引入管不得敷设在卧室、浴室、地下室、易燃或易爆品的仓库、有腐蚀性介质的房间、配电室、变电室、电缆沟、烟道和进风道等地方。

(2) 管线与辅助用房

建筑物、构筑物内部的燃气管道应明设。当建筑或工艺有特殊要求时,可暗设,但必须便于安装和检修,且应通风良好。室内管线采用镀锌普压钢管明装,不得穿越居室、不得绕行门窗位置;有可通风的地下室时可设置于地下室上部;有通行通风地沟时可用无缝钢管与其他管线通沟敷设。

(3) 管线与结构设施

当室内燃气管道穿过楼板、楼梯平台、墙壁和隔墙时,为避免管道泄漏,造成人员生命财产安全的威胁,燃气管必须安装在套管中。

(4) 管线与设备

为防止火灾的产生,燃气灶宜安装在室内通风良好且净高不低于 2.2 m 的房间,为采取燃气灶与可燃或难燃烧的墙体有效的防火措施,燃气灶与对应面墙之间应有不小于 1.0 m 宽的通道。

(5) 室外管线

街道管线采用铸铁管或无缝钢管埋入地下,阀门应在阀门井内。庭园管线宜平行建筑物,并埋入人行道或草坪土层 0.1~0.2 m 处,距离建筑物基础大于 2.0 m,与其他地下管线的水平净空距离 1.0 m,与树木水平距离 1.2 m,不得与其他室外管道同沟敷设。

9.2.2 通风设计

1. 通风系统组织

建筑通风一般有稀释通风与冷却通风两个目的。稀释通风即用新鲜空气把房间内有害气体浓度稀释到允许浓度以下,冷却通风即用室外空气把房间内多余热量排走。

通风系统按照工作范围可分为局部通风和全面通风两种方式。局部通风即局部设置机械设备排出污浊空气,全面通风即整体组织通风换气设施。

通风系统按照工作方式可分为自然通风与机械通风两种方式。自然通风通过建筑门窗设置而获得,依靠风机产生的压力强制空气流动的技术称为机械通风。

自然通风靠风压、热压、风压热压综合作用三种情况。无散热量的房间,以风压为主。放散热量的房间(如厂房)以热压为主。夏季自然通风的室内进风口,其下缘距地面应为 0.3~1.2 m,高于此值应考虑进风效率降低的影响;冬季用的室内进风口,其下缘距地面不宜低于 4 m,如低于 4 m,应采取防止冷风吹向工作地点的措施。

空调房间、洁净房间应通过机械通风使其维持正压,产生有害气体或烟尘的房间应通过机械通风使其维持负压。

可能突然放散大量有害气体或有爆炸危险气体的生产厂房应设事故排风口。事故排风的室外排风口,应高出 20 m 范围内最高建筑物屋面 3 m 以上,离送风系统进风口小于 20 m 时，应高出进风口 6 m 以上。

2. 机械通风设计要求

1) 进风口与排风口设置

机械通风系统的进风口应设置在室外空气清新、洁净的位置，室外进风口距室外地面不低于 2 m，在绿地上时不低于 1 m。废气排放不应设置在有人停留或通行的地带。排风口宜设在上部、下风侧；送风口宜设在下部、上风侧。大、中型厨房应设机械通风。

2) 通风机房设置

通风机房不宜与有噪声限制的房间相邻布置。通风机房的隔墙及隔墙上的门应符合防火规范的有关规定。

3. 高层建筑防烟排烟设计

建筑火灾给人们的生命财产安全造成极大的危害。火灾产生的烟气毒性很大，易使人窒息死亡，直接危及人身安全，对疏散和扑救也造成很大的威胁。国内外大量火灾实例统计数据表明，因火灾造成的伤亡者中，受烟害直接致死的占 1/3～2/3，被火烧死的占 1/3～1/2。在被火烧死的受害者中，多数也是被烟毒晕倒后烧死的。由于火灾烟气的危害性极大，建筑尤其是高层建筑的防烟排烟问题成为通风设计的一项重要内容。

1) 防烟

防烟楼梯间、防烟楼梯间前室、消防电梯前室、防烟楼梯间和消防电梯合用前室、封闭避难层(间)等疏散和避难部位通过送风机送风加压，使空气气压高于走道和房间，烟气不能浸入，或通过可开启的外窗或排烟窗把烟气及时排走，以利于人员疏散，称为防烟。防烟分为机械加压送风的“机械防烟”和可以向外开窗的“自然防烟”两种方式。

建筑高度不低于 50 m 的一类公共建筑和建筑高度不低于 100 m 的居住建筑，防烟楼梯间、防烟楼梯间前室、消防电梯前室、防烟楼梯间和消防电梯合用前室、封闭避难层(间)等应设独立的机械加压送风防烟设施，有助于排烟。除高度不低于 50 m 的一类公共建筑和建筑高度不低于 100 m 的居住建筑外，靠外墙的防烟楼梯间及其前室、消防电梯前室和合用前室，宜采用自然排烟方式，当不具备自然排烟条件时，应设置独立的机械加压送风防烟设施。

防烟楼梯间的正压送风井面积由风道风速确定(由暖通空调专业进行计算)。

2) 排烟

走道、房间、中庭等部位通过排烟机排出烟气，或通过可开启的外窗或排烟窗把烟气及时排走，以利于人员疏散，叫作排烟。排烟分为机械加压排风的“机械排烟”和可以向外开窗的“自然排烟”。

走道、房间、中庭和地下室以自然排烟为主，无自然条件时设置机械排烟。由于人在火灾烟气中，疏散的速度要比烟气慢 100 倍，奔跑的最大距离为 30 m，因此，规定防火分区内的排烟口与排烟最远点的水平距离不大于 30 m。防火阀设置于垂直风管与水平风管交接处的水平管段上。

9.2.3 空调设计

1. 空调系统组织

空调设计实际上是利用人工方法使室内空气温度、相对湿度、洁净度和气流速度等达到一定要求。按照空调设备设置状况可分为集中式空调、分散式空调、半集中式空调三种系统及其工作方式。

集中式空调将各种空气处理设备和风机集中于一个专用机房中,集中管理、处理空气后,再用风管将风送到各个空调用房。集中式空调服务面大、机房集中、设备固定、便于管理、噪声低,但机房大、风道粗、风量大小不易局部调节、运转费用高。

分散式空调利用空调机组直接在空调用房内部或附近就地处理空气。分散式空调空气就地处理,卫生无污染、风道小,但风量少、噪声大,有效工作深度不超过 6 m/台。

半集中式空调也称风机盘管式空调系统。除有集中的空调机房外,还有分散在各个空调用房内的空气二次处理设备或称末端设备,进行冷热交换也称二次盘管。半集中式空调可自行调整或关闭局部室温,适用于实验室等空间组成复杂、可灵活调节室温的公共建筑。半集中式空调设计要点如下。

① 有效工作范围 15～30 m^2/台,独立房间不小于 15 m^2 时按照一台设置考虑。

② 一台风机盘管一般有一个送风口和一个回风口;送风口与回风口间距 7～10 m时设置两个送风口,间距不小于 10 m 时宜设置不小于 2 排(组)风机盘管。

③ 送风口与回风口在同一水平面时,其间距不宜过近;送风口与回风口不在同一水平面时,其间距可相对靠近。送风口为散流器,送风口中心距墙不小于 1.0 m 有利于分散气流。新风口接风机盘管的入风管和出风管,也可单独接风口;排风口经过吊顶的风口和风管向外排风,也可经过走道、卫生间和排风机向外排风。

2. 空调设计要求

采用空调系统的民用建筑,其层高、吊顶高度应满足空调系统的需要。空调系统的新风采集口应设置在室外空气清新、洁净的位置。

1) 空调建筑

① 节能型的建筑设计是减少空调能耗的重要保证。原则上,建筑物应选在绿化条件好、空气质量好的环境场地。从降低最大冷负荷考虑,空调建筑或空调房间应尽量避免东、西朝向和东、西向窗户;空调房间应集中布置、上下对齐。温湿度要求相近的空调房间宜相邻布置;空调房间应避免布置在有两面相邻的转角处和有伸缩缝处;空调房间应避免布置在顶层;但必须布置在顶层时,屋顶应有良好的隔热措施。

② 在满足使用要求的前提下,空调房间的净高宜降低。建筑物的外表面颜色与日辐射的吸收和反射有关,一般情况下,空调建筑的外表面积宜减少,外表面宜采用

浅色。

2）空调设备

空调设备的安装一般有窗台下明装和吊顶下暗装两种；送风口应设于干净区域，回风口宜靠近门窗处；冬季可采取下送上回或上送下回的方式，夏季可采取下送上回的方式。送风口与回风口一一对应，也可相对集中；送风口均匀布置，距离回风口2.5 m、距离墙边1.2～2.0 m。房间净高小、送风口间距小，如房间净高2.5～3.5 m，送风口间距2.5～4.5 m。

3）空调机房

空调机房不宜与有噪声限制的房间相邻布置；空调机房的隔墙及隔墙上的门应符合防火规范的有关规定。

空调机房设置于地下时要有进风和排风设施通向地面；设置于地面时要尽量靠近外墙，以方便进风和排风；空调机房面积和高度应满足操作和维修要求；空调机房房门向外开启。

9.3 电气电讯设计

建筑用电由城镇或城市电站及电力管网供给，经过区域变配电站及设施配变电压，最后供应建筑室内外用电设备设施使用。建筑用电主要包括电气照明（强电）及电讯智能（弱电）两大部分。

民用建筑供配电系统包括10 kV及其以下电压变配电系统、动力系统、照明系统、控制系统、建筑防雷接地系统、线路敷设等。

民用建筑智能化系统包括建筑火灾自动报警及消防联动系统、安全防范系统、通信网络系统、信息网络系统、监控与管理系统、综合布线系统、防雷与接地系统、线路系统敷设等。

节能化、智能化是21世纪建筑发展的趋势，所以电气设计在建筑设计中具有重要作用及地位。

9.3.1 供配电系统

1. 电力系统组成

发电厂（电能生产工厂）、电力网（电能输送和分配设备）、用电户（电能消耗设施设备）三者组合成的一个整体称为电力系统。其中，用电户是发电厂和电力网的服务对象，被称为“电力负荷单位”。根据电力负荷单位对供电的可靠性要求，以及中断供电在政治、经济上所造成的损失或影响程度，电力负荷单位分为一级、二级、三级三个级别（见表9-2）。

表 9-2 电力负荷单位分级及供电要求

分级	设置条件	供电要求
一级负荷	① 中断供电将造成人员伤亡,如省级医院手术室 ② 中断供电将造成政治、经济重大损失,如国家级电视台直播室 ③ 中断供电将造成重大政治、经济影响,如市级及以上的气象台、雷达站等	应当由两个电源供电,当一个电源发生故障时,另一个电源不受到损坏,可以同时供电
二级负荷	① 中断供电将在政治上、经济上造成较大损失,如银行营业厅 ② 中断供电将影响重要用电单位的正常工作,如部级、省级办公建筑及主要用房	宜由两个回路供电
三级负荷	不属于一级和二级负荷的电力负荷	对供电无特殊要求

2. 配变电所和自备电源

配变电所是接受电能、改变电能和分配电能的场所,由变压器和配电装置组成,并通过变压器改变电能电压、配电装置分配电能。配变电所按照功能可分为升压变电所和降压变电所,升压变电所经常与发电厂合建在一起,一般所说的变电所基本都是降压变电所。

1) 民用建筑设置配变电所的要求

(1) 选址

基地宜接近用电负荷中心,方便进出线,方便设备调装运输。朝向不宜朝西,确有困难时应采取有效的遮阳措施。

与相邻建筑用房的关系中,为保证变配电所的安全运行,配变电所不应设在厕所、浴室或其他经常积水场所的正下方,且不宜与上述场所相贴邻;装有可燃油电气设备的配变电所,不应设在人员密集场所的正上方、正下方或与之贴邻和疏散口的两旁。当配变电所的正上方或正下方为住宅、客房、办公室等场所时,配变电所应作屏蔽处理。

(2) 位置

一般设置于建筑底层或地下层、建筑楼层或顶层。

高层建筑的冷冻机、空调设备、水泵、风机等一般设在地下层,而这些负荷又占总负荷的很大比例,因此一般高层建筑的配变电所宜设在地下层或首层。高层建筑地下层配变电所的位置,宜选择在通风、散热条件较好的场所。当配变电所位于高层建筑的地下室时,不宜设在最下层,当地下仅有一层时,应采取适当抬高该地面高度等防水措施。

高度大于 100 m 的超高层建筑,其负荷分布又有了变化,在中间设备层各类加压水泵、冷却水泵、新风机组等容量也较多,顶层电梯、各类风机、冷却塔等负荷也占一定比例,因此在中间设备层或顶层设置变配电所使电源深入负荷中心。

(3) 门窗设置

高压配电室宜设置不开启、距离室外地坪不低于 1.80 m 的自然采光窗。低压配电室可设置可开启、不临街的自然采光窗。配变电所各房间经常开启的门窗,不宜直通相邻有酸碱、蒸汽、粉尘或噪声等因素影响和干扰的建筑。

长度大于 7 m 的配变电室应在配变电室的两端各设一个安全疏散出入口；配变电室长度大于 60 m 时应增设一个出口。配变电室的进出口房门应向外开启。直通通向室外的房门宜设置丙级防火门。设置于高层建筑内的配变电所，应采用耐火极限不低于2 h的隔墙、耐火极限不低于 1.5 h 的楼板和甲级防火门与其他部位隔开。

2）民用建筑自备柴油发电机的条件

① 一般自备柴油发电机的民用建筑有：一级电力负荷单位中特别重要的负荷用电；一级负荷且从市电取得第二电源有困难或不经济合理的负荷用电；市电中断供电将造成经济效益有较大损失的负荷用电，如大中型商业大厦等。

② 为节省电能消耗、确保电压质量，发电机房宜接近用电负荷中心或配变电所，方便进出、设备调装及运输。为保证发电机安全运行，发电机房不应设置于厕所、浴室或其他经常积水场所的正下方，且不宜与上述场所相邻；从防火、防止噪声、防止振动等考虑，发电机房不宜设置在大型民用建筑主体内，可设置于主体底层裙房或附属建筑内，并应避开主要通道。

③ 发电机房应有两个出入口，其中一个出入口的大小应满足运输机组需要，否则应当预留调装孔。发电机房房门应向外开启，发电机房与控制室或配变电室之间的门和观察窗应采取防火措施，门开向发电机房。

④ 发电机房布置在高层建筑底层裙房或地下一层时，发电机房应以耐火极限不低于 2 h 或 3 h 隔墙和 1.5 h 楼板、甲级防火门与其他部位隔开；应设置火灾自动报警系统和自动灭火系统。

⑤ 发电机房应有良好的采光和通风条件。发电机房设置在地下一层时，至少应有一侧靠外墙，热风和排烟管道应伸出室外。发电机房应采取机组消声及机房隔声综合治理措施。

3. 电气竖井设计

竖井布线一般适用于多层和高层建筑内强电及弱电垂直干线的敷设。竖井的位置和数量应根据建筑物规模、用电负荷性质、供电半径、建筑物的沉降缝设置和防火分区等因素确定，选择竖井位置时，应考虑下列因素。

① 为减少损耗，节省投资，竖井应靠近用电负荷中心，与变配电所或机房等部位的联系方便。

② 为保证竖井内电气线路及电气设备的安全运行，电气竖井不得和电梯井、管道井共用同一竖井，应远离临近烟道、热力管道及其他散热量大或潮湿的设施，以避免竖井内部温度升高，影响线路导体载流、绝缘、金属件锈蚀等。电气竖井与电梯井或楼梯井相邻，会影响竖井线路出线，降低墙面利用率，产生不利于线路运行的振动，电梯反复、短时工作负荷对竖井线路的干扰等。

③ 为防止电气线路在火灾时延燃，电气竖井井壁应采用耐火极限不低于 1 h 的不燃烧墙体，竖井在每层楼应设维护检修门并应开向公共走道，其耐火极限不低于丙级，楼层间应做防火密封隔离。

④ 高层建筑电气竖井在利用走道作为检修面积时，竖井的净宽度不宜小于

0.8 m(见图 9-9)。

⑤ 高层建筑智能化系统竖井在利用走道作为检修空间时，竖井净宽不宜小于 0.6 m(见图 9-10)；多层建筑智能化系统竖井在利用走道作为检修空间时，竖井净宽不宜小于 0.35 m(见图 9-11)；智能化系统竖井宜与电气竖井分别设置，其地坪或门槛宜高出本层地坪 0.15～0.30 m。

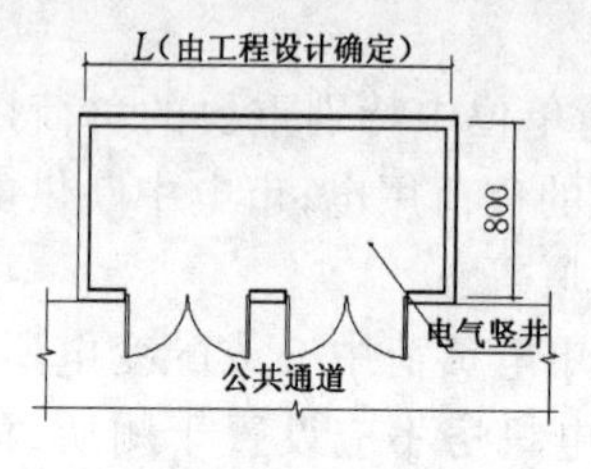

图 9-9　高层建筑电气竖井最小尺寸

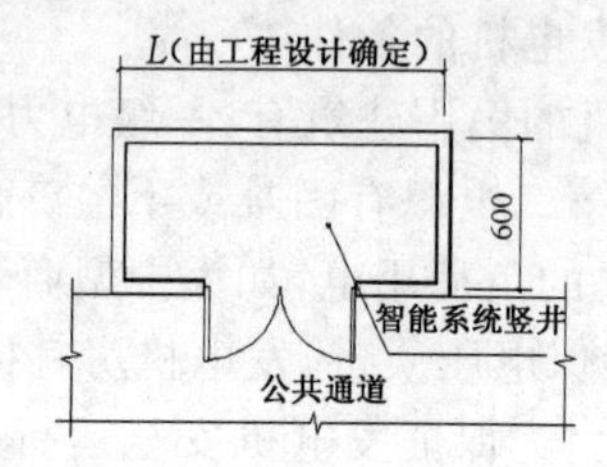

图 9-10　高层建筑智能竖井最小尺寸

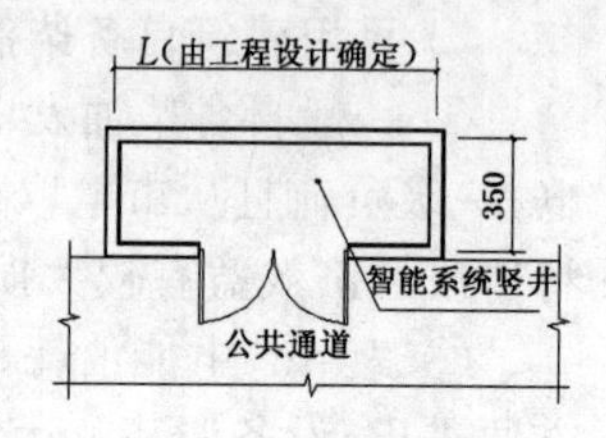

图 9-11　多层建筑智能竖井最小尺寸

9.3.2　电气照明

电气照明就是将电能转换为光能。

照明的目的一方面是给周围的各种对象物以适宜的光分布，通过视觉达到正确识别人们所欲知的对象和确切了解人们所处的环境状况；另一方面则是要创造满足生理和心理要求的室内空间环境，使人们从精神上感到满意。

根据照明目的的不同，分为明视照明(以工作面上的需视物为照明对象的照明技术。如工厂的车间、教室等处是以明视照明为主)和环境照明(以周围环境为照明对象，并以舒适感为主的照明。如剧场休息厅、宾馆客房等处是以环境照明为主)。

1. 照明要求

不同照明目的的实现具体表现为明视照明和环境照明对照明设计的数量及质量方面的要求。良好的照明质量能最大限度地保护视力，提高工作效率，保证工作质量，为此必须处理好影响照明的几个因素。

1) 光源色表及显色性

根据不同的房间功能要求确定光源的色表及显色性，如设计室一般采用冷色的荧光灯。

2) 照明均匀度

照度是决定受照物明亮程度的间接指标，500～1 000 lx 照度范围是大多数连续工作的室内作业场所的合适照度。为了减轻人眼对因照度的极不相同的频繁适应所造成的视觉疲劳，室内照度的分布应该具有一定的均匀度。

3) 视觉眩光

由于视野中的亮度分布或亮度范围的不适宜，或存在极端的对比，以致引起不舒适感觉或降低观察细部或目标的能力的视觉现象，称为眩光。为了有效地限制眩光，可选用遮光角范围在15°～30°的灯具，选择合适的安装高度和采用有低亮度大面积发光的灯具；也可选用有上射通光量的灯具和提高房间表面的反射比，改善视野内的亮度分布，达到限制眩光的目的(见图9-12)。

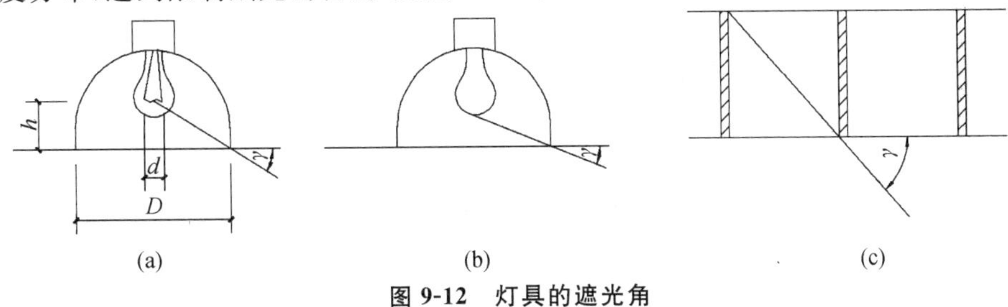

图9-12 灯具的遮光角

(a) 普通灯泡；(b) 乳白灯泡；(c) 挡光格片

2. 照明方式

照明按照工作范围可分为一般照明、局部照明、混合照明三种方式。

一般照明用于对光的投射方向没有特殊要求的建筑功能空间，如候车室、仓库等；还可用于同一房间照度水平不一样的一般照明，如开敞式办公室的办公区和休息区等。局部照明用于照度要求高和光线方向性强的作业，如精密仪器加工等。混合照明既设有一般照明，又设有满足工作面高照度和光线方向的要求所用的一般照明加局部照明，如阅览室等。

照明按照工作内容可分为正常照明、应急照明、其他照明三种方式。其中正常照明即在正常情况下使用的室内外照明；应急照明即因正常照明的电源失效而启用的照明，应急照明包括备用照明、疏散照明、安全照明等；其他照明包括值班照明、警卫照明、景观照明和障碍标示灯(见图9-13)。

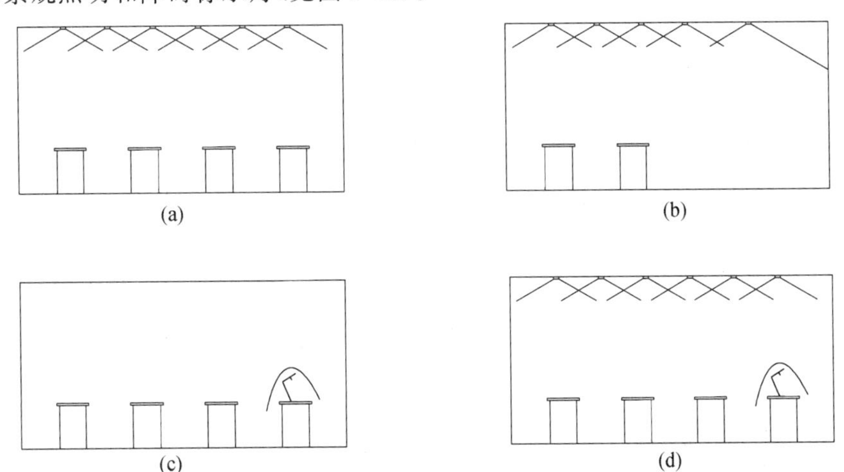

图9-13 照明方式及照度分布

(a) 一般照明；(b) 分区一般照明；(c) 局部照明；(d) 混合照明

3. 照明设施布置

1) 灯具

灯具是光源、灯罩和相应附件的总称。布灯时,首先要确定采用哪一种照明方式,选用何种光源和灯具,查出该场所的照度标准,算出所需要的灯具,再进行灯具布置。通常有两种布灯方式:一个是均匀布灯,适用于在整个工作活动面有均匀照明要求的场所,一般照明大多采用这种方式;另一个是选择性布灯,只用在局部照明或定向照明中(见图 9-14)。

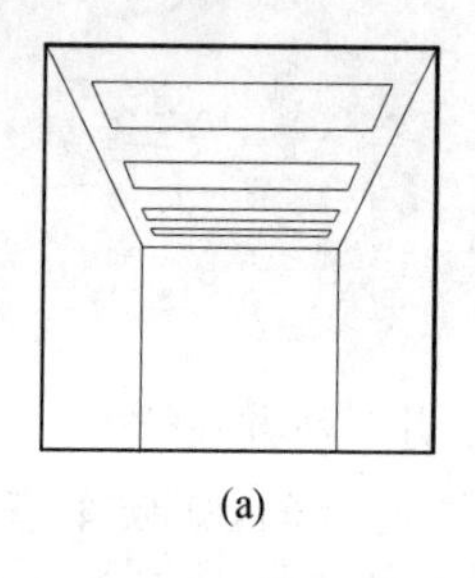

(a)

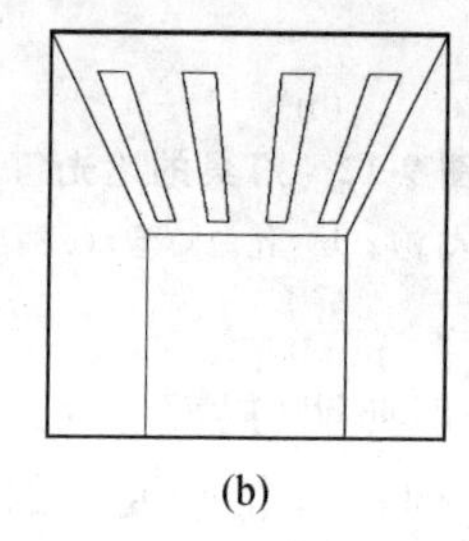

(b)

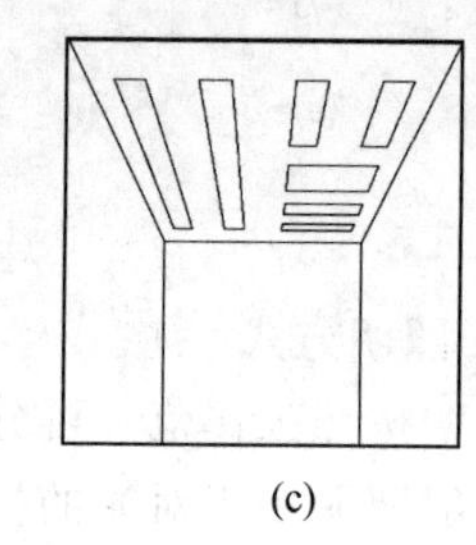

(c)

图 9-14 几种不同布灯方式的不同效果

(a) 横列;(b) 竖列;(c) 横竖不一

应急照明的疏散照明灯具宜设在疏散出口的顶部或疏散走道及其转角处距地不高于1.0 m的墙面上,走道疏散指示灯的间距不大于 20 m。

2) 开关

开关一般设置于房门边、走道端头和楼梯间起止处等,一只开关不宜控制多组灯具。防水拉线开关适用于潮湿环境,跷板式开关适用于干燥环境。三至五星级旅馆客房,多采用床头柜开关控制板。一般开关安装高度为 1.3～1.4 m。

3) 插座

插座的数量和位置根据房间性质、使用条件和环境需要来确定。干燥环境用普通型插座,潮湿环境用密闭型插座,有接插和保护需要的选用保护型插座。一般插座安装高度为 0.3 m。

4. 照明节能

据统计,我国照明用电占总发电量的 10%～12%,照明节电意义重大。人工照明节能的原则是不能降低照明标准和质量。降低照明标准会导致工作效率的下降,生产、工作、交通事故的上升。照明节能的方法和措施如下。

1) 光源

充分利用天然光,室内天然光随室外天然光的强弱变化,当室外光线强时,室内的人工照明因按照人工照明的照度标准,自动关掉一部分灯,这样做有利于节约能源和照明电费,因此,有条件时,宜随室外天然光的变化自动调节人工照明度;在技术条件允许下,宜采用各种导光和反光装置将天然光引入室内进行照明,提高照度,节约电能。太阳能是取之不尽、用之不竭的能源,虽一次性投资大,但维护和运行费用很低，符合节能和环保要求，宜利用太阳能作为照明能源。

选用发光效率高的光源和附件，如金属卤化物灯的发光效率比普通白炽灯高 6 倍。

2）照明方式

选用符合照明节能要求的照明方式，如分区一般照明方式、混合照明方式等。室内表面（墙、地、顶）尽量采用反射比高的材料装修，减少光损失。

3）系统控制

合理设计照明控制系统，采用控制灵活的照明控制设备，如公共建筑和工业建筑的走廊、楼梯间、门厅等公共场所的照明，宜采用集中控制，并按建筑使用条件和天然采光状况采取分区、分组控制措施；体育馆、影剧院、候机厅、候车厅等公共场所应集中控制，并按需要采取调光或降低照度的控制措施；旅馆的每间客房应设置节能控制型总开关；居住建筑有天然采光的楼梯间走道的照明除应急照明外，宜采用节能自熄开关；每个照明开关所控制的光源数不宜太多。

4）防止直射光及利用反射光

设计时，合理选用照度标准和照明计算参数，在保证照度、防止眩光的功能条件下，建筑各主要功能空间的照明功率密度值不应大于表 9-3 的规定。

表 9-3 照明功率密度值

房间或场所	照明功率密度/（W/ m^2）		对应照度值/lx
	现行值	目标值	
普通办公室	11	9	300
高档办公室设计室	18	15	500
会议室	11	9	300
一般商店营业厅	12	10	300
高档商店营业厅	19	16	500
一般超市营业厅	13	11	300
高档超市营业厅	20	17	500
旅馆客房	15	13	—
医院诊室	11	9	300
学校教室、阅览室	11	9	300
居住建筑起居室	7	6	100
居住建筑卧室	7	6	75
居住建筑餐厅	7	6	150

9.3.3 建筑防护

1. 防雷等级

带负电荷的雷云在大地表面会感应出正电荷，雷云与大地之间形成一个大的电容器，当电场强度超过大气被击穿的强度时，就发生雷云与大地之间的放电，即常说的闪电或雷击。雷电流的幅值很大，可以是数千安到数百千安，而放电时间只有几十微秒。雷电流的大小与土壤电阻率、雷击点的散流电阻有关。

雷电危害可分为三类：第一类是直击雷，即雷电直接击在建筑物、构筑物和设备上发生的机械效应和热效应；第二类是感应雷，即电流产生的电磁效应和静电效应；第三类是高位引入，即雷电击中电器线路和管道，雷电流沿这些线路和管道引入建筑物内部。

按照建筑使用性质、重要性、发生雷电事故的可能性及后果等因素考虑，建筑分为三级防雷。一级防雷建筑为具有特别重要用途的建筑、国家级重点文物保护的建筑、高度不低于 100 m 的建筑等；二级防雷的建筑为重要或人员密集的大型建筑、省级重点文物保护的建筑、层数超过 19 层的住宅、高度超过 50 m 的其他民用建筑等；三级防雷建筑为历史上雷害事故严重地区或雷害事故较多地区的较重要建筑等(见表 9-4)。

表 9-4　建筑屋面易受雷击的部位

建筑物屋面坡度	易受雷击的部位	示　意　图
平屋面或坡度≤1/10 的屋面	檐角、女儿墙、屋檐	 平屋顶 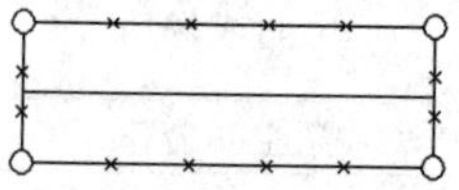 坡度≤1：10
坡度＞1/10，＜1/2 的屋面	屋角、屋脊、檐角、屋檐	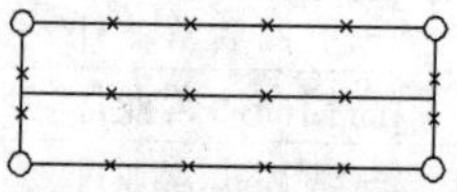 1：10＜坡度＜1：2
坡度≥1/2 的屋面	屋角、屋脊、檐角	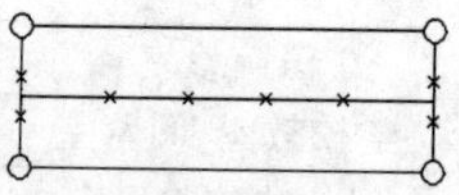 坡度＞1：2

注：① 屋面坡度用 a/b 表示，a 为屋脊高出屋檐的距离(m)；b 为房屋的宽度(m)。

② 示意图中，××为易受雷击部位；○为雷击率最高部位。

2. 火灾报警和消防联动

及早发现和通报火灾，对于防止和减少火灾危害、保护人身和财产安全是非常重要的，所以要根据建筑物的规模、功能、档次，设置火灾自动报警及消防联动控制系统。

1) 系统设置范围

对高层民用建筑而言，主要是不低于 10 层的住宅建筑的公用部位、建筑高度不低于24 m的其他民用建筑、与高层建筑直接相连且高度小于24 m的裙房。

对低层民用建筑而言，主要是建筑高度小于24 m的单层及多层民用建筑，单层主体建筑高度大于24 m的体育馆、会堂、剧院等公用建筑，人民防空工程、地下铁道、地下建筑。

2）保护等级的划分

各类民用建筑的保护等级应根据建筑物防火等级的分类，按下列原则确定。

超高层（建筑高度超过100 m）为特级保护对象，应采用全面保护方式。所谓全面保护即在建筑物中所有建筑面积（除不宜设置火灾探测器的场所和部位）均应设置火灾探测器并同时设置自动喷水灭火保护系统。

高层建筑中的一类建筑为一级保护对象，应采用总体保护方式。所谓总体保护即在建筑物中，主要的场所和部位都应设置火灾探测器保护，仅有少数火灾危险性不大的场所和部位不装设火灾探测器。就总体来说，它已达到了保护的目的。

高层建筑中的二类建筑和低层中的一类建筑为二级保护对象，应采用区域保护方式；重要的亦可采用总体保护方式。所谓区域保护即在建筑物中的主要区域、场所、部位装设火灾探测器，火灾危险性不大的区域、场所、部位则不装设。

低层中的二类建筑为三级保护对象，应采用场所保护方式；重要的亦可采用区域保护方式。所谓场所保护即在建筑中的局部场所或部位装设火灾探测器作局部重点保护。

3）消防联动

消防联动的主要控制对象包括防排烟设施、防火卷帘门、防火门、水幕、电梯、非消防电源的断电控制等。

消防联动的组成形式，一般可分为集中控制、分散与集中控制相结合两种系统。其控制方式有联动（自动）控制、非联动（手动）控制和联动与非联动相结合三种控制方式。消防联动的适用范围如下。

集中控制系统是将系统中所有的消防设施都通过消防控制室进行集中控制、显示、统一管理的系统，特别适用于采用计算机控制的楼宇自动化管理系统。

在控制点数特别多且分散的工程中，为使控制系统简单，减少控制信号的部位显示和控制线数量，可采用分散与集中相结合的控制系统。通常是将消防水泵、送排风机、防排烟风机、部分防火卷帘和自动灭火控制装置等，在消防控制室进行集中（纵向）控制、统一管理。对数量大而分散的控制对象，如防排烟阀、防火门释放器等，采用现场分散（横向）控制。

各消防设施的控制方式应根据它们的作用、工作特点、选用的控制设备、工程规模及管理体制等因素综合考虑。有的消防设施需要联动控制，有的用手动控制更实用和方便，有的则手动和自动都需要，以增加其控制的可靠性。对工程规模较大、联动功能较复杂且控制点数较多的，特别是高层建筑，宜选用消防联动成套控制设备。成套控制设备具有自动化程度较高、配套完善、适应性强、便于集中控制、使用维护方便等特点。对工程规模较小、控制对象不多的建筑,为减少工程投资,可针对具体工程采用自行设计的联动控制盘(柜)。

3. 智能化系统机房设置

智能化系统的机房主要有消防控制室、安防监控中心、电信机房、卫星接收及有线电视机房、计算机机房、建筑设备监控机房、有线广播及(厅堂)扩声机房等。智能化系统的机房可单独设置,也可合用设置。智能化系统机房设置要求如下。

① 消防控制室、安防监控中心设置应符合有关消防、安防规范。消防控制室、安防监控中心宜设在建筑物的首层或地下一层,且应采用耐火极限不低于2 h或3 h的隔墙和耐火极限不低于1.5 h或2 h的楼板与其他部位隔开,并应设直通室外的安全出口。消防控制室与其他控制室合用时,消防设备在室内应占有独立的工作区域,且相互间不会产生干扰。

② 智能化系统的机房不应设在厕所、浴室或其他经常积水场所的正下方,且不宜与上述场所相贴邻。智能化系统的重要机房应远离强磁场所。

【思考与练习】

9-1 简述屋面排水的要求。

9-2 简述应设消防给水的建筑物的组成。

9-3 简述水泵房的选址条件。

9-4 简述设集中采暖的条件。

9-5 简述锅炉房的设置位置要求。

9-6 简述空调建筑及空调机房的设计要求。

9-7 简述建筑电气系统的组成。

9-8 简述照明功率密度值表征的意义。

9-9 简述竖井设计要点。

9-10 简述民用建筑物内的变配电所位置要求。

9-11 简述智能化系统机房的设置要求。

10　结语——建筑设计方法学概论

方法(method)一词来源于希腊语,其词意是遵循一定途径、追寻一定方向和目标。方法学或方法论(methodology)作为一种理论,是指导实践的工具,是评价实践成果的依据。设计方法学(design methods)是研究"设计活动"的理论,其研究内容包括设计活动本质、设计过程框架、设计问题、设计思维及运作方法等问题。

10.1　设计类型

从设计对象上看,设计大致有产品设计、传达设计、形体环境设计三种类型。产品设计是以实用功能为主导的设计,如服装设计、家具设计、汽车设计等,多属于可以进行机械化加工和批量化生产的工业产品设计;传达设计是以视觉传达信息的设计,如广告设计,这类设计有时也伴随着灯光、音响、影像等设计;形体环境设计是以建构人类生活环境为目的的设计,如城市设计、建筑设计、环境设计等。

各种设计除设计对象不同以外,在艺术、创意、技能等方面均具有某些共性,需要技术与艺术的结合。同时,可以相互借鉴和利用,如建筑设计中,经常要利用家具、灯具、厨具、卫生洁具等方面的设计成果,经常要考虑广告设计的视觉效果。

10.2　设计特点

从设计活动目的上看,设计是一种有目的的预见性前期工作。有学者说:"建筑设计＝环境＋功能＋形式＋经济,建筑设计＝安全＋效益＋文件"。对建筑设计目的的认知和定义取决于对建筑本质的认知。没有环境、功能、技术和经济等条件制约的建筑设计,只可能是墙壁上悬挂着的建筑画而没有使用价值和实际意义。

从设计活动内容上看,设计是一种包含动作和心智的专业技能。如建筑设计中的制图、模型制作等动作技能,是设计活动的外显行为;构思、比较优化等心智技能,是设计活动的隐含行为。二者相比,动作技能容易学习和指导,心智技能更加重要。因此,有人说"心比法高,法比手高"。

从设计活动过程上看,设计是一个发现、分析和解决问题的过程。一般建筑设计分接受任务、收集资料、构思立意、解答问题、成果表达、成果评价等阶段进行。解决问题是人类认识事物、改造世界的本能。发现及分析问题是解决问题的前提。解决问题取决于设计者对客观事物的关注与洞察,也取决于设计者自身的创新精神、知识结构和方法技巧。

从设计活动方法上看,设计是一种创造性劳动。设计师的创造力来源于现实生活,取决于知识与经验的积累,完成于左右脑的配合。医学研究发现,人的左脑主要进行抽象理性思维、言语表达,以及信息符号化、语言化等初加工和整理活动等;右脑主要进行直观感性思维、图示图解,以及信息综合化、形象化等深加工和贮存活动等。

10.3 设计要素

10.3.1 设计对象

对建筑师而言,设计对象就是建筑。建筑按照使用功能分为居住建筑和公共建筑;按照形态构成分为单体建筑与群体建筑;按照建设方式分为新建建筑、改建建筑、扩建建筑等。不同的建筑有不同的设计要求,如居住建筑可以按照"房间—住宅—街坊—邻里—社区"等不同的层次及要求进行设计。

设计对象并不等于设计问题;一个身体健康的人没有病痛缠绕,只有被病痛缠绕的人才需要对症下药,解决病痛问题。解决不同设计对象所存在的不同设计问题,需要采取不同设计策略。如我国建筑学者张钦楠在《建筑设计方法学》一书中,将建筑分为"掩蔽物"(shelter)、"产品"(product)、"文物"(relic)三种类型,提出"掩蔽物"的防灾性、稳定性、密闭性、安全性和卫生性等问题是此类建筑的主要设计问题,应当采取"保证安全"的设计策略;"产品"的经济、社会和环境效益需要平衡,应当采取"寻求效益"的设计策略,控制建设资金的投入,建立环境质量评价指标,控制环境建设所带来的影响等;"文物"是社会物质文明与精神文明的"符号",具有实用价值、文化价值和艺术价值等,应当采取"揭示文化意义"的设计策略。需要说明的是,设计问题与设计方法之间并不存在一一对应关系。

10.3.2 设计主体

一般项目建设由委托方(即业主)、承包建设方(即咨询师、设计师、施工人员)、建设监督方(即政府主管部门、社会舆论)共同完成。项目建设具有"三边关系"和"二边关系"两种模式。"三边关系"即由业主直接委托设计师(包括建筑师和工程师)设计和建造的项目建设模式(即业主→建筑师与工程师→施工人员),"二边关系"即由业主间接委托设计师设计和建造的项目建设模式(即业主→施工人员→建筑师与工程师)。

建筑师在项目建设中承担主导地位。建筑师将抽象的建筑思想物化为具体的建筑形式,发挥"翻译"作用。为准确地把握这种"翻译"作用,建筑师需要不断提高自身素质,关爱现实生活,向书本学习、向先例学习,不断汲取直接的或间接的实践经验。

建筑师又是项目建设活动的组织者，需要与结构工程师、设备工程师、造价评估师等形成工作集体，建立良好的团队精神，还需要与委托方、承包建设方建立良好的协作关系。人际关系的协调及处理能力，应当是建筑师具备的一种工作能力。

此外，我国的建筑师习惯于被动接受设计任务书指示，不善于主动拟定设计任务书要求。面对很少具备或不具备建筑专业知识的业主，建筑师应当善于"项目策划"、善于举一反三，采取"换位思考"策略，发挥主观能动性作用。

10.3.3 设计活动

建筑师是项目建设的组织者、建设资源的支配者、资源使用的监督者。项目建设管理的目的是最有效地运用现有资源，满足一定的预计需要。管理的对象主要是"人"，通过人力资源的管理支配物力资源的管理。管理工作主要是设计人员的素质教育，以及建筑设计政策、法规和机制的制定和实施。如何发挥设计人员的创作力，是设计组织及管理的核心问题。

对建筑师而言，外部环境与内部环境是建筑设计的制约条件。外部环境包括气候、水文、地质、植被等自然环境，以及历史、文化、经济、技术等社会环境。设计师支配土地、能源、材料、资金和劳动力等外部环境资源，并将其输入和转换为内部环境，即空间、实体构件和设备设施等建筑系统。

在当今消费社会中，消费主义的显著特征是以经济建设带动文化发展、以大众文化抗衡精英文化、以经济支配权转换文化价值观等。消费主义文化的张扬，在社会生活的不同层面形成意识和导向，对物质环境建设产生规模化、流行化等巨大影响。建筑师在创建特色文化、保持生态平衡的同时，有责任和义务避免"炒作概念""追求华贵""复制文化"等破坏性环境建设。

此外，设计活动离不开设计工具。建筑师的设计工具主要是笔和纸，工程师的设计工具主要是计算机。在恩格斯看来，"完全形成的人"用脑思维、用嘴表述、用手执行活动，具备"支配自然"的能力。人脑的突出功能是记忆、学习和创造；人脑的缺陷在于进行重复性、程序性工作时，容易产生疲劳和差错。计算机在计算和记忆、提高工作速度和精度等方面具有明显优势，人脑与计算机互补、配合形成"人-机器"综合体，可以改变传统设计的工作组织及运作程序。

10.4 设计过程

一般设计活动包括"提出问题""建立目标""分析综合""方案评价"几个阶段。

设计活动的目的就是要解决存在的问题。设计者首先要发现问题、提出问题，然后分析问题、分解问题，最后根据问题类型，寻求解决问题的办法。设计信息来源于自然环境、人工环境和社会环境。

在确定设计目标阶段，必须制定相关要素图或表，研究各个要素之间的关系，建立明确、具体的设计目标。这些要素或设计信息包括人、技术、环境。目标建立之后，设计者应当围绕设计目标进行整体构想。产生创造性构想，需要设计者具有一定的素质，如吸引力(观察与注意)、保持力(记忆与联想)、推进力(分析与判断)。

所谓分析即阐明设计问题的要点，在解决问题中明确各种因素的层次，寻求各种因素之间的关系和可能的组合，以构成一个新的体系。所谓综合即整体设计的必要条件，需要先制定设计要点，然后对照设计目标和要点，对分析得出的可能性方案进行思考；将要解决的设计问题与可能性方案相结合，探索解决问题的新线索，提出新的设计轮廓，并做好下一阶段的设计构想。

通过设计评价把设计问题收敛到给定的限制范围内，并从众多的设计方案中寻找出最佳设计方案。

“从提出问题、建立目标到分析综合，再到方案评价”是解决设计问题的重要步骤，也是按照时间先后依次安排设计计划的科学方法，这一方法称为“设计程序”。然而，以上几个设计步骤并非是单一直线型的，实际上随着设计工作的深入，每一步骤作出的决策总是随着新信息的获得而不断地被修正，所以设计过程是一个“决策→反馈→决策”的循环过程。

10.5 设计方法

10.5.1 经验设计

对设计方法的认知有理性和经验两种学派。理性学派以格式塔心理学为依据，认为“人的大脑具有一定的组织能力，观察事物时首先关注的是完满事物的整体而非琐碎的细节”。理性学派主张以“先整体后局部”作为设计准则，简化和条理化设计问题，提倡共性设计，如以通用空间设计适应不同的环境条件要求。

经验学派以巴甫洛夫“条件-反射”学说为依据，认为“人本一样，之所以有差异，是环境条件变迁的结果”，“人的思想意识只能通过其行为来辨认”，“设计的关键在于设计者的头脑，设计过程中最有价值的部分存在于设计者脑神经系统活动之中，它只能部分被设计者自觉控制”。因而，经验学派主张设计活动以感性为依据，听其自然、量体裁衣、各尽其态。

这两种学派观点的本质区别在于：理性学派将设计活动视为可认知的“白箱操作模型”，经验学派则将设计活动视为不可认知的“暗箱操作模型”。

10.5.2 程序设计

17 世纪以前的建筑、家具、服装等设计，属于静态、手工化、经验式“直觉设计”。18 至 19 世纪的建筑、工业产品等设计，属于动态、具体化、科学式“理性设计”。20 世纪以来提倡“科学设计”，如 60 年代以逻辑证实为主，其设计范式为“分析→综合→评价”;70 年代以逻辑证伪为主,其设计范式为“假设→分析→综合→评价”;80 年代后强调设计过程的合理化、科学化、程序化,以克服设计者的认识局限与工作失误,减少设计过程中的重复性劳动,消除设计运作及管理机制的缺陷等不利因素;90 年代以来强调人性化设计。

许多学者研究设计过程,归纳并提出规范性(normative)、实证性(positive)、程序性(procedural) 三种理论。规范性(normative)理论由权威人士或机构、设计师本人事先制定规范准则,并以此作为衡量设计价值的依据;实证性(positive)理论从行为学的角度研究环境中人们常有的行为及情绪,供设计师掌握和参考,塑造客观环境;程序性(procedural)理论通过研究设计行为及其效果,提出公众参与、集思广益、行为分析、使用后期评价等行之有效的工作方法。

美国麻省理工学院土木系威廉姆斯(J. Williams)教授总结前人经验,提出合理化设计过程包括定义问题、构思方案、分析和选择最佳答案、实现答案四个基本阶段。他认为单一、固定的工作程序适用于工程设计,但不适用于建筑设计;建筑设计需要多样化、灵活可变的工作程序,以满足业主需求和市场选择。

10.5.3 普适设计

英国学者里安・劳森(Bryan Lawson)总结各种类型设计,提出分类法、解难题法、数字法、想象法等。分类法通过类比、类推,可举一反三,触类旁通;解难题法需要克服思维定式、抛开陈见;数字法从控制技术及经济指标入手设计;想象法需要插上想象的翅膀,想象力越丰富、创造力越远大。

美国学者布罗德本特(Geoffrey Broadbent)也提出不同的设计方法:实效性设计(pragmatic design),即以具体的实验来掌握材料性质、结构特点和方法,最后完成符合实际需要的设计;图形设计(iconic design)或者几何设计(geometric design),是一种经过长期实践证明并被普遍接受和重复采用的设计方法;类推设计(analogy design),实质上是一种思想转变或概念移置,是一种以类比关系进行设计的方法,也是一种最有创造性的方法,如建筑师就经常利用已有建筑的具体形式来发展设计;规范设计(canonic design)或因袭性设计(typological design),是一种规则化、模型化的方法,如一定文化背景下生活的人们,不约而同地认同某种特定建筑形式最适合其地理气候、生活习性、风土民情要求等。因此,此类建筑形式能够长期延续,规范设计也就具有一定的方法学意义(见表 10-1)。

表 10-1　国外建筑设计方法学理论学派

理论学派	设计方法学特点
经验学派	即个人准则学派,如柯布西耶等人根据个人设计经验总结出一些设计基本准则或规范,并应用于设计实践中
信息学派	即解题派,应用运筹学、系统论、信息论及计算机技术等,从一般的解题程序及方法中,寻找解决专门、特殊课题的方法
语言学派	即符号学派,认为建筑是一种特殊语言形式,重视信息及计算机技术等对建筑设计的影响,并将语言学概念及文学诗歌修辞手法应用于设计中
心理学派	从认知心理学(cognitive psychology)的原理出发,研究建筑设计的形象思维和视觉思维
行为学派	从环境行为学的原理出发,研究人在各种建筑环境中的行为规律,并由此提出适宜建筑环境设计的取向,如本质理论(substantive theory)、程序理论(procedural theory)、人际距离(proxemics)、可防卫空间(defensible space)等
其　他	如美国加州大学伯克利分校亚历山大教授综合信息论、语言学、行为心理学等,提出"模式语言"并应用于建筑设计中

参考文献

[1] 彭一刚.建筑空间组合论[M].北京:中国建筑工业出版社,1983.
[2] (意)布鲁诺·赛维.建筑空间论[M].张似赞,译.北京:中国建筑工业出版社,1985.
[3] (意)布鲁诺·赛维.现代建筑语言[M].席云平,王虹,译.北京:中国建筑工业出版社,1986.
[4] (英)查尔斯·詹克斯.后现代建筑语言[M].李大夏,摘译.北京:中国建筑工业出版社,1986.
[5] (日)芦原义信.外部空间设计[M].尹培桐,译.北京:中国建筑工业出版社,1985.
[6] (美)弗朗西斯·D·K·钦.建筑:形式·空间和秩序[M].邹德侬,方千里,译.北京:中国建筑工业出版社,1987.
[7] 刘永德.建筑空间的形态·结构·涵义·组合[M].天津:天津科技出版社,1998.
[8] (英)爱德华·T·怀特.建筑语汇[M].林敏哲,林明毅,译.大连:大连理工大学出版社,2001.
[9] (美)爱德华·艾伦.建筑初步[M].刘晓光,王丽华,林冠兴,译.北京:中国水利电力出版社.2003.
[10] (德)托马斯·史密斯.建筑形式的逻辑概念[M].肖毅强,译.北京:中国建筑工业出版社,2003.
[11] (美)赫曼·赫茨伯格.建筑学教程:设计原理[M].仲德崑,译.天津:天津大学出版社,2003.
[12] (日)小林克弘.建筑构成手法[M].陈志华,王小盾,译.北京:中国建筑工业出版社,2004.
[13] 冯金龙,张雷,丁沃沃.欧洲现代建筑解析:形式的建构[M].南京:江苏科学技术出版社,1999.
[14] (德)海诺·恩格尔.结构体系与建筑造型[M].林昌明,等译.天津:天津大学出版社,2002.
[15] (意)P.L.奈尔维.建筑的艺术与技术[M].北京:中国建筑工业出版社,1981.
[16] (美)迈克尔·克罗斯比.建筑学教程:建筑空间[M].杨芸,等译.天津:天津大学出版社,2002.
[17] 黄健敏.贝聿铭的艺术世界[M].北京:中国计划出版社,1996.10.

[18] 刘育东. 建筑的含义——在电脑时代认识建筑[M]. 天津:天津大学出版社,2006.
[19] 张斌,杨北帆. 城市设计与环境艺术[M]. 天津:天津大学出版社,2000.
[20] 张斌,杨北帆. 城市设计——形式与装饰[M]. 天津:天津大学出版社,2002.
[21] (英)迪恩·霍克思、韦恩·福思特. 建筑、工程与环境[M]. 大连:大连理工大学出版社,2003.
[22] (英)罗曼·穆尔. 奇特新世界——世界著名城市规划与建筑[M]. 大连:大连理工大学出版社,2002.
[23] 汉宝得. 细说建筑[M]. 石家庄:河北教育出版社,2003.
[24] 罗福武,张惠英,杨军. 建筑结构概念设计及案例[M]. 北京:清华大学出版社,2003.
[25] 张维斌. 多层及高层钢筋混凝土结构设计释疑及工程实例[M]. 北京:中国建筑工业出版社,2005.
[26] 张文忠. 公共建筑设计原理[M]. 北京:中国建筑工业出版社,2005.
[27] 刘先觉. 现代建筑理论[M]. 北京:中国建筑工业出版社,1999.
[28] (希腊)安东尼·C·安东尼亚德斯. 建筑诗学——设计理论[M]. 周玉鹏,张鹏,刘耀辉,译. 北京:中国筑工业出版社,2006.
[29] (意)布鲁诺·赛维. 建筑空间论——如何品评建筑[M]张似赞,译. 北京:中国建筑工业出版社,2006.
[30] (美)肯尼斯·弗半姆普敦. 现代建筑:一部批判的历史[M]张钦楠,译. 上海:生活·读书·新知三联书店,2004.
[31] 戴志中,舒波,羊恂,等. 建筑创作构思解析——符号·象征·隐喻[M]. 北京:中国计划出版社,2006.
[32] 罗小未. 外国近现代建筑史[M]. 北京:中国建筑工业出版社,2004.
[33] 田学哲. 建筑初步[M]. 北京:中国建筑工业出版社,1999.
[34] 许力. 后现代建筑主义 20 讲[M]. 上海:上海社会科学院出版社,2005.
[35] 宋昆. 现代建筑思潮研究丛书第一辑[M]. //汪江华. 形式主义建筑. 天津:天津大学出版社,2004.
[36] 罗文媛. 建筑的色彩造型[M]. 北京:中国建筑工业出版社,1995.
[37] 赵国志. 色彩构成[M]. 辽宁:辽宁美术出版社,1989.
[38] 大师系列丛书编辑部. 大师系列丛书[M]. 北京:中国电力出版社,2005.
[39] 王振复. 建筑美学笔记[M]. 天津:百花文艺出版社,2005.
[40] 郑东军,黄华. 建筑设计与流派[M]. 天津:天津大学出版社,2002.
[41] 周周. 建筑设计技法[M]. 湖北:湖北科学技术出版社,1993.
[42] 赵小光. 民用建筑场地设计[M]. 北京:中国建筑工业出版社,2004.
[43] 侯幼彬,李婉贞. 中国古代建筑历史图说[M]. 北京:中国建筑工业出版社,

2002.
[44] 郑宏,尹思谨.城市色彩景观规划设计[M].南京:东南大学出版社,2004.
[45] 吴良镛.广义建筑学[M].北京:清华大学出版社,1989.
[46] 王受之.世界现代建筑史[M].北京:中国建筑工业出版社,1999.
[47] 吴良镛.人居环境科学导论[M].北京:中国建筑工业出版社,2001.
[48] 纪晓岚.论城市本质[M].北京:中国社会科学出版社,2002.
[49] 赵和生.城市规划与城市发展[M].南京:东南大学出版社,1999.
[50] (英)霍华德.明日的田园城市[M].金经元,译.北京:商务印书馆,2000.
[51] (美)拉普普.住屋形式与文化[M].张玫玫,译.中国台北:明文书局,1987.
[52] (美)刘易斯·芒福德.城市发展史——起源、演变和前景[M].倪文彦、宋俊岭,译.北京:中国建筑工业出版社,1989.
[53] (美)阿瑟·梅尔霍夫.社区设计[M].谭新娇,译.北京:中国社会出版社,2002.
[54] 刘致平.中国居住建筑简史——城市、住宅、园林[M].北京:中国建筑工业出版社,1990.
[55] 邹明武,郭建波.人居风暴[M].深圳:海天出版社,1999.
[56] 朱昌廉.住宅建筑设计原理[M].北京:中国建筑工业出版社,2000.
[57] (日)彰国社.集合住宅实用设计指南[M].张似赞,译.北京:中国建筑工业出版社,2001.
[58] (美)迈克尔·克罗斯比.联体别墅与集合住宅设计[M].杨芸,等译.北京:中国建筑工业出版社,2004.
[59] 论文集编委会.21世纪中国城市住宅建设.北京:中国建筑工业出版社,2003.
[60] 黄晓鸾.居住区环境设计[M].北京:中国建筑工业出版社,1994.
[61] 刘文军,韩寂.建筑小环境设计[M].上海:同济大学出版社,1999.
[62] 钱健,宋雷.建筑外环境设计[M].上海:同济大学出版社,2001.
[63] 刘福智.景园规化与设计[M].北京:机械工业出版社,2004.
[64] (美)扬·盖尔.交往与空间[M].何人可,译.北京:中国建筑工业出版社,2002.
[65] 徐磊青,杨公侠.环境心理学[M].上海:同济大学出版社,2002.
[66] (英)西蒙贝尔.景观的视觉要素[M].王文彤,译.北京:中国建筑工业出版社,2004.
[67] 周周.建筑设计技法[M].湖北:湖北科学技术出版社,1993.
[68] 赵小光,党春红.民用建筑场地设计[M].北京:中国建筑工业出版社,2004.
[69] 侯幼彬,李婉贞.中国古代建筑历史图说[M].北京:中国建筑工业出版社,2002.
[70] 郑宏,尹思谨.城市色彩景观规划设计[M].南京:东南大学出版社,2004.

[71] 赵晓光,党春红.民用建筑场地设计[M].北京:中国建筑工业出版社,2004.
[72] 夏南凯,田宝江.控制性详细规划设计[M].上海:同济大学出版社,2005.
[73] 闫寒.建筑学场地设计[M].北京:中国建筑工业出版社,2006.
[74] 郑金琰.民用建筑防火设计图说[M].山东:山东科学技术出版社,2006.
[75] 张福岭.高层民用建筑设计图说[M].山东:山东科学技术出版社,2005.
[76] (日)荒木兵一郎,藤本尚久.国外建筑设计详图图集[M].北京:中国建筑工业出版社,2000.
[77] 中国建筑设计研究院.民用建筑设计通则[M].北京:中国建筑工业出版社,2005.
[78] 中国建筑设计研究院.民用建筑设计通则[M].北京:中国建筑工业出版社,2005.
[79] 公安部.建筑设计防火规范[M].北京:中国计划出版社,2006.
[80] 公安部.高层民用建筑设计防火规范[M].北京:中国计划出版社,2005.
[81] 中国建筑设计研究院.建筑照明设计标准[S].北京:中国建筑工业出版社,2004.
[82] 中国建筑东北设计研究院.民用建筑电气设计规范[M].北京:中国计划出版社,1993.